谨以此书献给中国语言智能研究十周年

语言智能研究
（第1卷）

主　　编　周建设
执行主编　薛嗣媛

天津大学出版社
TIANJIN UNIVERSITY PRESS

图书在版编目(CIP)数据

语言智能研究. 第1卷 / 周建设主编. -- 天津 : 天
津大学出版社, 2023.1
 ISBN 978-7-5618-7409-7

 Ⅰ. ①语… Ⅱ. ①周… Ⅲ. ①人工智能语言－研究
Ⅳ. ①TP312.8

中国国家版本馆CIP数据核字(2023)第005438号

出版发行	天津大学出版社
地　　址	天津市卫津路92号天津大学内（邮编:300072）
电　　话	发行部:022-27403647
网　　址	www.tjupress.com.cn
印　　刷	北京盛通商印快线网络科技有限公司
经　　销	全国各地新华书店
开　　本	787mm×1092mm　1/16
印　　张	14.5
字　　数	399千
版　　次	2023年1月第1版
印　　次	2023年1月第1次
定　　价	58.00元

谨以此书献给中国语言智能研究十周年(2013—2023)

《语言智能研究》(第1卷)

编委会主任　任福继

编　委(按音序排列)

陈慧敏　董　苏　高建清　高瑜蔚　姜　孟　李静文　李宇明　刘　聪
刘　杰　刘庆峰　刘燕辉　罗　茵　吕学强　潘雪瑶　任福继　尚媛园
宋　建　孙茂松　史金生　邵铁君　佟　悦　王伟丽　王　霞　徐庆树
薛嗣媛　矣晓沅　余正涛　袁家政　张　经　张　凯　张文彦　周建设
周　楠　朱海平

主　　编　周建设
执行主编　薛嗣媛

学术指导：中国人工智能学会语言智能专委会
学术支持：国家语委中国语言智能研究中心

目 录

卷首语

语言智能

周建设

　　2013 年 6 月北京市语言文字工作委员会批准成立北京语言智能协同研究院,2016 年 8 月研究院升格为国家语委中国语言智能研究中心,至 2023 年已经走过十周年。

　　一件事做了十年,似乎有很多话要说。这里,作为集刊卷首语,我想说两点。一是我对语言智能的理解,二是向支持语言智能研究的同仁表达衷心感谢。

　　什么是语言智能? 我在 2013 年申请并获批成立"北京语言智能协同研究院"的时候,首次提出人工智能范畴的"语言智能"概念,有了自己的初步认识。此后,包括 2016 年向教育部申请增设并获批我国第一个语言智能博士学位培养方向的时候,以及后来的一些研讨中,我自己的认识也在不断深化,希望尽可能认识其学科本质。不是不想一次性彻底阐述清楚,而是一次性说不清楚。正是因为难说清楚,恰恰反映了语言智能研究的复杂性,反映了人认识事物的缓慢过程,反映了众多学者参与研究的必要性。

　　迄今,我认为,语言智能(Language Intelligence),通俗地说,就是机器理解并模仿人说话的科学。人机对话是语言智能,计算机题诗作对写文章是语言智能,机器批改文章指导写作还是语言智能。严格来说,语言智能是研究人类语言与机器语言之间同构关系的科学。同构关系是指结构关系的一致性。人类语言与机器语言之间的同构关系表现在两个方面:一是意识层级的同构关系,二是符号层级的同构关系。意识属于心智范畴,符号属于物质范畴。这样,语言智能研究必然涉及脑语智能和计算智能两个领域。脑语智能研究基于人脑言语生理属性、言语认知路径、语义生成规律,依据仿生原理,构建面向计算的自然语言模型。计算智能研究基于语言大数据,利用人工智能技术,聚焦自然语言模型转化为机器类人语言,设计算法,研发技术,最终实现机器写作、翻译、测评以及人机语言交互。

　　语言智能研究与自然语言信息处理,在语言符号处理层面基本相同,最大的不同在于,语言智能必须深入研究脑语智能。也就是说,虽然语言智能同样需要处理语言符号,但它的符号计算必须完全基于人脑自然语言的语义和情感表达规律,否则机器语言就会变成机械语言,而不是类人语言。正因为如此,语言智能研究需要融合多学科,包括神经科学、认知科学、思维科学、哲学、逻辑学、心理学、语言学、计算机科学等。

　　作为人工智能范畴的"语言智能"概念,我在 2013 年正式提出来,并不是偶然的突发奇想。这一思想酝酿、术语提出与概念形成大致经历了三个阶段。(1)语言来源认识阶段,探究语言与思维的关系,从思维活动的基本元素入手,认识语言组织单位产生的根源及其在思维活动中的依存地位。这可以详见拙作《思维活动元素剖析》(中国人民大学报刊复印资料《心理学》1984 年第 6 期)。该文提出了思维活动的"双元素说",即词项和意象。这种思想已经成为当今语言智能意象计算的理论基础。(2)语言结构认知阶段,探索汉语词项与言语生成的基本规律,构拟汉语词项生成模型和语句生成模型,揭示汉语表达结构的组织原理。这可以详见本人 1988 年硕士论文《自然语言词项的基本属性及其特征探索》。该文提出了两个初级计算模型,即词项生成模型和言语生成模型。这是语言智能的技术基础。(3)语言智能实现阶段,聚焦人机意识同构关系,探索机器表达汉语的智能模型、全信息测评模型、主题聚合度计算模型和情感分析四维模型,实现从言语智能生成到文章智能测评的计算机全自动操作。这些思想,本人在关于人文基因智能计算核心技术的诸多论述中,以及本人指导研发的 In 课堂中文作文教学与智能测评系统中都有充分体现。

2013 年 6 月北京市语言文字工作委员会批准建立了北京语言智能协同研究院,经过 3 年建设,2016 年 8 月国家语言文字工作委员会批准建立了中国语言智能研究中心,由教育部语言文字信息管理司直接领导;同年 8 月,教育部批准中国语言智能研究中心设立国内首个语言智能博士培养方向;还是这一年的 8 月,中国人工智能学会批准建立了语言智能专委会。作为国家新兴学科,语言智能研究集中在三个方向,即语言智能理论、语言智能技术和语言智能应用,目标是发展语言智能科技,培养语言智能人才,推进语言学科教育智能化,促进教育高质量发展,助力国民语言能力提升和人文素养提升。

语言是音义结合体。语义层面的智能化研究,经过北京理琪教育科技有限公司技术转化,已经开发了一系列语言智能产品,中国人工智能学会理事长李德毅院士、日本工程院任福继院士均评价为“达到国际领先水平”,德国国家科学与工程院院士张建伟评价中国语言智能研究中心开发的语言智能产品“在教育史上具有里程碑意义”。该语言智能系列产品广泛用于我国高校、基础教育以及社会人士,并扩展到 35 个国家智能辅助中文学习,反响良好。2019 年荣获中国智能科技最高奖——吴文俊人工智能科技进步一等奖;2020 年被教育部推荐为脱贫攻坚智能教育产品,服务于 7 省 36 县,同年被教育部遴选为落实“双减”政策十大典型案例之一;基于语言智能成果,2021 年获批国家新一代人工智能重大科技专项(2020AAA0109700),广西大学连年使用大学写作与智能训练系统,2021 年荣获广西壮族自治区本科一流课程、广西壮族自治区教学成果一等奖;湖南省使用 In 课堂中文作文教学与智能测评系统,2022 年荣获湖南省第五届基础教育教学成果特等奖;2022 年 9 月在第 25 届全国推广普通话宣传周,被教育部遴选为“智能+”典型案例,同时使用本语言智能产品入选典型示范应用的单位有广西大学、广州大学、云南财经大学,以及北京宏志中学、河北廊坊十中、湖南新邵一中、河南叶县高中等。中华人民共和国政府网、人民日报、光明日报、中国教育报、科技日报、中央电视台 CCTV1《新闻联播》和 CCTV13《朝闻天下》等国家媒体做了广泛报道。

十年时光,风景旖旎。一路上,我们得到了国内外专家学者官员和朋友的热情鼓励和大力支持。正值本刊付梓之时,我谨代表中国语言智能研究中心由衷感谢院士团队李德毅、戴琼海、任福继、张建伟、李明、孙茂松,由衷感谢领导专家刘利民、苟仲文、杜占元、李太豪、徐晓音、李宇明、姚喜双、田立新、雷朝滋、李健聪、徐晓萍、周为、娄晶、王珠珠、李萍、丁新、杨非、刘宏、李楠、舒华、张权、马亮、任昌山、李强、靳光瑾、刘朋建、王奇、黄天元、张纲、蒋宇、李佩泽、李屹、贺宏志、张宪国、沈家煊、柯锦华、宋晖、匡钊、张勇东、吕科、陆俭明、俞士汶、袁毓林、穗志方、俞敬松、蔡曙山、张文霞、贺阳、陈光巨、李运富、王立军、郑永和、黄河燕、祝烈煌、李舟军、杨尔弘、冯志伟、侯敏、朱立谷、费广正、邹煜、张少刚、胡苏望、吕学强、袁家政、罗学科、周洪波、余桂林、张跃、李聚合、赵惟、李银科、郑义、傅毅明、陈志伟、董洪亮、杜冰、柯进、杨靖、许红伟、祝智庭、张治、吴永和、张日培、王建华、杨亦鸣、施建国、苏新春、桂起权、赵世举、杨颖、石福新、陈运发、屈哨兵、聂衍刚、郑周明、刘华、袁旭、袁刚、孙瑞、李桢、康忠德、骆小所、王建颖、王敏、余益民、尹明、姜燕、林夕园、刘琰、张海峰、杨晓健等!

衷心感谢国家语委,科技部高技术研究发展中心,教育部语信司、语用司、科技司、基础教育司、语用所、中央电教馆,中国人工智能学会,中国教育技术协会;衷心感谢首都师范大学以及人事处、科技处、社科处、条装处、研究生院、交叉科学研究院、文学院、信息工程学院、心理学院、教育学院等领导老师和同学们! 衷心感谢中国语言智能研究中心的全体老师、同学和天津大学出版社的编辑!

中国语言智能研究中心第二期建设期待继续得到各方支持,协同努力,再上台阶!

中国语言智能研究中心主任 周建设
2023 年 1 月于北京

语言智能与社会进步
——序《语言智能研究》

李宇明

　　人工智能发展常如坐"过山车"(Roller coaster)。20 世纪 50 年代开始的人工智能研究,经历过热潮,跌入过谷底,如今又攀上高峰,世界各国以其为新的科技制高点展开激烈竞争,特别是阿尔法 GO 与围棋冠军对弈,把人工智能带入社会的高光区域。

　　人工智能是对人类智能的模仿。人类智能主要表现在思维能力上,语言是人类思维活动的凭借,是思维成果贮存、传播的载体,故而语言能力决定着思维水平。人类自幼成长,通过获取语言促进思维发展,因各种原因而未能较好获得自然语言者,其思维水平便受严重局限。人类的书面语学习和第二语言学习,大大提升了思维品质,比文盲和单语者更具思维优势。尽管学界对思维与语言的关系还有不少争论,但语言在思维中的重要地位不能否认。语言智能是人类最为重要的智能,让计算机获取人类的语言智能是人工智能的重要任务。

　　人工语言智能是人工智能皇冠上的明珠,从人工智能中分离出人工语言智能的概念具有重要的理论意义和技术价值。这种分离工作是从周建设教授开始的。我与建设教授已有 39 年的学术交情,1983 年,严学宭先生在华中工学院语言研究所举办语言学理论学习班,我与建设是同窗好友。所以,对他的学术之路比较了解,对他的学术见解与成就很是钦佩。他对语义学、逻辑学、语言哲学素有兴趣,进而发展到探讨人脑的概念体系和知识运作,再向前走,步入探究人脑语言智能的境域。在人工智能快速发展的时节,他及时把研究迁移到人工语言智能(以下简称"语言智能")领域,并在国家语委支持下建立了首家中国语言智能研究中心。中心聘请中国人工智能学会理事长李德毅院士担任学术委员会主席,招贤纳士,已成规模。中心聚焦于智能教育,在智能阅读、智能写作、智能评测等领域取得重要进展,并实现了技术落地和产品推广,建造了个性化学习和终身学习的服务平台。

　　教育需要理念,更需要技术支撑。中国是世界上教育规模最大的国家,教育状况决定着人民的福祉和国家的未来。中国教育发展的任务有二:一是提升教育品位,培育高水平人才;二是解决教育不均衡问题,实现教育公平。2020 年的新冠疫情逼迫教学迁至网上,随着疫情的常态化,网络教学也会成为新常态,如何打造适用于教学的软硬件环境,如何大规模集聚优质的网络教育资源,如何发展教师团队的网络教育技能,如何利用学生的学习数据实现因材施教,如何科学开展网络教育的评价系统等,成为时代命题。开拓网上教育新地,创建网上教育范式,是提升教育品位、均衡教育资源的重大问题。充分利用语言智能发展网上教学,推进教育信息化由技术化阶段向智能化阶段发展,意义重大。就此而言,周建设团队所建设的智能教育服务平台及其将来的发展利用,是会在中国教育史上竖起一座里程碑的。

　　教育是社会生活之一隅,语言智能在其他社会领域也在发挥着"革命性"作用。当前计算科学的一个重要任务就是进行"人文计算",试图通过数据与计算来解决许多人文问题,甚至包括人类的情感情绪问题,于是有所谓的"情感计算"。"人文计算、情感计算",其当前价值不在于解决多少问题,更在于提醒人们重新审视既往的社会观念,发现新课题、新思路、新目标。在这些领域,语言智能也是大有施发能量的空间。

语言智能正引领社会进入人机对话时代。据估计,某些网络领域机器写作的文本已经占到15%,金融商贸业的网络客服多数是机器值班,自动翻译所取得的成绩更是亮眼。很多领域、很多时候都是在与机器对话。过去,语言是人类的;现在,语言也是机器的。"人-机-人"成为常用的交际模式,我们必须有与机器对话的心理准备,并要尽量利用语言智能技术来提升自己的语言能力。人类的进化多是来自工具的异化。我们创造着人工智能,也正在被人工智能异化。异化首先从心理开始,继之是思维的异化,继之是生活习惯的异化,继之是身体生理的异化。

在语言智能的发展及其社会应用中,也许需要建立"机器语言行为学"。这门新学问的任务之一是研究机器说话、写文章、做翻译的特点,以便识别人类的语言行为与机器的语言行为;任务之二是测试机器的语言水平,对不同的语言软件测定其语言能力等级,并评价优劣,以此来促进语言智能业的进步;任务之三是建立机器语言的伦理规范,综合利用信息技术、职业道德、法律法规等,将机器的语言行为约束在文明、无害等社会认可的伦理范围之内,为语言智能这辆飞车装上刹车等安全装置。

至此,又想起文章开头的话,人工智能的发展还会像坐"过山车"那样,从高峰跌向低谷吗? 目前,人工智能的发展主要是数据驱动,计算机利用大数据进行自主学习而获取知识与智能。数据驱动的人工智能纵然马力强大,但也可能会遇到"天花板"。这"天花板"至少来自两个方面。第一,计算机获取智能的不透明性。谁(人和计算机)都不知它是怎么学习的,究竟能够学到什么? 这种不透明性自然令人类忧心,因为不知它会不会危害人类。第二,数据的贫瘠与污染。大数据虽然"大",但比起人类的知识与智慧还是贫瘠的,特别是缺乏常识。大数据来自不同时代、不同文化、不同阶层、不同情景,思想意识和语言文明等都存在一些问题,比如"男尊女卑、种族歧视、地域歧视、西方中心主义"等,比如许多脏字眼等。在这种被"污染"的数据中进行学习,不可能如莲藕般"出污泥而不染"。

打破"天花板"需要采取"数据与规则"双轮驱动的良性发展模式。数据上,一方面要用较多功夫去"淘洗",另一方面要按照"数据是数字经济的关键要素"的思路,用市场规律去集聚数据和共享数据;就"不透明"问题来说,要努力把人类的知识"规则化、数字化",通过算法升级,使之成为计算机可以利用的数据,达到"规则驱动"的目标。通过"数据+规则"的双轮驱动,有望捅破人工智能发展的"天花板",不至于再坐"过山车"。

与之相关的还有人才培养问题。文理分家的教育模式已经不适合大交叉、大融合的科学发展要求。中学阶段文理分科的做法,极端不合时宜。大学本科和研究生教育都要进行深度的文理融合。不仅文科生需进行必要的理工科教育,理工科学生也需文科教育。特别是人工智能的课程,应当成为基础教育的基础课程,成为大学各专业的重要课程。让学生了解人工智能发展趋势,具备人工智能意识,掌握必要的计算科学的方法,借助人工智能处理本专业问题,并有意识地利用专业优势推进人工智能发展。2020年7月29日,全国研究生教育视频会议召开,部署新技术时代高端人才培养问题。会后决定把交叉学科新增为第

14 个学科门类，说明了对人才进行大交叉、大融合培养的重要性和急迫性。语言智能是诸多学科的交叉，需要交叉学科培养出来的人才做支撑。

　　语言智能正在快速发展。周建设教授主编的《语言智能研究（第 1 卷）》，不仅用大量材料报告了这一领域快速发展的现况，还尽量呈现相关方面的发展趋势。细读此书，可明现状，可测未来。"消极性"读者，只是被动地获取书中知识，而"积极性"读者，通过阅读能够创造新知，比如对语言智能有更深入理解，比如在本专业、本岗位积极利用语言智能成果，甚至是帮助人工智能的发展。盼望有更多的积极性读者，也期待今后能不断读到《语言智能研究》新作。

李宇明

2022 年 6 月 5 日

序于北京惧闲聊斋

语言智能新文科建设与发展探索 ①

姜孟¹ 王霞² 潘雪瑶²

1. 四川外国语大学语言智能学院;2. 四川外国语大学英语学院

摘要:在人工智能和新文科的时代背景下,语言学与人工智能的跨界交叉势在必行。语言智能作为一个新近提出的学科概念,其内涵、框架、范围、分支领域等都还有待界定。本文梳理这一概念提出的过程与内涵,分析语言智能在人工智能学科体系中的定位,展示其在全国建设的基本现状;在此基础上,重点阐述四川外国语大学在语言智能学科建设与发展方面所做的一些有益探索。

关键词:人工智能;语言智能;学科建设;学术研究;人才培养

Exploration on the Construction and Development of the New Liberal Arts of Language Intelligence

Jiang Meng, Wang Xia, Pan Xueyao

ABSTRACT: Under the background of artificial intelligence and new liberal arts, it is imperative that linguistics and artificial intelligence intersect. As a newly proposed subject concept, linguistic intelligence has yet to be defined in terms of its connotation, framework, scope and branch fields. This paper combs the process and connotation of this concept, analyzes the positioning of language intelligence in the discipline system of artificial intelligence, and shows its basic status in the national construction. On this basis, it focuses on some useful explorations made by Sichuan International Studies University in the construction and development of language intelligence discipline.

Keywords: artificial intelligence; language intelligence; discipline construction; academic research; professionals training

1."语言智能"学科概念的提出

"语言智能"(Language Intelligence)作为人工智能范畴的专门术语,由首都师范大学教授周建设先生 2013 年在北京语言智能协同研究院成立大会上首次正式提出。周先生给出的简明定义是:语言智能是语言信息的智能化,是运用计算机信息技术模仿人类的智能,分析和处理人类语言的过程,是人工智能的重要组成部分及人机交互认知的重要基础和手段(周建设、吕学强、史金生、张凯,2017)。这以后,周先生不断深化、拓展对这一概念的理解,赋予其更大的学科内涵。

基于笔者近年来与周先生的多次交流与讨教,其"语言智能"思想至少还包括如下含

---

① 作者简介:(1)姜孟,教授,博士生导师,主要从事语言智能、认知神经语言学、语言病理学、二语习得研究。(2)王霞,博士研究生,主要从事语言病理学、认知神经语言学、二语习得研究。(3)潘雪瑶,博士研究生,主要从事语言病理学、认知神经语言学、二语习得研究。基金项目:1.重庆市社会科学基金项目"汉语老龄化蚀失机制及干预策略"(No. 2019YBYY131);2.四川外国语大学哲学社会科学重大项目"语言智能新文科体系构建及其范式创新研究"。

义:语言智能是基于人脑生理结构和言语认知神经运作机理,利用大数据与人工智能技术,全面认识自然语言属性,对语言信息进行抽取、加工、存储和特征分析,同构人机意识关系模型,让机器模仿人类自然语言活动,实施类人言语行为,让机器具备听、说、读、写、译、评的能力,最终达到人机语言自由交互。

身处信息技术和人工智能大时代,"语言智能"概念一提出便引发学界广泛关注。2015年,北京市将语言智能纳入高精尖创新中心建设。2016 年,国家语委批准建立了首都师范大学中国语言智能研究中心;同年,教育部批准在首都师范大学设立语言智能二级学科博士点,中国人工智能学会批准成立了语言智能专业委员会。2017 年,中国人工智能学会与中国语言智能研究中心召开了"第四届中国语言智能大会",中国计算机学会与中文信息学会联合召开第二届语言与智能高峰论坛(周建设,等,2017)。2018 年,首届"语言智能与社会发展"论坛在北京举行,40 余名来自语言教育界、信息技术界、企业界、新闻界和政界的专家学者,共同就语言智能与外语教育协同发展建言献策,形成了《语言智能与外语教育协同发展宣言》(饶高琦,2018)。2019 年,四川外国语大学召开全国首个"语言智能学院"成立大会。2020 年,"中国语言智能研发暨语言文化教育传播高峰论坛"在北京召开,多位专家学者交流了近年来中国语言文字应用领域中语言智能等领域的研究成果。同年,"第五届中国语言智能大会"在四川外国语大学召开,中国工程院院士李德毅先生与中国社会科学院学部委员沈家煊先生出席,并分别为会议寄语:"人工智能植根于教育,文明是智能的生态""语言智能,人工智能之冠;文理结合,迎接挑战"(李西,等,2020)。

这以后,国内诸多学者撰文对"语言智能"问题进行探讨,但大都遵从了周建设先生对这一概念的内涵界定,或者说其概念使用并未超出周先生界定的含义范围(如,胡开宝、田绪军,2020;胡开宝、王晓莉,2021;梁晓波、武啸剑,2021;黄立波,2022),总体上都还是在周建设先生界定的含义范围内。事实上,在语言智能这个人工智能概念未提出之前,已有大量研究事实上在"耕"其"地"、"种"其"田"了。例如,20 世纪 50 年代兴起的自然语言处理,可以说就是今天语言智能所辖的核心领地之一,70 年来有关自然语言处理的研究都可归属语言智能的范畴。但语言智能作为一个学科概念被正式提出,意义重大。

我们认为,"语言智能"的概念可做两种理解。一种理解是指"语言自然智能",即人作为自然生命体的语言使用能力,与"语言能力""语言官能"是同义语,同时又与人的认知智能、情感智能、逻辑数学智能等对等相当,是人多元智能的一个表现。另一种理解是指采用人工智能的方法与技术对人的语言自然智能进行人工模仿或"造假",即意指"语言人工智能"。传统的"自然语言处理"概念可以说与"语言人工智能"有相当的重合度,很难涵盖"语言自然智能"的含义。"语言智能"概念的提出,能很好地统合这两个含义,不仅有利于提升语言智能分支在整个人工智能学科领域中的地位和影响,也有助于促进语言学学科的与时俱进与"智能化"变革,同时也有助于把语言学、脑科学、认知科学、生命科学等"语言自然智能"相关学科以及计算机科学、人工智能等"语言人工智能"相关学科,都纳入语言智能的基础支撑学科范围内,从而促进语言学与人工智能两大学科领域未来更多的交叉互鉴,最终提升我国在人工智能领域的研究水平与综合实力。

2. 语言智能在人工智能学科体系中的定位

人工智能领域对人的语言能力的人工模拟研究,过去一直习惯被称为"自然语言处理"或"计算语言学"。"语言智能"概念被提出后,该概念已逐渐被人工智能界接受,并正在成为人工智能学科所属语言智能研究分支的代名词。这可见于莫宏伟和徐立芳 2020 年出版的新著《人工智能导论》(人民邮电出版社)一书对人工智能学科体系的梳理与论证。

在莫宏伟、徐立芳(2020)构建的人工智能研究图谱中,"语言智能"已经占据一席之地(见图 1)。两位学者认为,智能可分为自然智能和人工智能两类。自然智能指自然存在的、地球上各种生命所拥有的智能,包括人类和非人类所拥有的智能。人工智能分为机器智能、混合智能和群体智能三类。机器智能按模仿对象可分为仿生智能和仿人智能,分别对应机器动物和机器人两大载体;机器智能按产生机制可分为内生智能和类人智能。类人智能即机器对人的行为进行智能模拟。模拟人的感知、行为、认知和语言能力,即为感知智能、行为智能、认知智能和语言智能。他们还辟设专章并冠以"语言智能"的名称,专题讨论自然语言处理的原理与方法以及语言智能在实现机器智能方面的应用问题,如智能问答系统、聊天机器人、语音识别、机器翻译等。

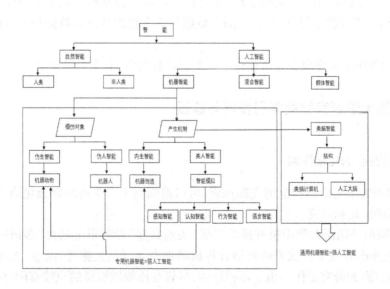

图 1　人工智能研究图谱(莫宏伟、徐立芳,2020)

可见,"语言智能"这一新概念由于其宽广的学科内涵和跨学科统摄空间,正在进入人工智能的学术话语体系,颇有取代"自然语言处理"或"计算语言学"而成为语言人工智能分支的通用名称之潜势。作为一门涉及语言学、计算机科学、信息科学、脑神经科学、哲学、逻辑学等学科的交叉学科,语言智能是当前人工智能研究中需要集中攻关的关键核心技术之一,其基础理论与关键技术研究的突破对我国发展人工智能具有重要意义(周建设,2020)。

3. 语言智能学科的发展现状

"语言智能"代表着一个新的学科领域,预示着一个新的学科增长点。这一概念提出后,国内多所高校尝试在这方面开展了学科建设与发展等工作,视之为新文科建设的现实可操作范例。根据我们不完全掌握的资料,全国多所高校成立了语言智能专门科研机构或学院,致力于语言智能科学研究与人才培养。

2017 年,首都师范大学与教育部语言文字信息管理司共建"中国语言智能研究中心",并设置了国内首个"语言智能"方向博士点,率先开展语言智能研究生人才培养工作。2019年,云南财经大学成立了"云南省语言智能研究中心",大连外国语大学和北京外国语大学分别成立了"语言智能研究中心"和"人工智能与人类语言重点实验室",专事语言智能研究;广东外语外贸大学成立了"非通用语种智能处理重点实验室",致力于非通用语种的智能处理研究。2020 年,西安外国语大学成立了"人工智能与语言认知神经科学重点实验室",聚焦人类语言加工的心理过程和认知神经基础,开发智慧语言教学与评测系统研究。2021 年,上海师范大学成立了"上海师范大学-科大讯飞智能教育研究中心",旨在利用人工智能等前沿技术推进教育综合改革。同一时期,上海外国语大学以语料库语言学研究院为依托,设置了"语言数据科学与应用学科"硕、博士点,具体包括四个研究生招生方向:语言数据与语言研究、语言数据与翻译研究、语言数据与语言智能及语言数据与智慧教育(胡开宝,等,2021)。

此外,四川外国语大学也在这方面做了一些尝试和探索,下面予以详述。

4. 四川外国语大学语言智能学科发展与建设

4.1 对"语言智能"的先期探索

四川外国语大学对语言智能的先期探索,可以追溯到十多年前对智能化语言测试以及语言心脑智能的涉足和研究。

2009 年,四川外国语大学申报并成功获批"央地共建"专项资金项目"多语种智能化测试实验室",在外语界较早尝试开展外语计算机辅助命题、组卷、施考、阅卷、入库以及外语自适应考试等方面的研究工作。由于各种原因,尽管在该领域取得的成绩有限,但可以算作是学校对智慧语言教育的最早涉足。同年,学校启动了"外语学习认知神经实验室"建设工作,尝试采用脑电、眼动等认知神经科学手段研究语言的心脑机制。该实验室于 2010 年全面建成并投入使用,是全国外语界最早建成的三个同类实验室之一。在自此以后的 10 余年里,学校一直以该实验室为依托,致力于认知神经语言学方面的研究。

为促进语言学与脑科学的交叉融合,2016 年,学校以"外语学习认知神经实验室"为基础,正式成立"语言脑科学研究中心",并新建语言神经调控、语言认知 CT、言语语言治疗等5 个实验室/间,共建"中美失语症神经康复协作研究中心"。2017 年,学校在外国语言学及应用语言学二级学科下正式设置"语言病理学"硕士研究生招生方向,着手开展语言病理学研究生人才培养以及语言认知障碍、语言神经教育等方面的研究工作。学校初步形成了以"认知神经语言学"为一体，以"语言病理学"和"语言神经教育"为两翼的科学研究与人才培养格局。

至此，学校依托外国语言文学优势学科，从"认识语言脑"拓展到"保护语言脑"和"利用语言脑"，初步走出了一条"语言+脑科学+康复医学/教育学"的发展之路。回望这一段先期建设历程，事实上是在从语言学、脑科学、认知科学等跨学科角度对"语言自然智能"进行研究和探索，其研究的两个核心方面即正常人的"语言心脑机制"和特殊人群的"语言心脑机制"，无疑为开展"模仿语言脑"研究尤其是开展语言类脑智能研究提供了独到的基础和条件，成了一种优势前提和准备。

4.2 语言智能发展的新契机与新探索

2017年，国务院印发《新一代人工智能发展规划》，提出了人工智能的顶层设计，明确了面向2030年新一代人工智能发展的指导思想、战略目标、重点任务和保障措施，倡导大力构筑我国人工智能发展的先发优势，加快建设创新型国家和世界科技强国。2018年4月，教育部出台了《高等学校人工智能创新行动计划》，指出"鼓励有条件的高校建立人工智能学院、人工智能研究院或人工智能交叉研究中心"。2019年3月，人工智能第三次被写入政府工作报告，并首次提出"智能+"全新理念，强调深化人工智能研发应用。重庆市也响应这一政策，大力实施以大数据智能化为引领的创新驱动发展战略行动计划。2019年，重庆市政府出台《重庆市高等学校人工智能+学科建设行动计划》(渝教研发〔2019〕3号)，启动"人工智能+学科群"建设专项，升级提优传统优势学科，探索符合重庆实际的人工智能学科群建设路径。

在此背景下，四川外国语大学于2019年4月在全国率先成立"语言智能学院"，学院定位为新文科建设的试验田、未来交叉学科专业的孵化器、未来15~30年外国语大学办学新路的探寻者。同年，学校将"语言智能"自主设置为外国语言文学一级学科下二级学科并报教育部备案，与此同时，"语言智能"获批重庆市首批"人工智能+学科群"20个立项建设项目。为聚合优化校内资源，2020年，学校又进一步将全校"计算机教研室"划归语言智能学院，并赋予语言智能学院"语言智能"研究生人才培养和全校本-硕-博人工智能通识素养教育的职责。2021年9月，首批10名"语言智能"硕士研究生报到入学，学院语言智能研究生培养工作正式开启。目前，2022年的研究生招生工作也已完成，第二批语言智能研究生将于9月正式入学。在此期间，学院也积极拓展办学层次。2022年9月，学院将与学校相关院系联合开设本科交叉学科新专业"英语+智慧语言康复"；与此同时，也将独立开设本科微专业"语言智能"。

在语言智能学科建设与发展过程中，学院重点致力于交叉师资队伍培育、研究生人才培养以及学科方向发展工作。在师资队伍建设方面，学院立足实际，"内培"与"外引"两手抓。在"内培"的方面，学院创新交叉学科师资培养模式，通过举办"读书自学""视频研修""课堂听课""语言智能大讲堂""语言智能新文科暑期学校"等定期、非定期活动，采用专家授课、学习分享等方式，就AI数学基础、AI模型与算法、机器学习、自然语言处理、量子计算、类脑智能等内容进行集中研修学习，营造多学科交叉和交流的学术氛围，帮助学院教师省时高效地走进语言智能,培育师资的人工智能素养和交叉学科素养,努力构建"专业能力强、智能素养高、交叉思维活"的创新型师资团队。在"外引"的方面,广泛吸纳计算机科学、医学、生命科学、生物医学工程、心理学、外国语言学及应用语言学等领域的青年博士人才,为"语言学+脑科学+生命科学+人工智能+X"多学科创新发展提供"基本盘"支持,蓄势蓄能未来。同时,通过外聘兼职、柔性引进等多种形式,聘请国内外语言智能交叉学科领域专家为学院特聘教授或"巴渝学者"讲座教授等,为学院师资发展提质增优,加速语言智能学科建设。

在研究生人才培养方面,学院以课程体系建设为抓手,致力于培养兼具"语言学"基础素养、"语言自然智能"标示性素养以及"语言人工智能"标签性能力的研究生特色复合型人才。所开设的"语言学"基础素养课程包括智能语言基础、语义学、语用学、认知语言学、心理语言学、语料库语言学等;所开设的"语言自然智能"标示性素养课程包括神经解剖学、脑科学与类脑智能、语言病理学、语言认知障碍、言语治疗学等;所开设的"语言人工智能"标签性能力课程包括人工智能概论、人工智能数学基础、自然语言处理、高级程序语言设计、智能语言统计与数据挖掘、智能语言教育等。

在学科发展方面,学院拟定了"先硕-后博-再本"的人才培养梯次渐进建设方案,提出了"学术化、智能化、产业化、超学科化"的发展思路,力求稳步前行。经过三年的建设,语言智能学科初步形成了四大研究方向,即语言认知智能、智慧语言康复、智慧语言教育和智慧语言工程,形成了"认识语言脑、保护语言脑、开发语言脑、模拟语言脑"四位一体的学科发展基本格局。2022 年,学校"语言智能"在重庆市"人工智能+学科群"首轮建设终期验收中获得"优秀"等级,并自动列入下一轮(2023—2025)建设资助计划。学院"语言+人工智能"的新文科建设特色开始显现。

4.3 问题与挑战

尽管我们在语言智能学科发展与建设方面做出了上述尝试与探索,也取得了一定成绩,但还面临不少问题与挑战。

第一,语言智能属多学科交叉性质学科,无现成人才储备,需先引进近邻单学科背景人才,再实施多学科交叉培养,遴选、外引有此交叉志趣的人才不易,跨学科"内培"难度更大,外引、内培两难叠加,拉长了人才成长与学科发展的周期。

第二,语言智能是一个"新生儿"学科,学科构架、内涵、领域、分支、范围、学理等都有待探索形成,其发展与建设无现成"图纸"可循,只能是"铁匠没样边做边像",摸索着前行,难于"大步流星"。

第三,语言智能是名副其实地建立在多学科交叉基础之上的"新文科",既"烧脑"又"烧钱",需要建设攸关方政策、资金、管理等方面"久久为功"的支持,也需要建设主体"天才般"的定位、思路、办法与行动,也需要立志"事竟成"的有志者。

第四,语言智能学科领域极为广阔,如何既立足可行又着眼未来,既夯实基础又选准"长板"与"强项",在较短时间内培育"错位"特色与高峰,"心安理得"的有所为有所不为,是一个需要迎难面对、挑战眼光的现实问题。

5. 结语

语言智能内蕴心智哲学、语言学、脑科学、生命科学、计算机科学、人工智能等多学科特征与属性,最能集中体现文理、文工、文医、文文等多元交叉与融合。当前,这一学科尚处在发展的初始阶段,其学科体系构建、人才培养模式搭建、师资培育都面临不小的问题与挑战。但在人工智能、新文科的时代背景下,语言智能学科建设意义重大,前景无限,势在必行。我们呼吁各兄弟院校同道同仁、学界有识之士,顺应国家人工智能战略需求,加强协作,携手攻关,以新文科建设为契机,大力推进全国语言智能研究的水平与学科发展,合力构建语言类学科与智能类学科互通互撑、交叉融合的新格局,积极为外国语言文学学科未来新专业的创生探路用力。

参考文献

[1] 胡开宝,田绪军. 语言智能背景下的 MTI 人才培养: 挑战、对策与前景[J]. 外语界,2020(2):59-64.

[2] 胡开宝,王晓莉. 语言智能视域下外语教育的发展:问题与路径[J]. 中国外语,2021,18(6):4-9.

[3] 黄立波. 大数据时代背景下的语言智能与外语教育[J]. 中国外语,2022,19(1):4-9.

[4] 李西,王霞,姜孟. 语言智能赋能未来:第五届中国语言智能大会综述[J]. 外国语文, 2021, 37(2): 141-144.

[5] 梁晓波,武啸剑. 语言智能赋能国防语言能力建设[N]. 中国社会科学报,2021-11-04(4)。

[6] 莫宏伟. 人工智能导论[M]. 北京:人民邮电出版社,2020.

[7] 饶高琦. 语言智能和语言教育不应"相杀"[N]. 光明日报,2018-12-27(2)。

[8] 周建设,吕学强,史金生,等. 语言智能研究渐成热点[N]. 中国社会科学报,2017-02-07(3).

[9] 周建设,张凯,罗茵,等. 语言智能评测理论研究与技术应用:以英语作文智能评测系统为例[J]. 语言战略研究,2017,2(5):12-19.

[10] 周建设. 语言智能,在未来教育中扮演什么角色[J]. 云南教育(视界),2019(4):45-46.

[11] 周建设. 加快科技创新 攻关语言智能[N]. 人民日报,2020-12-21(19).

知识图谱研究进展

高瑜蔚 [1,2,3,4] 周建设 [1,2]

1. 首都师范大学；2. 中国语言智能研究中心；
3. 中国科学院计算机网络信息中心；4. 国家基础学科公共科学数据中心

摘要：【目的】本文综述近年来知识图谱研究进展,以期从概念与发展、关键技术、行业应用等方面梳理研究发展脉络,为语言智能等学科的持续研究提供有效参考。【方法】本文采用文献调研和主题聚类法,充分搜集公开出版或发行的图书、报告,梳理知识图谱的发展历程,重点呈现近三年(2019—2022)研究进展。【结果】本文围绕知识图谱的起源与发展、重要性与推动条件、政策标准进展,全生命周期技术(知识获取、知识表示、知识存储、知识融合、知识建模和知识推理),综述知识图谱典型案例和行业应用,在各个行业取得了较好的应用效果,如科技图谱、智慧教育、智慧医疗、智慧商业、智慧金融、社交网络等方面。【展望】以深度学习为代表的人工智能技术已基本实现视觉、听觉等感知智能,但依然无法很好地做到思考、推理等认知智能。繁杂的应用模式、深度的知识应用、密集的专家知识和有限的数据资源为下一步知识图谱发展带来了挑战。认知图谱、多模态知识图谱、图神经网络推动实体链接等概念的提出和技术不断发展,有待于进一步研究和探讨。①

关键词：知识图谱概念；知识图谱标准；关键技术；典型应用

Overview of Knowledge Graph Research Progress

Gao Yuwei, Zhou Jianshe

ABSTRACT：[Objective] This paper summarizes the research progress of knowledge graph in recent years, in order to sort out the research development from the aspects of concept and development, key technology, typical application, etc., which will provide effective reference for the disciplinary research on linguistic intelligence. [Methods]The research methods of this paper include literature survey and topic clustering. Publicly published reports or distributed books are collected to the maximum extent to sort out the development process of the knowledge graph, focusing on the research progress in the last three years (2019-2022). [Results] This paper summarizes the main aspects of knowledge graphs, including its origin and development, the driving conditions and driving factors for the importance of knowledge graphs, the progress of policy standards, and the full life cycle technologies (knowledge acquisition, knowledge representation, knowledge storage, knowledge fusion, knowledge modeling and knowledge reasoning).The typical applications of knowledge graphs are reviewed, and good application results have been achieved in various industries, such as technology graphs, smart education, smart medical care, smart business, smart finance, social networks, etc. [Prospect] Artificial intelligence technology such as deep learning has basically realized human perception intelligence such as vision and hearing, but it is still unable to achieve cognitive intelligence such as thinking and reasoning. Complex application models, indepth knowledge applications, intensive expert knowledge and limited data resources bring challenges to the next step in the development of knowledge graphs. Concepts and technologies such as cognitive graphs, multimodal

①　基金项目：国家重大科技项目"作文及文科简答题自动评分"(2020AAA0109703)、中国教育技术协会重大项目"中文表达能力(CEA)标准研制及其智能测评应用创新研究"(XJJ202205003)、国家语委重点项目"基于智能计算的汉语情感词库建设研究"(ZDI145-17)。

knowledge graphs, and graph neural networks promote the continuous development of entity linking, which need to be further studied and discussed.

Keywords: knowledge graph concept; knowledge graph standard; key technology; typical application

引言

信息时代催生出很多交叉学科，以语言为主要研究重点，出现了自然语言处理（Natural Language Processing，NLP）、计算语言学（Computational Linguistics，CL）、语言智能（Language Intelligence，LI）等相关学科。自然语言处理是一门研究在人与人交际中以及在人与计算机交际中的语言问题的学科，致力于研制表示语言能力和语言应用的模型，根据语言模型设计实用系统，并探讨这些系统的评测技术（Bill Manaris）。语言智能是对语言信息进行智能化处理，通过计算机技术模仿人类智能进而分析、处理人类语言。语言学专业、计算机专业等综合型团队、专家致力于语言智能理论、技术以及产品应用的创新与开发。语言智能是人工智能的重要组成部分以及人际交互认知的重要基础和手段，延续了语言学与计算机交叉融合发展，同时更加专项化、领域化，着重助力教育事业的发展，实现教育的全面、深层信息化。知识图谱通过应用数学、图形学、信息可视化技术、信息科学、计量学引文分析、共现分析等方法，利用可视化图谱展示学科的核心结构、发展历史、前沿领域以及整体知识构架，能够有效揭示知识领域的动态发展规律，挖掘更加准确的知识，为语言智能学科研究提供切实、有价值的参考，能够体现"语言智能"深度人-机融合的根本研究目标。本文综述近年来知识图谱研究进展，以期从概念与发展、关键技术、行业应用等方面梳理研究发展脉络，为科研工作者从事语言智能的持续研究提供有效参考。

1. 概念、起源与发展

1.1 概念与定义

知识图谱（Knowledge Graph）是以结构化的形式描述客观世界中的概念、实体及其关系的大型知识网络，将信息表达成更接近人类认知的形式，提供了一种更好地组织、管理和理解海量信息的能力。知识图谱给互联网语义搜索带来了活力，同时也在智能问答中显示出强大威力，已经成为互联网知识驱动的智能应用的基础设施。知识图谱与大数据和深度学习一起，成为推动互联网和人工智能发展的核心驱动力之一。

（1）知识图谱作为语义网络的概念

作为一种知识表示形式，知识图谱是一种大规模语义网络，包含实体（Entity）、概念（Concept）及其之间的各种语义关系。语义网络是一种以图形化的（Graphic）形式通过点和边表达知识的方式，其基本组成元素是点和边。其中，实体也被称为对象（Object）或实例（Instance），概念又被称为类别（Type）、类（Category 或 Class）。

（2）知识图谱与传统语义网络的区别

知识图谱与传统语义网络最明显的区别：一是体现在规模上，如知识图谱规模越大，其中的点、边规模越大,以 Google 知识图谱为例,2012 年发布之初就具备 5 亿多实体和 10 亿多条关系;二是其语义丰富,知识图谱富含各类语义关系,同时语义关系建模多样;三是质量精良、支持实现大规模数据多源验证知识;四是结构友好,知识图谱通常表示为三元组,这使得知识图谱相对于纯文本形式的知识对机器更加友好。

1.2 起源与发展历程

知识图谱始于 20 世纪 50 年代,至今大致分为三个发展阶段:第一阶段(1955—1977年)是知识图谱的起源阶段,在这一阶段中引文网络分析开始成为一种研究当代科学发展脉络的常用方法;第二阶段(1977—2012 年)是知识图谱的发展阶段,语义网络得到快速发展,"知识本体"的研究开始成为计算机科学的一个重要领域,知识图谱吸收了语义网络、本体在知识组织和表达方面的理念,使得知识更易于在计算机之间和计算机与人之间交换、流通和加工;第三阶段(2012 年至今)是知识图谱的繁荣阶段,2012 年谷歌提出 Google Knowledge Graph,知识图谱正式得名,谷歌通过知识图谱技术改善了搜索引擎性能。在人工智能的蓬勃发展下,知识图谱涉及的知识抽取、表示、融合、推理、问答等关键问题得到一定程度的解决和突破,知识图谱成为知识服务领域的一个新热点,受到国内外学者和工业界广泛关注。

第一阶段图灵测试(1955—1977 年):20 世纪 50 年代到 70 年代,符号逻辑、神经网络、LISP(List Processing 语言)和语义网络已经出现,仅处于简单且不太规范的知识表示形式。人工智能的发展宗旨是让机器能够像人一样解决复杂问题,图灵测试是评测智能的手段。这一阶段主要有两个方法:符号主义和连接主义。符号主义认为物理符号系统是智能行为的充要条件,连接主义则认为大脑(神经元及其连接机制)是一切智能活动的基础。这一阶段具有代表性的工作是通用问题求解程序(GPS)将问题进行形式化表达,通过搜索从问题初始状态开始,结合规则或表示得到目标状态。其中最成功的应用是博弈论和机器定理证明等。这一时期的知识表示方法主要有逻辑知识表示、产生式规则、语义网络等。

第二阶段专家系统(1977—2012 年):1970—1990 年,专家系统和一些限定领域的知识库(如金融、农业、林业等领域)出现;1990—2000 年,万维网、人工大规模知识库、本体概念以及智能主体与机器人出现,提出知识图谱是一种用图模型来描述知识和建模世界万物之间的关联关系的技术方法;2000—2006 年,出现了语义 Web、群体智能、维基百科、百度百科以及工作百科之类的内容;2006—2010 年,对数据进行了结构化,但是数据和知识的体量越来越大,因此建立了很多通用知识库。随着大规模的知识需要被获取、整理以及融合,知识图谱应运而生。这期间出现了很多人工构建大规模知识库,包括广泛应用的英文 WordNet,采用一阶谓词逻辑知识表示的 Cyc 常识知识库,以及中文的 HowNet。Web1.0 万维网的产生为人们提供了一个开放平台,使用 HTML 定义文本的内容,通过超链接把文本连接起来,使得大众可以共享信息。W3C 提出的可扩展标记语言 XML,实现对互联网文档内容的结构通过定义标签进行标记,为互联网环境下大规模知识表示和共享奠定了基础。这一时期还提出了本体的知识表示方法。从 2006 年开始,大规模维基百科类富结构知识资源的出现和网络规模信息提取方法的进步,使得大规模知识获取方法取得了巨大进展。与 Cyc、WordNet 和 HowNet 等手工研制的知识库和本体的开创性项目不同,这一时期知识获取是自动化的,并且在网络规模下运行。当前自动构建的知识库已成为语义搜索、大数据分析、智能推荐和数据集成的强大资产,在大型行业和领域中正得到广泛使用。2010 年,微软发布了 Satori 和 Probase,是比较早期的数据库,当时图谱规模约为 500 亿,主要被应用于微软的广告和搜索等业务。

第三阶段知识互联(2012 年至今):随着互联网的蓬勃发展,信息量呈爆炸式增长,伴随搜索引擎的出现,人们开始渴望更加快速、准确地获取所需信息。知识图谱强调语义检索能力,关键技术包括从互联网网页中抽取实体、属性及关系,旨在解决自动问答、个性化推荐和智能信息检索等方面的问题。目前,知识图谱技术正逐渐改变现有的信息检索方式,如谷歌、百度等主流搜索引擎都在采用知识图谱技术提供信息检索,一方面通过推理实现概念检索(相对于现有的字符串模糊匹配方式而言);另一方面以图形化方式向用户展示经过分类整理的结构化知识,从而使人们从人工过滤网页寻找答案的模式中解脱出来。

目前已进入深度学习时代的知识图谱发展阶段。深度学习时代的知识图谱拥有大量的实体和关系,然而在大量不同的关系上很难定义逻辑规则,在知识图谱上“推理”也转入黑盒模型预测的范式。Bordes 等人的知识库结构嵌入和 Socher 等人的 Neural Tensor Network (NTN)率先将神经网络引入知识图谱的研究,特别是 NTN 将知识图谱中实体和关系的单词嵌入的平均值作为该节点的表示,训练神经网络判断(头实体、关系、尾实体)的三元组是否为真,在知识图谱补全(推理)任务中取得了很好的效果。除了通用的大规模知识图谱,各行业也在建立行业和领域的知识图谱,当前知识图谱的应用包括语义搜索、问答系统与聊天、大数据语义分析以及智能知识服务等,在智能客服、商业智能等真实场景体现出较好的应用价值,而更多知识图谱的创新应用仍有待开发。

1.3 知识图谱特点

(1)知识图谱是人工智能应用不可或缺的基础资源。

知识图谱在语义搜索、问答系统、智能客服、个性化推荐等互联网应用中占有核心地位,在金融智能、商业智能、智慧医疗、智慧司法等领域具有广阔的应用前景。

(2)语义表达能力丰富,能够胜任当前知识服务。

知识图谱源于语义网络,是一阶谓词逻辑的简化形式,在实际应用中通过定义大量的概念和关系类型丰富了语义网络的内涵。一方面,它能够描述概念、事实、规则等各个层次的认知知识;另一方面,它也能够有效组织和描述人类在自然环境和社会活动中形成的海量数据,从而为各类人工智能应用系统奠定知识基础。

(3)描述形式统一,便于不同类型知识的集成与融合。

本体(Ontology)和分类系统(Taxonomy)是典型的知识描述载体,数据库是典型的实例数据载体,它们的描述形式截然不同。知识图谱以语义网络的资源描述框架(Resource Description Framework, RDF)规范形式对知识描述和实例数据进行统一表示,并通过对齐、匹配等操作对异构知识进行集成和融合,从而支撑更丰富、更灵活的知识服务。

(4)表示方法对人类友好,给以众包等方式编辑和构建知识提供了便利。

传统知识表示方法和描述语言需要知识工程师具备一定的专业知识,普通人群难以操作。知识图谱以实体和实体关系为基础的简洁表示形式,无论是专家还是普通民众都容易接受,这给以众包等方式编辑和构建知识提供了便利,为大众参与大规模知识构建提供了低认知成本的保证。

(5)二元关系为基础的描述形式,便于知识的自动获取。

知识图谱对各种类型知识采取统一的二元关系进行定义和描述,为基于自然语言处理和机器学习方法进行知识的自动获取提供了便利,为大规模、跨领域、高覆盖的知识采集提供了技术保障。

(6)表示方法对计算机友好,支持高效推理。

推理是知识表示的重要目标,传统方法在进行知识推理时复杂度很高,难以快速有效地处理。知识图谱的表示形式以图结构为基础,结合图论相关算法的前沿技术,利用对节点和路径的遍历搜索,可以有效提高推理效率,极大降低计算机处理成本。

(7)基于图结构的数据格式,便于计算机系统的存储与检索

知识图谱以三元组为基础,使得在数据的标准化方面更容易推广,相应的工具更便于统一。结合图数据库技术以及语义网络描述体系、标准和工具,为计算机系统对大规模知识系统的存储与检索提供技术保障。

知识图谱技术在当下中国的实践中呈现以下几个典型特点。这些特点体现了当前的宏观发展环境以及技术生态对于知识图谱技术需求的迫切性。

(1)与行业智能化升级紧密结合

很多行业经过数十年的信息化建设,基本上完成了数据的采集与管理的使命,为各行业智能化升级与转型奠定了良好的基础。对于企业而言增加收入、降低成本、提质提效、安全保障都是其业务核心诉求。知识图谱技术的应用是进一步满足这些核心诉求的手段之一。在行业智能化的实现过程中,迫切需要将行业知识赋予机器并且让机器具备一定程度的行业认知能力,从而让机器代替行业从业人员从事简单知识工作。一方面,知识积累与沉淀一直是行业追求的目标。另一方面,提质提效的压力迫使企业积极探索认知智能在企业各工种中的应用。利用知识图谱技术沉淀行业知识、实现简单知识工作自动化,是当下以及未来一段时间内行业智能化的核心内容。

与行业智能化的深度融合,要求知识图谱研究与落地从通用知识图谱转向领域知识图谱、从行业知识图谱转向企业知识图谱。领域应用的样本稀疏、场景多样、知识表示复杂等问题对于知识图谱技术均提出了巨大挑战。

(2)与机器智脑的建设深度融合

随着我国人工智能战略的持续推进,作为人工智能的重要分支的机器人产业迎来了发展的黄金期。其中,各种服务机器人,包括客服机器人、陪伴机器人、问诊机器人、导购机器人、理财机器人等已经日益融入人们的日常生活中。与工业机器人相比,服务机器人对机器的认知水平要求更高,而对动作能力要求相对较低。因此,决定服务机器人服务效果的是大脑而非四肢。建设具有一定认知能力的机器智脑是服务机器人产业发展的至关重要环节,而机器智脑的重要组成部分是知识库。机器是否具有知识以及能否利用知识形成认知能力进而解决问题,是服务机器人更好地造福人类社会的关键。以知识图谱为代表的大数据知识工程为练就机器智脑带来了全新机遇。未来机器智脑的演进过程也将是知识图谱等知识库技术不断赋能机器人以及各类硬件终端的过程。

与机器智脑建设的深度融合,要求针对智能终端与智能机器开展相应的知识工程研究,从多模态(语音、图像、视频、传感器等)、类人化(情感、美感、伦理、道德、价值观等)等角度进一步拓展知识图谱的表示,深化知识图谱的应用。

(3)与数据治理以及大数据价值变现紧密结合

很多行业和企业都有大数据,但是这些大数据非但没有创造价值,反而成了很多行业的负担。阻碍大数据价值变现的根本原因在于缺少智能化手段,具体而言是缺少一个能像人一样能够理解行业数据的知识引擎。行业从业人员具有相应的行业知识,才能理解行业数据进而开展行业工作。类似地,把同样的行业知识赋予机器,构建一个行业知识引擎,机器才可能提炼、萃取、关联、整合数据(对应于传统的数据治理),才可能代替人去理解、挖掘、分析、使用数据(对应于大数据的价值变现),可以代替行业从业人员挖掘数据中的价值,从而有力支撑大数据的价值变现。知识图谱已经成为知识引擎的核心,以及大数据价值释放的关键技术之一。与数据治理以及大数据价值变现的深度融合,要求进一步发展从大数据的统计关联筛选语义关联的有效手段,需要进一步深化元知识的表示与应用技术,以有效指导数据融合与关联。

1.4 典型知识图谱

当前世界范围内知名的高质量大规模开放知识图谱,包括 DBpedia、Yago、Wikidata、BabelNet、ConceptNet 以及 Microsoft Concept Graph 等。

DBpedia 是一个大规模的多语言百科知识图谱,可视为维基百科的结构化版本。DBpedia 使用固定的模式对维基百科中的实体信息进行抽取,包括 abstract、infobox、category 和 pagelink 等信息。DBpedia 目前拥有 127 种语言的超过 2800 万个实体与数亿个 RDF 三元组,并且作为链接数据的核心,与许多其他数据集均存在实体映射关系。而根据抽样评测,DBpedia 中 RDF 三元组的正确率达 88%。DBpedia 支持数据集的完全下载。

Yago 是一个整合了维基百科与 WordNet 的大规模本体,它首先制定了一些固定的规则对维基百科中每个实体的 infobox 进行抽取,然后利用维基百科的 category 进行实体类别推断(TypeInference)获得了大量的实体与概念之间的 IsA 关系,最后将维基百科的 category 与 WordNet 中的 Synset(一个 Synset 表示一个概念)进行映射,从而利用 WordNet 严格定义的 Taxonomy 完成了大规模本体的构建。随着时间的推移,Yago 的开发人员为该本体中的 RDF 三元组增加了时间与空间信息,从而完成了 Yago2 的构建,又利用相同的方法对不同语言维基百科进行抽取,完成了 Yago3 的构建。目前,Yago 拥有 10 种语言约 459 万个实体,2400 万个 Facts,Yago 中 Facts 的正确率约为 95%。Yago 支持数据集的完全下载。

Wikidata 是一个可以自由协作编辑的多语言百科知识库,它由维基媒体基金会发起,期望对维基百科、维基文库、维基导游等项目中的结构化知识进行抽取、存储、关联。Wikidata 中的每个实体存在多个不同语言的标签、别名、描述以及声明(statement),比如 Wikidata 会给出实体"London"的中文标签"伦敦",中文描述"英国首都"。"London"的一个声明由一个 claim 与一个 reference 组成,claim 包括 property "Population"、value "8173900"以及一些 qualifiers(备注说明),而 reference 则表示一个 claim 的出处,可以为空值。目前 Wikidata 支持超过 350 种语言,拥有近 2500 万个实体及超过 7000 万条声明,并且目前 Freebase 正在往

Wikidata 上进行迁移，以进一步支持 Google 的语义搜索。Wikidata 支持数据集的完全下载。

BabelNet 是目前世界范围内最大的多语言百科同义词典，它本身可被视为一个由概念、实体、关系构成的语义网络。BabelNet 目前有超过 1400 万个词目，每个词目对应一个 synset，每个 synset 包含所有表达相同含义的不同语言的同义词，比如"中国""中华人民共和国""China"以及"People's Republic of China"均存在于一个 synset 中。BabelNet 由 WordNet 中的英文 synsets 与维基百科页面进行映射，再利用维基百科中的跨语言页面链接以及翻译系统，从而得到 BabelNet 的初始版本。目前，BabelNet 又整合了 Wikidata、GeoNames、OmegaWiki 等多种资源，共拥有 271 个语言版本。BabelNet 中的错误主要来源于维基百科与 WordNet 之间的映射，目前的映射正确率大约在 91%。

ConceptNet 是一个大规模的多语言常识知识库，其本质为一个以自然语言的方式描述人类常识的大型语义网络。ConceptNet 起源于一个众包项目 Open Mind Common Sense，自 1999 年开始通过文本抽取、众包、融合现有知识库中的常识知识以及设计一些游戏，从而不断获取常识知识。ConceptNet 共拥有 36 种固定的关系，如 IsA、UsedFor、CapableOf 等。目前，ConceptNet 拥有 304 个语言版本，共有超过 390 万个概念，2800 万个声明（statements，即语义网络中边的数量），正确率约为 81%。

Microsoft Concept Graph 是一个大规模的英文 Taxonomy，其中主要包含概念间以及实例（等同于上文中的实体）概念间的 IsA 关系，其中并不区分 instance Of 与 subclass Of 关系。Microsoft Concept Graph 的前身是 Probase，它自动化地抽取数十亿网页与搜索引擎查询记录，其中每一个 IsA 关系均附带一个概率值，即该知识库中的每个 IsA 关系不是绝对的，而是存在一个成立的概率值以支持各种应用，如短文本理解、基于 Taxonomy 的关键词搜索和万维网表格理解等。目前，Microsoft Concept Graph 拥有约 530 万个概念，1250 万个实例以及 8500 万个 IsA 关系，正确率约为 92.8%。关于数据集的使用，Microsoft Concept Graph 目前支持 HTTPAPI 调用，而数据集的完全下载需要经过非商用的认证后才能完成。

除上述知识图谱外，中文目前可用的大规模开放知识图谱有 Zhishi.me、Zhishi.schema 与 XLore 等。Zhishi.me 第一个构建中文链接的数据与 DBpedia 类似，Zhishi.me 首先指定固定的抽取规则对百度百科、互动百科和中文维基百科中的实体信息进行抽取，包括 abstract、infobox、category 等信息；然后对源自不同百科的实体进行对齐，从而完成数据集的链接。目前，Zhishi.me 拥有约 1000 万个实体与 1.2 亿个 RDF 三元组，所有数据可以通过在线 SPARQL Endpoint 查询得到。Zhishi.schema 是一个大规模的中文模式（Schema）知识库，其本质是一个语义网络，其中包含三种概念间的关系，即 equal、related 与 subClass Of 关系。Zhishi.schema 抽取自社交站点的分类目录（Category Taxonomy）及标签云（Tag Cloud），目前拥有约 40 万的中文概念与 150 万 RDF 三元组，正确率约为 84%，并支持数据集的完全下载。XLore 是一个大型的中英文知识图谱，它旨在从各种不同的中英文在线百科中抽取 RDF 三元组，并建立中英文实体间的跨语言链接。目前，XLore 大约有 66 万个概念，5 万个属性和 1000 万个实体，所有数据可以通过在线 SPARQL Endpoint 查询得到。

中文知识图谱也引起了产业界的广泛关注。作为产业界代表，阿里巴巴在 2018 年 4 月联合清华大学、浙江大学、中科院、苏州大学首次发布阿里巴巴藏经阁研究计划，建设基于知识引擎的平台服务,并逐步应用于阿里巴巴的各项业务。阿里巴巴藏经阁研究计划邀请了来自清华大学的李涓子教授作为学术负责人,浙江大学陈华钧教授、中科院软件所孙乐研究员、中科院自动化所赵军研究员、苏州大学张民教授作为学术专家,与阿里巴巴的研究人员一起在知识建模,知识获取、知识融合、知识推理计算、知识赋能等领域协作创新,实现基础通用技术应用的开发,形成知识引擎的平台化服务。

作为学术界代表,清华大学构建了 XLORE 多语言实体知识图谱。XLORE 融合了中英文维基、法语维基和百度百科,是中英文知识规模较平衡的大规模多语言实体知识图谱。它以结构化的形式描述客观世界中概念、实例、属性以及它们之间丰富的语义关系,包含1600 多万个实例、240 万个概念和 40 多万个属性及丰富的语义关系。另外,哈尔滨工业大学为了揭示事件的演化规律和发展逻辑,提出了事理图谱的概念,作为对人类行为活动的直接刻画。为了展示和验证事理图谱的研究价值和应用价值,他们从互联网非结构化数据中抽取、构建了一个出行领域事理图谱。初步结果表明,事理图谱可以为揭示和发现事件演化规律与人们的行为模式提供强有力的支持。

2. 重要性、推动条件和发展趋势

2.1 重要性

（1）作为强有力的驱动力,知识图谱推进人工智能的发展

人工智能发展的第一个十年,研究者们看重的是如何构建一个推理模型进行问题的求解和推理,然而却忽视了对数据中所蕴含的知识的加工和利用。1977 年图灵奖中最早提出了知识工程的概念,对于人工智能技术以及相关研究的发展产生了巨大的影响。研究界提出了一系列各具特点的知识表示理论和方法,人们也试图基于这些知识表示方法构建知识库,知识工程已经成为人工智能的重要组成部分。知识表示、知识推理、知识运用是人工智能的核心。知识图谱的发展是人工智能重要分支知识工程在大数据环境中的成功应用。随着智能信息服务应用的不断发展,知识图谱已被广泛应用于智能搜索、智能问答、个性化推荐等领域。

人工智能发展是从计算智能拥有海量计算的能力、感知智能拥有听说读写的能力到认知智能拥有解释的能力,知识图谱是人工智能从"感知智能"向"认知智能"转型升级的重要基础要素。

（2）知识图谱助力行业智能化

知识图谱日益承担起助力行业智能化的使命。探索基于知识图谱的行业智能化演进路径十分关键。经过多年实践,这一路径日渐清晰,呈现出知识资源建设与知识应用迭代式发展模式。在每一轮迭代周期,优先选择预期效果较好的应用场景,建设以知识图谱为核心的知识资源,并开展相应的知识应用。再根据来自内外部用户的反馈,完善相应的应用与知识资源建设。当特定应用初现成效之后,再从有限的应用逐步拓展到更多的应用场景,建设更多的知识资源。整个过程持续迭代下去,直至完成行业或者企业全面的智能化。

采取由点及面的迭代式螺旋发展模式的根本原因有以下两点。首先,完整的知识资源

建设是一个十分艰巨的任务。知识资源建设任重道远,很难一蹴而就。任何一个普通人所掌握的知识都可以说是无边无界的。当前所构建的知识库离机器达到普通人认知世界所需要的知识水平还十分遥远。知识资源建设必定是一个持续完善的过程,很难毕其功于一役。所以,应当谨慎选择应用痛点,构建满足应用场景需要的相应知识资源。知识资源建设的基本原则是适度,"适"是指对于特定应用场景的适配,"度"是指合理把控知识的边界与体量。其次,行业与企业的发展环境变化迅速,一成不变的知识库是难以适应快速变化的外部环境的。

（3）知识图谱辅助语言智能化

知识图谱最早应用是提升搜索引擎的能力,随后知识图谱在辅助智能问答、自然语言理解、推荐计算等语言智能方面展现了价值。在辅助搜索领域,传统搜索引擎依靠网页之间的超链接实现网页搜索,而语义搜索是直接对事物进行搜索,如人物、机构和地点等。这些事物可能来源于文本、图片、视频、音频等各种资源。自然语言处理主要解决自然语言和计算机的交互问题,包括分析、理解、变化、检索、生成,与图谱应用的很多环节都息息相关。搜索引擎是知识图谱常见的应用之一,基于自然语言处理中的词法分析、句法分析、相似度匹配、信息检索等技术,对用户检索的关键字和知识图谱中的数据进行转化比对,按照相关度为用户呈现检索结果。在辅助问答领域,人与机器通过自然语言进行问答与对话是人工智能实现的关键标志之一。典型的基于知识图谱的问答技术或方法包括基于语义解析、基于图匹配、基于模板学习、基于表示学习和深度学习以及基于混合模型等。在这些方法中,知识图谱既被用来实现语义解析,也被用来匹配问句实体,还被用来训练神经网络和排序模型等。

2.2 推动条件

（1）计算设备及硬件的跨越式发展

随着越来越多不同类型的硬件设备连接到互联网,生成了海量有用业务数据,同时基于这些业务数据在一定程度上改善该行业领域的用户体验。现阶段知识图谱对算力的需求体现在两方面:一是知识图谱算法包括大量的卷积、残差网络、全连接等计算需求,在摩尔定律接近物理极限、工艺性能提升使计算能力升级性价比日益降低的前提下,仅基于工艺节点的演进已经无法满足算力快速增长的需求;二是知识图谱需要对海量数据样本进行处理,强调芯片的高并行计算能力,同时大量数据搬运操作意味着对内存存取带宽的高要求,而对内存进行读写操作尤其是对片外内存进行读写访问消耗的功耗要远大于计算的功耗,因而高能效的内存读写架构设计对芯片至关重要。目前市场上知识图谱技术使用的主流硬件加速器有三类:GPU、FPGA、ASIC。

（2）海量数据规模促进新的需求

以互联网、物联网、感知网络及社交网络等为代表的新型信息技术的快速发展,推动数据获取的规模化和低成本化,引发了数据规模以爆炸式态势增长。根据智研咨询集团的预测,2020 年全球数据规模超过 50 ZB,到 2025 年其规模超过 163ZB。工信部副部长陈肇雄表示,我国海量数据快速增长,数据量年均增速超过 50%,预计到 2020 年,数据总量全球占比将达到 20%,成为数据量最大、数据类型最丰富的国家之一。丰富的数据资源储备奠定知识图谱工程化的知识基础,同时数据规模的攀升也将推动知识图谱技术的演进,尤其是对知识图谱应用方面提出了新的要求。相比较传统结构化数据处理工具,知识图谱在非结构化和半结构化数据的特征提取、内容检索、表示理解方面更具优势。尤其需要关注通过构建实体与关系的语义网络对大规模数据/知识进行整合、交叉关联、分析比对,对数据进行深度挖掘,支撑知识的智能化理解表示、推理、检索和服务,向用户提供自助的即席、迭代分析的能力。

(3)以维基百科为核心的协同开源知识库对于知识图谱的发展起到了决定性的作用

开源知识库的建设也不断促进着知识图谱的发展,知识库的开源能够吸引更多有才能的人加入知识库的建设中,为知识图谱的应用提供多种解决方案,共同促进知识图谱的不断创新与长期发展。开源知识库可分为开放链接知识库和行业知识库。开放链接知识库的典型代表有 Freebase、Wikidata、DBpedia,垂直行业知识库的典型代表有 IMDB、MusicBrainz等。开源知识库能够促进知识图谱的规模应用和新的产品诞生。如两个大规模通用领域知识图谱 Freebase 和 DBpedia 都是以 Wikipedia 的 Infobox 数据为基础构建而成的。这其中,Freebase 更偏向于知识工程的技术路线——自顶向下,DBpedia 更偏向于语义网络的技术路线——自底向上。

2.3 发展趋势

知识图谱作为大数据时代的知识工程的集大成者,是符号主义与连接主义相结合的产物,是实现认知智能的基石。知识图谱以其强大的语义表达能力、存储能力和推理能力,为互联网时代的数据知识化组织和智能应用提供了有效的解决方案。因此,新一代知识图谱的关键技术研究逐渐受到来自工业界和学术界的广泛关注。在过去十年的人工智能浪潮中,以深度学习为代表的人工智能技术已基本实现视觉、听觉等感知智能,但依然无法很好地做到思考、推理等认知智能。因此,具有推理、可解释性等能力的认知智能研究毫无疑问将越来越受到重视,成为未来人工智能领域重要的发展方向之一。

认知图谱可以被解释为"基于原始文本数据,针对特定问题情境,使用强大的机器学习模型动态构建的,节点带有上下文语义信息的知识图谱"。其核心是以实现知识驱动和数据驱动相结合的知识表示和推理的认知引擎,研究支持鲁棒可解释人工智能的大规模知识的表示、获取、推理与计算的基础理论和方法;建设包含语言知识、常识知识、世界知识、认知知识的大规模知识图谱以及典型行业的知识库,建成知识计算服务平台。

多模态知识图谱在传统知识图谱的基础上,构建了多模态的实体,以及多模态实体间的语义关系。在多模态数据环境下,跨模态数据之间既拥有模态特性,也拥有语义共性。如何构建和应用多模态知识图谱是当下学术界和工业界的热点之一。

强化学习是一种从试错过程中发现最优行为策略的技术,已经成为解决环境交互问题的通用方法。知识图谱与强化学习的结合主要有 3 种思路。第一种是将知识图谱的相关问题建模成路径(序列)问题,利用强化学习的方法来解决。例如,将命名实体识别建模为序列标注任务,使用强化学习方法来学习标注策略;将知识推理建模为路径推理问题,利用强化学习方法进行关系和节点选择。第二种是将强化学习方法用于有噪声训练样本的选择或过滤,减少远程监督方法所带来的噪声,利用高质量的样本提高知识图谱命名实体识别和关系抽取方法的性能。第三种是将知识图谱所包含的信息作为外部知识,编码进强化学习的状态或奖励中,提升强化学习智能体的探索效率,应用于关系抽取和知识推理等场景。知识图谱与强化学习的结合对于提高模型的可解释性和推理能力,提升训练数据质量,具有重要的研究与应用价值。

推荐系统通过对大规模群体数据的学习,实现用户群体特征匹配,从而帮助用户有效地从海量数据中识别出感兴趣的内容,现阶段已经被应用于各行各业。推荐功能主要依靠协同过滤、聚类、关联搜索等思想的算法计算实现。传统推荐系统可以分为基于内容的推荐、基于协同过滤的推荐和基于混合的推荐三种类型。由于传统推荐算法在现实应用中存在数据稀疏、冷启动等问题,学者在结合机器学习、深度学习、强化学习等新技术方面寻求突破,其中集合领域本体知识的知识图谱在推荐领域应用取得不错成果。朱冬亮等基于知识图谱的推荐思想总结出三种基于知识图谱的不同推荐框架的典型模型,主要包括基于连接的推荐、基于嵌入的推荐和基于混合的推荐,分析其优缺点,提出未来在推荐领域还存在广阔的发展空间,如应用领域扩展、断网情况下的自动推荐、跨领域推荐、多模型推荐、用户隐私保护等。

3. 政策标准进展

3.1 国内外相关政策制定情况

以 AlphaGo 事件为分水岭,人工智能获得了空前的关注,主要国家和地区纷纷加入这场事关未来大国科技实力的竞争当中。根据不完全统计,目前全球包括美国、中国、欧盟、日本、韩国、印度、丹麦、俄罗斯等近 30 个国家和地区发布人工智能相关的战略规划和政策部署。其中约 80% 的国家在 2016 年之后密集发布相关政策和官方计划。

美国致力于维持全球科技霸主地位,人工智能位于其科技版图的核心。从奥巴马时期到特朗普时期,美国一直积极支持人工智能的研究,并将政策态度从引导和扶持转为必须领先。2019 年,美国陆续颁布《维护美国在人工智能领域领导地位》《国家人工智能研发战略计划》《美国人工智能时代:行动蓝图》三部重要政策,表现出美国政府对人工智能技术的高度重视和维持领先地位的决心。

欧盟重点关注工业、制造业、医疗、能源等领域,强调发挥创新创造力,应用人工智能使制造业及相关领域智能升级。与美国类似,欧盟较早对人工智能进行研发,并通过颁布政策、扶助资金、推出国家级计划、建立重点科研实验室等行为支持人工智能技术和产业发展。2018 年 4 月发布《欧盟人工智能战略》,2018 年 7 月发布《人工智能合作宣言》。作为数字欧洲计划和地平线 2020 计划中的重要环节,人工智能相关项目也将收到数十亿欧元的投资。与美国对比,首先欧盟更加重视人工智能的道德和伦理研究,并在多份文件中表明人工智能发展要符合人类伦理道德,如 2019 年 4 月发布《人工智能伦理准则》,制定了关于数据保护、网络安全、人工智能伦理、数字技术培训和电子政务方面的准则和要求;2020 年 3 月颁布的《走向卓越与信任——欧盟人工智能监管新路径》明确提出,为解决能力不对等和信息不透明,保障人民相关权利,需要建立人为监督的监管框架,重视数据安全和隐私保护。其次,欧盟对人工智能的应用侧重更加细化,不同于美国的全方位领先,欧盟希望借助自身在制造业、工业、汽车等领域的优势,利用人工智能技术进行产业强化升级,如《欧盟 2030

自动驾驶战略》。此外，欧洲各国积极制定相关政策，德国于 2018 年 11 月发布《联邦政府人工智能战略》，明确鼓励发展人机交互、网络物理系统、计算机识别、智能服务网络安全、高性能计算、大数据等领域；英国 2018 年 4 月发布《产业战略：人工智能领域行动》，关注硬件 CPU、身份识别等方面；法国 2017 年 3 月发布《人工智能战略》，鼓励发展超级计算机和可靠、可解释、可证明的人工智能。

在亚洲，日本由于面临严峻的少子化、老龄化等问题，着重研究人工智能在机器人、医疗、汽车交通等领域的应用。日本近些年发布多项政策推进人工智能发展，如 2017 年 3 月发布《人工智能技术战略》、2018 年 6 月制定《综合创新战略》、2018 年 8 月发布《人工智能技术战略执行计划》，鼓励发展机器人、脑信息通信、声音识别、语言翻译、社会知识解析、大数据分析等领域。

在中国，人工智能自 2015 年以来获得快速发展，国家相继出台一系列政策推动中国人工智能步入新阶段。早在 2015 年 7 月，国务院发布《关于积极推进"互联网+"行动的指导意见》，将"互联网+人工智能"列为其中 11 项重点行动之一；2016 年 3 月，"人工智能"一词写入国家"十三五"规划纲要；2016 年 5 月，《"互联网+"人工智能三年行动实施方案》发布，提出到 2018 年的发展目标；2017 年 3 月，"人工智能"首次写入政府工作报告；2017 年 7 月，国务院正式印发《新一代人工智能发展规划》，确立了新一代人工智能发展三步走战略目标，人工智能的发展至此上升到国家战略层面；2017 年 10 月，人工智能写入十九大报告；12 月，《促进新一代人工智能产业发展三年行动计划（2018—2020 年）》发布，作为对《新一代人工智能发展规划》的补充，从各个方面详细规划了人工智能在未来三年的重点发展方向和目标，对每个方向到 2020 年的目标都做了非常细致的量化，足以看出国家对人工智能产业化的重视。作为人工智能产业发展的总领性政策，《新一代人工智能发展规划》和《促进新一代人工智能产业发展三年行动计划（2018—2020 年）》的发布，将加速中国人工智能技术的进步和应用的落地。其中，《新一代人工智能发展规划》不仅在战略目标、理论技术发展、产业经济发展、人才培养、法律体系等方面对我国人工智能发展进行了战略布局，还提出要统筹引导财政资金、政府投资基金、社会资本等对人工智能企业、项目进行大力支持；而《促进新一代人工智能产业发展三年行动计划（2018—2020 年》从培育智能产品、突破核心技术、深化发展智能制造、构建支撑体系和保障措施等方面详细规划了人工智能在未来三年的重点发展方向和目标。同时，地方政府也发布相关政策，如上海市经济和信息化委员会印发了《上海市人工智能产业发展"十四五"规划》，进一步发挥人工智能的"头雁效应"，深化人工智能在城市数字化转型中的重要驱动和赋能作用，加快建设更具国际影响力的人工智能"上海高地"，打造世界级产业集群。四川省科技厅于 2022 年 5 月 7 日发布了《四川省"十四五"新一代人工智能发展规划（征求意见稿）》，提出了到 2025 年及 2035 年的发展目标，到 2035 年人工智能总体发展水平进入国内领先行列，形成核心理论、关键技术、支撑平台、智能应用完备的产业链和高端产业群。

3.2 知识图谱国际标准化现状

（1）W3C

W3C，全称 World Wide Web Consortium，中文名称万维网联盟，是万维网主要的国际标准化组织机构,同时也是万维网领域最具有权威性和影响力的国际中立性技术标准化组织。W3C 标准化组织成立于 1994 年,主要宗旨是通过促进通用协议的发展确保其通用性,对 Web 关键技术进行标准化工作。

在知识图谱领域,W3C 相关标准化工作主要集中在语义网知识描述体系方面,研制与发布 XML、RDF、SPARQL、RDF Schema、OWL 等系列标准,形成了一系列知识图谱中知识表示关键技术标准。语义网知识描述技术栈涵盖了知识表示、知识查询、知识推理三部分标准。在知识表示方面,W3C 理事会推荐了 XML、RDF、RDFS、OWL 四项主要技术标准,其中 RDF 系列标准包括 RDF Primer、RDF Test Cases、RDF Concept、RDF Syntax。同时,W3C 理事会提议的 SPARQL Requirements 与 SPARQL Language 标准成为检索和操作基于 RDF 存储知识图谱。

（2）ISO/IECJTC1

ISO/IECJTC1（国际标准化组织/国际电工委员会的第一联合技术委员会）是信息技术领域的国际标准化委员会,已经在人工智能领域进行了二十多年的标准化研制工作,主要集中在人工智能词汇、计算机图像处理、云计算、大数据等人工智能关键技术领域。于 2017 年 10 月批准并成立的 JTC1/SC42 人工智能分技术委员会,主要围绕基础标准（Foundational standards）、计算方法（Computational methods）、可信赖性（Trustworthiness）和社会关注（Societal concerns）等方面开展国际标准化工作。

JTC1/SC42 人工智能分技术委员会在 2018 年 8 月 23 日发布了《计算方法与人工智能系统研究报告》第二版,并在其中对知识图谱系统以及知识图谱计算方法与特点、知识图谱行业应用进行了论述,同时分析了知识图谱系统标准化需求与标准化可能存在的问题。此外,JTC1/SC42 在 2018 年 7 月 3 日提出了一项知识图谱相关提案,以期帮助企业开发知识图谱应用,特别是中小企业和初创企业遵循该框架的知识图谱构建方法,帮助知识图谱的数字基础设施供应商了解知识图谱并提供有效的知识图谱工具。

（3）IEEE

IEEE 标准协会的标准制定内容涵盖信息技术、通信、电力和能源等多个领域。中国电子技术标准化研究院向 IEEE 标准协会提报的标准提案《知识图谱架构》（Framework of Knowledge Graph,项目编号: P2807）于 2019 年 3 月 20 日正式获批立项,并于 2019 年 8 月 20 日至 21 日召开 IEEE 知识图谱工作组（IEEE/C/SAB/KG_WG）暨标准启动会。中国电子技术标准化研究院物联网研究中心应用技术研究室主任韦莎担任工作组主席,清华大学人工智能研究院知识智能研究中心主任李涓子教授和阿里巴巴集团高级标准化专家王昊分别担任工作组副主席与秘书。

美国国家标准技术研究院（National Institute of Standards and Technology, NIST）直属美国商务部,主要从事物理、生物和工程方面的基础和应用研究。在 MUC-7 之后,MUC 由美国国家标准技术研究院组织的自动内容抽取（Automatic Content Extraction, ACE）评测取代,ACE 评测标准从 1999 年开始筹划,2000 年正式启动,其中关系识别和检测任务定义了较为详细的关系类别体系,用于两个实体间的语义关系抽取。ACE-2008 包括了 7 大类和 18 个子类的实体关系,从 2004 年开始,事件抽取成为 ACE 评测的主要任务。

此外,国际电信联盟（International Telecommunications Union, ITU）2016 年开始进行人

工智能相关标准化研究,但目前尚未发布知识图谱相关标准以及研制计划。

3.3 国内知识图谱标准化和相关进展

近年来,我国知识图谱方面标准化工作积极跟进。2019 年 8 月 27 日,《知识图谱标准化白皮书》于 2019 中国国际智能产业博览会——第二届智能制造高峰论坛成功发布。其由中国电子技术标准化研究院联合中电科大数据研究院有限公司、东软集团股份有限公司、联想(北京)有限公司、南华大学、星环信息科技(上海)有限公司、上海思贤信息技术股份有限公司、成都数联铭品科技有限公司、阿里巴巴网络技术有限公司等 21 家知识图谱领域相关开发商、系统集成商、用户企业、科研院所、高校联合编写。该白皮书根据当前知识图谱技术发展情况及在多个领域的成功实践,从哲学、政策、产业、行业、技术、工具、支撑等多个层面对知识图谱的实际需求、关键技术、面临的问题与挑战、标准化需求、展望与建议等进行了梳理,涉及智慧金融、智慧医疗、智能制造、智慧教育、智慧政务、智慧司法、智慧交通等十五个领域,并初步提出了知识图谱技术架构和标准体系框架等,以期对未来知识图谱在更多行业的推广应用及标准研制提供支撑。

目前在国内,国家标准《信息技术人工智能知识图谱技术框架》(计划号 2019 2137-T-469)、IEEE 标准《知识图谱架构》(英文名称 Framework of Knowledge Graphs,项目编号 P2807)和《知识图谱技术要求与评估规范》(英文名称 Standard for Technical Requirements and Evaluating Knowledge Graphs,项目编号 P2807.1)均已获批立项,《金融服务领域知识图谱应用指南》(英文名称 Guide for Application of Knowledge Graphs for Financial Services,编号 IEEE P2807.2)正在研究制定中。其中,《信息技术人工智能知识图谱技术框架》拟就知识图谱技术框架、利益相关方、关键技术要求、性能指标、典型应用及相关领域、数字基础设施、使能技术等内容进行研究。该标准是人工智能领域重要的基础性标准,知识图谱是实现机器智能的重要基础,可在政府管理、公众健康、交通运输、公共安全等领域发挥作用,助力疫情防控和复工复产。知识图谱标准体系结构如图 1 所示。

图 1　知识图谱标准体系结构图

2020年初,新型冠状病毒肺炎疫情突发,防控形势严峻复杂,复工复产统筹推进。工信部官网发布《充分发挥人工智能赋能效用协力抗击新型冠状病毒感染的肺炎疫情倡议书》倡议进一步发挥人工智能赋能效用,组织科研和生产力量,把加快有效支撑疫情防控的相关产品攻关和应用作为优先工作。为及时总结和宣传推广一批知识图谱领域的好经验、好做法,全面支持疫情科学防控与企业有序复工复产,2020年2月至4月国家人工智能标准化总体组组织成员单位撰写并陆续发布《知识图谱助力疫情防控和复工复产案例集》(第一期)(第二期)。依托IEEE知识图谱标准化工作组及知识图谱国家标准编制工作组,共收集28个优秀应用案例(第一期18个,第二期10个)并汇编形成案例集。案例集从需求背景、技术框架、难点挑战、成效意义、下一步工作计划等多个方向进行案例解读,旨在及时总结和宣传推广一批好经验、好做法,为全面支持国内外疫情科学防控、加快企业复工复产和强化服务保障工作提供知识图谱相关技术和服务支持。案例集发布后受到国家市场监督管理总局和国家标准化管理委员会的认可及官方报道。同时,参与标准编制工作的单位和企业紧急上线了疫情监测服务平台、疫情态势感知与辅助研判系统、密切接触者挖掘系统、人口排查及防控系统、物资应急调度平台等一批知识图谱相关产品、服务及解决方案,并在实践中得到检验和应用。

4. 关键技术

4.1　知识获取

（1）概念

知识获取是指从不同来源、不同数据中进行知识提取,并将知识存入知识图谱的过程。由于真实世界中的数据类型及介质多种多样,所以如何高效、稳定地从不同的数据源进行数据接入至关重要,其会直接影响到知识图谱中数据的规模、实时性及有效性。

知识从获取信息结构上可划分为三类,分别是结构化信息、半结构化信息和非结构化信息,从获取信息内容上又可分为实体识别、实体消歧、关系抽取和事件抽取;按照抽取对象的不同,可分为实体抽取、关系抽取、事件抽取、属性抽取。实体抽取也称为命名实体识别(Named Entity Recognition, NER),是指从文本语料库中自动识别出专有名词(如机构名、地名、人名、时间等)或有意义的名词性短语,实体抽取的准确性直接影响知识获取的质量和效率。关系抽取是利用多种技术自动从文本中发现命名实体之间的语义关系,将文本中的关系映射到实体关系三元组上。属性主要是针对实体而言的,以实现对实体的完整描述,由于可以把实体的属性看作实体与属性值之间的一种名词性关系,所以属性抽取就可以转化为关系抽取。事件是发生在某个特定时间点或时间段、某个特定地域范围内,由一个或者多个角色参与的一个或者多个动作组成的事情或者状态的改变。

（2）技术研究现状

实体抽取主要方法包括三种:基于词典和规则的方法、基于统计机器学习的方法和基于深度学习的方法。基于词典和规则的方法是基于专家提前制定相应的领域词典和规则模板,进行正则表达式的匹配,选取相应的实体,但其词典编制费时费力,可迁移性欠佳,仅适用于简易的识别系统。基于统计机器学习的方法包括隐马尔可夫模型、最大熵模型、条件随机场模型等,均需要提前人工标注特征数据集。基于深度学习的方法使用基于神经网络的各类模型,可针对领域特征进行自动学习。实体关系挖掘技术主要包括有监督的学习方法、半监督的学习方法和无监督的学习方法。有监督的学习方法基于逻辑回归的方法、基于核函数的方法、基于条件随机场的方法等。随着深度学习在模式识别领域的快速发展,关系挖掘任务也转向使用基于深度学习的模型,包括基于递归神经网络、卷积神经网络的关系挖掘。2021 年贾宁宁深入研究面向知识图谱扩充的知识获取关键技术,取得了一定成果:针对面向知识图谱的实体链接,提出了一种结合共同注意力机制与图卷积神经网络的实体链接方法,旨在从自然语言文本中抽取出实体,并在关系抽取方面提出了基于编码器-解码器框架的远程监督关系抽取方法,从知识图谱中直接推理出隐含的三元组。

使用 Amazon Sage Maker 运行基于 TensorFlow 的中文命名实体识别是近年来的重要进展。基于深度学习的命名实体识别方法将命名实体识别当作序列标注任务来完成,经典方法是 LSTM+CRF、BiLSTM+CRF,而预训练模型可以大幅度提升深度学习效率,增加识别准确度, Amazon Sage Maker 中使用预训练模型 ALBERT,在 Tensor Flow 框架下启动,取得良好的效果。2020 年 4 月 30 日, Amazon Sage Maker[①] 在由光环新网运营的 AWS 中国(北京)区域和由西云数据运营的 AWS 中国(宁夏)区域正式开放。由于 Amazon Sage Maker 是一项完全托管的服务,有助于机器学习开发者和数据科学家快速构建、训练和部署模型,并消除机器学习过程中多任务繁重的工作,易于开发高质量的模型。

4.2　知识表示

（1）技术概念

知识表示是通过一定有效手段对知识要素进行表示,作为知识工程中一个重要的研究课题,其是知识图谱研究中知识获取、融合、建模、计算与应用的基础,也是将现实世界中存在的知识转换成计算机可识别和处理的内容。作为一种描述知识的数据结构,知识表示用于对知识的一种描述或约定,在人工智能的构建中具有关键作用,并通过适当的方式表示知识,形成尽可能全面的知识表达,使机器通过学习这些知识,表现出类似于人类的行为。大部分知识图谱使用 RDF(Resource Description Framework,资源描述框架)描述世界上的各种资源,并以三元组的形式保存到知识库中。

知识表示是通过表征学习(KRL)得到的,表征学习包括确定学习实体和关系的低维分布嵌入的表征空间、衡量事实合理性的打分函数、通过特定模型表示实体与关系间相互作用的编码模型以及多模态嵌入的辅助信息等 4 个层面。知识表示的学习模型包括距离模型、单层神经网络模型和双线性模型等。

（2）技术研究现状

知识表示是知识获取与应用的基础,因此知识表示学习问题是贯穿知识库的构建与应用全过程的关键问题。人们通常以网络的形式组织知识库中的知识,网络中每个节点代表实体(人名、地名、机构名、概念等),而每条连边则代表实体间的关系。然而,基于网络形式

---

① 　https://aws.amazon.com/tw/sagemaker/

的知识表示面临诸多挑战性难题，主要包括如下两个方面。

①计算效率问题。基于网络的知识表示形式中，每个实体均用不同的节点表示。当利用知识库计算实体间的语义或推理关系时，往往需要人们设计专门的图算法来实现，因此存在可移植性差的问题。更重要的是基于图的算法计算复杂度高、可扩展性差，当知识库达到一定规模时，就很难较好地满足实时计算的需求。

②数据稀疏问题。与其他类型的大规模数据类似，大规模知识库也遵守长尾分布，在长尾部分的实体和关系上，面临严重的数据稀疏问题。例如，对于长尾部分的罕见实体，由于只有极少的知识或路径涉及它们，对这些实体的语义或推理关系的计算往往准确率极低。

2018 年清华大学的刘知远老师、腾讯的林芬研究员和林乐宇研究员等共同提出了一种新的基于置信度的知识表示学习框架（Confidence-aware KRL framework，CKRL），能够发现知识图谱中潜在的噪声或冲突，同时更好地从中学习知识表示。在 CKRL 模型中主要参考了 Trans E 的思路，使用了平移假设（translation-based assumption），并增加了三元组置信度（triple confidence）的概念。

4.3　知识存储

（1）技术概念

知识存储是针对知识图谱的知识表示形式设计底层存储方式，完成各类知识的存储，以支持对大规模图数据的有效管理和计算。知识图谱主要有两种存储方式：一种是基于 RDF 的存储；另一种是基于图数据库的存储。RDF 一个重要的设计原则是数据的易发布以及共享，RDF 以三元组的方式来存储数据，而且不包含属性信息，主要存储三元组、使用标准的推理引擎、遵循 W3C 标准、易于发布数据，并且多应用于学术界场景。图数据库具有高效的图查询和搜索，一般以属性图为基本的表示形式，所以实体和关系可以包含属性。关系和节点可以带属性，图遍历效率较高，基本多应用于工业界场景，但相较 RDF 而言，没有标准的推理引擎。

（2）研究现状

目前尚没有一个统一的可以实现所有类型知识存储的方式。因此，如何根据自身知识的特点选择知识存储方案，或者进行存储方案的结合，以满足针对知识的应用需要，是知识存储过程中需要解决的关键问题。当前常用的图数据存储系统包括 Neo4j、Orient DB、Hyper Graph DB 和 Infinite Graph，详细介绍如下。

① Neo4j[1] 是一个开源的图数据库系统，它将结构化的数据存储在图上而不是表中。Neo4j 基于 Java 实现，是一个具备完全事务特性的高性能数据库，具有成熟数据库的所有特性。Neo4j 是一个本地数据库，不需要启动数据库服务器，应用程序不用通过网络访问数据库服务，访问速度快。

② Orient DB[2] 是一个开源的文档-图混合数据库，兼具图数据库对数据强大的表示及组织能力和文档数据库的灵活性及很好的可扩展性。该数据库同样是本地的，支持许多数据库的高级特性，如事务、快速索引、SQL 查询等。

---

[1] https://neo4j.com/

[2] http://orientdb.com/

③ Hyper Graph DB① 同样是开源的存储系统,并依托于 Berkeley DB 数据库,其最大的特点是超图,从数学角度讲,有向图的一条边只能指向一个节点,而超图则可以指向多个节点,其还允许一条边指向其他边,因此有更强大的表示能力。

④ Infinite Graph② 是一个基于 Java 语言开发的分布式图数据库系统。

4.4 知识融合

（1）技术概念

知识融合指将不同来源的知识进行对齐、合并,形成全局统一的知识标识和关联。知识融合是知识图谱构建中不可缺少的一环,知识融合体现了开放链接数据中互联的思想。知识融合技术主要用于实体消歧,保证知识图谱图质量,包括实体连接和知识合并,其可消除实体、关系、属性等指称项与事实对象之间的歧义,形成高质量的知识库。知识库的融合模式③ 包括对通用知识库与专业知识库进行竖直方向的知识融合和对相同领域的知识库进行水平方向的知识融合。融合的方法包括元素级匹配、结构级匹配和实体对齐。

知识图谱中的知识融合包含两个方面,即数据模式层融合和数据层融合。数据模式层融合包含概念合并、概念上下位关系合并以及概念的属性定义合并,通常依靠专家人工构建或从可靠的结构化数据中映射生成,在映射的过程中,一般会通过设置融合规则确保数据的统一。数据层融合包括实体合并、实体属性融合以及冲突检测与解决。

（2）技术研究现状

在全国知识图谱与语义计算大会（CCKS2019）中,祝凯华等人提出多因子融合的实体识别与链指消歧方法④,其中实体识别与链指消歧又称为 Entity recognition 和 Entity linking,是自然语言处理领域的基础任务之一。针对百度发布的面向中文短文本的实体识别与链指比赛数据集,首先采用预训练的 Bert 来对短文本中的实体进行提取,然后根据提取出的实体,采用 Deep Type 来预测实体类型信息,Deep Match 对实体的上下文和知识库进行文本匹配,最后用 Deep Cosine 来结合知识库实体向量的预测及其他数值特征,如流行度等弱消歧模型进行融合进而可以产生一个非常强的实体消歧预测结果。

4.5 知识建模

（1）技术概念

知识建模是建立知识图谱的概念模式的过程,相当于关系型数据库的表结构定义⑤。

为了对知识进行合理组织,更好地描述知识本身与知识之间的关联,需要对知识图谱的模式进行良好的定义。知识建模是指建立知识图谱的数据模型,即采用什么样的方式来表达知识,构建一个本体模型对知识进行描述。在本体模型中需要构建本体的概念、属性以及概念之间的关系。目前的知识建模方法可分为手工建模方式和半自动建模方式。手工建模方式可满足对知识建模容量小、质量高的要求,但是无法满足大规模的知识构建,是一个耗

---

① http://www.hypergraphdb.org/

② http://www.objectivity.com/ products/infinitegraph/

③ https://developer.51cto.com/art/202001/609033.htm

④ http://www.ccks2019.cn/

⑤ http://www.geonames.org

时、昂贵、需要专业知识的任务；半自动建模方式是将自然语言处理与手工方式结合，适用于规模大且语义复杂的图谱。

此外，对知识建模质量评价也是知识建模的重要组成部分，通常与实体对齐任务一起进行。质量评价的作用在于可以对知识模型的可信度进行量化，通过舍弃置信度较低的知识来保障知识库的质量。评价范围包括明确性、客观性、完全性、一致性、最大单调可扩展性、最小承诺和易用性。

（2）技术研究现状

知识建模通常采用两种方式：一种是自顶向下（Top-Down）的方法，即首先为知识图谱定义数据模式，数据模式从最顶层概念构建，逐步向下细化，形成结构良好的分类学层次，然后再将实体添加进概念；另一种则是自底向上（Bottom-Up）的方法，即首先对实体进行归纳组织，形成底层概念，然后逐步往上抽象，形成上层概念，该方法可基于行业现有标准转换生成数据模式，也可基于高质量行业数据源映射生成。为了保证知识图谱质量，通常在建模时需要考虑以下几点关键问题：①概念划分的合理性，如何描述知识体系及知识点之间的关联关系；②属性定义方式，如何在冗余程度最低的条件下满足应用和可视化展现；③事件、时序等复杂知识表示，通过匿名节点的方法和边属性的方法来进行描述，各自的优缺点是什么。在当前发展趋势中，重点需要解决知识建模的规范化和标准化。在大数据时代，知识建模正朝着对大规模数据进行建模的方向发展，多人在线编辑，并且实时更新知识建模成为可能。针对传统人工知识建模耗时、耗力、效率低下等弊端，知识建模正与自动语义处理算法进行结合，以期实现全自动建模方式，避免人工干预和操作。另外，快速集成现有的结构化知识模型，支撑起事件、时序等复杂知识形式的表达模式，能够建立功能更加完善、表达更加强大的知识模型。

4.6　知识推理

（1）技术概念

知识推理是在知识库基础上进一步挖掘隐含的知识，在关联规则的支持下丰富和扩展知识库。由于实体、实体属性以及关系的多样性和复杂性，需要对其进行推理规则的挖掘，主要依赖于实体以及关系间的丰富同现情况。对实体、实体的属性、实体间的关系、本体库中概念的层次结构等进行知识推理。

知识推理的具体任务可分为可满足性（satisfiability）、分类（classification）、实例化（materialization）[①]。可满足性可体现在本体或概念上，在本体上即检查一个本体是否可满足，即检查该本体是否有模型。如果本体不满足，说明存在不一致。基于本体推理的方法常见的有基于Tableaux 运算的方法、基于逻辑编程改写的方法、基于一阶查询重写的方法、基于产生式规则的方法等。基于 Tableaux 运算的方法适用于检查某一本体的可满足性，以及实例检测。基于逻辑编程改写的方法可以根据特定的场景定制规则，以实现用户自定义的推理过程。基于查询重写的方法可以高效地结合不同数据格式的数据源，也可以关联不同的查询语言。基于产生式规则的方法可以按照一定机制执行规则从而达到某些目标。

---

① https://blog.csdn.net/pelhans/article/details/80091322

知识推理方法主要可分为基于逻辑的推理与基于图的推理两种类别。基于逻辑的推理方式主要包括一阶谓词逻辑（first order logic）、描述逻辑（description logic）及规则等。基于图的推理方法有 path-constraint random walk，path ranking 等，利用关系路径中的蕴涵信息，通过图中两个实体间的多步路径来预测它们之间的语义关系。

（2）技术研究现状

知识图谱的应用大多基于对复杂网络的大规模计算，计算的结果或以在线服务，或以离线结果的形式提供给应用者。知识计算的能力输出方法包括知识统计与图挖掘、知识推理。如何解决小样本量场景的知识计算、一致性动态变化下的知识计算以及面向多元关系和多源信息等方面的知识计算将成为未来重要且亟待突破的方向。此外，在人工智能顶级会议 AAAI 2020 上，北京理工大学和阿里巴巴合作的一篇关于利用对象之间的关系进行图像和视频描述（image caption/video caption）的论文提出了一种联合常识和关系推理的方法（C-R Reasoning），该方法利用先验知识进行图像和视频描述，而无须依赖任何目标检测器。先验知识提供对象之间的语义关系和约束，作为指导以建立概括对象关系的语义图，其中一些对象之间的关系不能直接从图像或视频中获得。该方法是通过常识推理和关系推理的迭代学习算法交替实现的，常识推理将视觉区域嵌入语义空间以构建语义图，关系推理用于编码语义图以生成句子。

陆泉等提出一种基于 OWL 语言的模糊本体表现模型，通过 SWRL 语言表示精确规则和模糊规则，构建面向知识发现的推理模型。该模型可以同时描述精确知识和模糊知识，简化了对模糊知识的表示和处理。同时，数字人文资源所蕴含的多源异构数据，特别是图像数据资源之间的语义关系和概念层次结构也推动了领域内的知识推理，如周知等参考 Eakins 图像语义层次模型和数字图像语义描述层次模型，对图像资源的语义进行了多层描述，实现实体之间、概念之间的深度关联，满足知识推理的需要。近年来，图神经网络和知识图谱的结合成为解决知识图谱推理的新手段。许多研究人员致力于将传统欧氏空间数据上的神经网络模型迁移到图数据的建模中，通过端到端的方式自动学习和提取图数据的特征。其中，图卷积神经网络（GCN）是目前研究中最活跃，也是最基础的一类模型。图卷积神经网络模型主要包括基于卷积定理的谱方法和基于邻居聚合的空间方法两大类。为了学习图数据的层级结构，也有学者提出了层次化的图神经网络模型，用以刻画图级别的全局特征。

5. 典型案例和行业应用

5.1 科技图谱

（1）概念和相关技术

近年来，国内外涌现了较多的基于科技领域知识图谱技术的新学科与新技术发现、成果评价等理论，诸如基于领域知识图谱的立项推荐、交叉学科发现等技术也已在美国国家自然科学基金委（National Science Foundation，NSF）、中国国家自然科学基金委（National Natural Science Foundation of China，NSFC）、科技部等众多单位进行了应用与尝试，并取得了较好的效果。周园春等人提出一种科技领域大数据知识图谱平台 SKS（Scientific Knowledge Store），突破了海量知识图谱数据的采集、清洗、存储与管理难题，融合科技成果、科研人员、科研机构、科技项目、关键词等科技实体,通过构建科技领域知识图谱,提供科技人员、项目、成果相关的概念、知识与关系的查询与统计分析,提供科技领域项目、专家、成果的查询与分析等功能。在科技领域知识图谱基础上,结合传统的文献计量学方法、网络表示学习及神经网络等最新机器学习方法提供包括新技术发现、规划制定、项目立项、成果评价的分析与服务,实现包括影响力评价、关联挖掘、学科分析、立项评价在内的科技评估。

(2)典型应用

a. 中国科协计算机与人工智能大数据知识管理服务平台

中国科协计算机与人工智能大数据知识管理服务平台项目的主要建设目标是依托中国科协学科门类齐全、领域交叉充分、智力资源密集的独特优势,构建科技领域大数据知识图谱,形成"科技领域-专家人才-研究成果"的关系网络,提供计算机科学与人工智能科技领域研究热点、趋势、人才态势感知服务,利用复杂网络关系分析、机器学习等挖掘技术,为宏观科技管理与决策提供支持服务。

该平台基于规则和人工智能技术搭建,包含科技领域中的科技人才、科技项目、科技组织、科技事件、科研成果等多维度数据,面向科技服务的知识图谱构建,挖掘科技资源在知识图谱中的潜在价值,主要包括面向领域科技专家画像、基于H指数的科技成果影响力分析、基于PageRank的科研机构影响力分析、基于标签传播的LPA算法进行领域热点趋势分析等。该平台可为中国科协研究人员提供中国科协科研热点、科研影响力和科研趋势分析服务,提供立体、多维、高精度人才画像及专家推荐等智能服务。目前,中国科协计算机与人工智能大数据知识管理服务平台融合了超过1亿科技实体,已在中国科协内部进行初步部署与展示。该平台可系统页面如图2所示。

 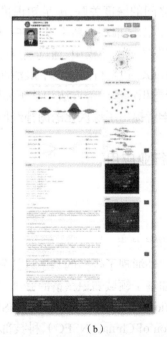

　　　　　　(a)　　　　　　　　　　　　　(b)

图2　中国科协计算机与人工智能大数据知识管理服务平台首页(a)和专家画像页面(b)

b. 国家自然科学基金大数据知识管理服务平台

为促进基础研究信息资源的开放利用,全面展示科学基金资助情况,国家自然科学基金大数据知识管理服务平台于 2020 年 3 月 20 日起对外提供服务。该平台包括国家自然科学基金大数据知识管理服务门户①、国家自然科学基金共享服务网②和国家自然科学基金基础研究知识库③三个应用,提供包括科学基金资助项目、结题项目、项目成果的检索和统计,项目结题报告全文和项目成果全文的浏览,相关知识发现和学术关系检索等功能。

①国家自然科学基金大数据知识管理服务门户是面向基金委工作人员、科研管理部门、科研人员及公众的服务系统,其主要目的是提供网络检索和统计分析服务。该系统主要功能包括:基于网络的简单数据检索,如对科研项目、科研成果、科研人员、科研单位的检索;基于关系的关联检索,如论文引用、项目合作等关联检索;基于知识网络的知识发现,如人员合作网络分析、单位合作网络分析、科研人员关联路径发现等;基于多维数据的统计分析,如基金资助项目申请与资助情况多维统计分析、结题项目成果产出情况多维统计分析;基于知识网络关系数据的分析挖掘,如项目和成果的影响分析、科研社区发现。详见图 3 至图 5。

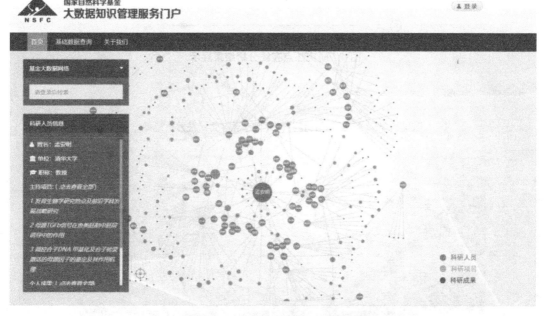

图 3　国家自然科学基金大数据知识管理服务门户

---

① http://kd.nsfc.gov.cn/aboutUs

② http://output.nsfc.gov.cn/

③ http://ir.nsfc.gov.cn/

分析结果　数据更新时间: 2020-02-07

研究热点分析结果

图 4　研究热点在线分析结果展示

分析表格　热力图　数据更新时间: 2020-02-07

数理科学部 和 工程与材料科学部 的学科交叉性分析结果

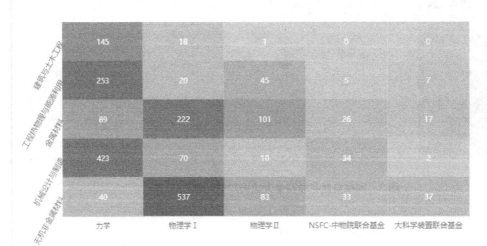

图 5　学科交叉性分析结果热力图

②国家自然科学基金共享服务网系统提供资助项目、结题项目、项目成果的检索与统计。提供结题报告的全文浏览,旨在增加国家自然科学基金资助工作的透明度,促进基础研究学术信息资源的共享和利用,全面反映科学基金资助绩效,加强监督和道德学风建设。

③国家自然科学基金基础研究知识库作为我国学术研究的基础设施,收集并保存国家自然科学基金资助项目成果的研究论文的元数据与全文,向社会公众提供开放获取,致力于成为传播基础研究领域的前沿科技知识与科技成果、促进科技进步的开放服务平台。

c. 空间科学领域大数据知识管理服务平台

空间科学领域大数据知识管理服务平台主要面向空间领域科研活动数据,实现大数据的智能化管理,为空间领域科研工作者提供科研决策及科技管理等参考依据。如图6所示,该平台基于知识图谱,使用 TransE 模型挖掘实体关系,基于混合规则与分布式表示的隐含语义推理技术,实现实体、关系及隐含语义的推理,为空间领域科研人员提供交互式查询、知识关联查询分析、科研影响力分析、网络挖掘分析、科研合作网络分析、多维统计分析等智能化服务,将科研过程和科研成果有机地联系起来,使得空间领域的科研活动具有可解释性,为空间领域科研决策提供依据的同时,促进前沿技术在空间科学领域的应用。目前,空间科学领域大数据知识管理服务平台在传统科技领域实体关系基础上,进一步融合了空间科研特有的实体,如卫星、科研装置等,具有典型的领域特点。

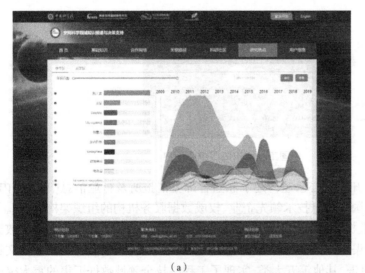

（a） （b）

图6　空间科学领域大数据知识管理服务平台

（a）首页　（b）专家画像页面

d. 中国工程科技知识中心

中国工程院于 2012 年启动建设"中国工程科技知识中心"①（China Knowledge Centre for Engineering Sciences and Technology, CKCEST）,该项目汇聚了超 44 亿条论文、行业报告在内的成果数据,并提供了包括主题分析、战略咨询、交叉领域分析等功能。中国工程科技知识中心(以下简称"知识中心")是经国家批准建设的国家工程科技领域公益性、开放式的

---

① http://www.ckcest.cn/

知识资源集成和服务平台建设项目,是国家信息化建设的重要组成部分。其以满足国家经济科技发展需要为总体目标,通过汇聚和整合我国工程科技相关领域的数据资源,以资源为基础、以技术为支撑、以专家为骨干、以需求为牵引,建立集中管理、分布运维的知识中心服务平台。以为国家工程科技领域重大决策、重大工程科技活动、企业创新与人才培养提供信息支撑和知识服务为宗旨,最终建设成为国际先进、国内领先、具有广泛影响力的工程科技领域信息汇聚中心、数据挖掘中心和知识服务中心,如图 7 所示。

图 7　中国工程科技知识中心门户

　　截止到 2020 年 6 月,知识中心已经构建了涵盖各部委情报所及行业信息中心、国内顶尖高校、国家级科研院所、国内信息技术领先企业、权威数据服务机构的组织架构,形成了包括数字图书馆、各类专业数据库、档案馆、展览馆、博物馆、出版机构、实时媒体、物联网数据、互联网数据等多种来源与渠道的数据海,资源总量超过 44 亿条、84TB,资源类型包括文献、数值、工具(事实)、行业报告、其他等五大类,实现了工程科技全领域数据汇集的重大突破;通过概念进化、数据标引、可视分析、深度搜索、知识计算、协作众包等共性知识技术的研究,对各种数据源进行数据抽取、数据打通和数据融合,实现了不同类型数据资源的初步打通;多级平台已上线运行,总中心门户实现了一站式工程科技搜索,可提供语义检索、关联分析等基础知识服务,并集成了各专业分中心建设的超过 100 个专业应用,面向广大工程科技人员提供在线专业服务;同时,知识中心还为徐匡迪等近 60 位院士、食物安全可持续发展战略研究等 10 余个国家重大项目提供主动推送、专题分析、预警监测等线下服务,受到院士、重大项目承担单位的好评,已成为国家信息化建设的重要组成部分。

5.2　智慧教育

（1）概念和发展现状

作为一种复杂、高效的数据分析手段，教育知识图谱为推进教育信息化2.0时代的教育教学提供了新的驱动力。教育知识图谱可从知识建模、资源管理、知识导航、学习认知、知识库等多维度认知。知识建模视角构建知识建模图，节点作为知识点，边作为知识点间关联关系，应用于课程目标表征、组织和检验等场景。资源管理视角得出教育领域的知识图谱是表征各类知识点及其间关系的图模型。知识导航视角得出知识图谱所表征的知识点、问题、策略、方法等教学内容及其复杂关系是学习路网构建的依据。学习认知视角得出将知识图谱迁移应用于教育领域，不仅可以表达教学过程中各个元素及具有教育意义的认知关系，而且应当在知识图谱的基础上叠加学习者的知识掌握状态，构建学习认知地图。知识库视角得出知识图谱是一种可以准确描述并利用实体及其关系的大规模知识库。

此外，学科知识图谱作为语义网络，增强人工智能的可解释性，又可助力智慧教育体系框架的构建和生态系统的重构。作为体量巨大、在知识点与知识点以及知识点与教学资源间建立连接的语义网络，能够进行语义计算、语义关联和语义模型建立的个性化服务方面起到关键性作用。学科知识图谱为智慧内容库的建设提供支持、为多个用户提供知识逻辑网络等服务、为智慧教学、智慧学习、智慧管理、智慧评价、智慧科研以及智慧服务等多项智慧业务的开展提供支持，为学习者营造智能、高校、个性化的学习氛围，提供动态教育的可能性。深度融合知识、教育方法和信息技术的学习方式，促进智慧教育生态的形成。这其中，赋能学习者画像模型的构建用于针对学习者进行用户画像，描述其学习学科知识、认知能力、学科素养、学习风格和情感状态等各个方面的个性特征，为开展个性化服务做准备。赋能适应性学习的诊断，评测其对知识的掌握情况，使得教育理念更加侧重于以学习者为中心。主要方法分为两种：依靠经验进行诊断和基于人工智能的适应性学习诊断。依靠经验进行诊断主观性太强，存在个性化支持不足、费时费力等问题。基于人工智能技术的学习诊断方法可以根据学习者客观的学习过程数据，以统计测量、数据可视化分析等智能技术为方式，针对不同的学习者提供不同的诊断测评途径，自动生成客观性的诊断测评报告。赋能个性化学习的推荐，根据学习者当前的知识状态，推荐适合的学习资源和路径，实现精准个性化学习推荐。赋能智能教育机器人，英国开放大学发布的2019年度《创新教学报告》指出，"机器人陪伴学习"将成为教育领域可能出现的"创新教学法"。近年来"元分析"成为研究的热点，越来越多的地区将虚拟现实技术应用到教育中，也在虚拟现实技术、增强现实技术这些关键词基础之上，朝着"3dmax"、"Unity3d"、"元分析"、"学习效果"、"系统分析"和"虚拟实验"的方向前进，是目前我国智慧教育研究的发展趋势。

（2）相关技术

技术主要集中在知识本体构建技术、命名实体识别技术、实体关系挖掘技术和知识融合技术等方面。目前，教育领域的知识本体构建的方法主要有三种：人工法、自动法和半自动法。人工法费时费力，常用的是斯坦福大学提出的七步法。自动法主要基于机器学习技术以及统计分析技术，从数据中自动抽取知识本体，主要有三种：基于文本的自动构建方法、基于词典的自动构建方法以及基于本体学习的自动构建方法。实体关系挖掘技术主要为：有监督的学习方法、半监督的学习方法和无监督的学习方法。有监督的学习方法为基于逻辑回归的方法、基于核函数的方法、基于条件随机场的方法等。随着深度学习在模式识别领域的快速发展，关系挖掘任务也转向使用基于深度学习的模型，包括基于递归神经网络、卷积神经网络的关系挖掘。知识融合技术主要用于实体消歧，保证知识图谱图质量，包括实体连接和知识合并。

（3）典型应用

a. 基于知识图谱的全唐诗语义检索与可视化平台——唐诗别苑

古诗词作为中国宝贵文化遗产，对其研究具有传承中华文化的重大意义，然而碎片化、分散化的诗词知识缺少精确的解读，导致古诗词没有真正发挥其价值。以知识图谱的方式将其归纳、整理并整合，对其分析内在关联关系、并有条有理地梳理其知识脉络能够从抽象地语义视角分析古诗词用以辅助文学研究，取得较大的帮助。

目前古诗词图谱的研究已经可以构建出内容覆盖全面、囊括多层语义联系的古诗词图谱，并对各种不同的维度可以进行分析对比，用于完成推理和分析古诗词的任务。关于全唐诗语义检索的可视化平台"唐诗别苑"，对唐诗进行语义检索以及知识图谱的可视化展示，包括诗人的社交网络、迁徙游历、作品热点地图画像和诗人属性等方面的服务。抽取季节、天气、地点等与诗人有关的词语与诗人情感关联得出不同因素对诗人情感的影响，抽取初唐、盛唐、中唐、晚唐 4 个时期分析诗人写作风格相似度得出不同时期对诗人写作风格相似度的影响。

b. 基于知识图谱的翻转课堂教学模式应用于小学古诗词教学

翻转课堂是教与学重大转型升级的教育模式，作为以个体认知结构为主导、以群体智慧集合为指引、以协同知识资源与个性化教育理念为核心的模式，使用知识图谱技术作为分析知识资源的工具，充分体现自定义教学进度的作用。并在深圳市某实验小学语文古诗词--《凉州词》的教学中验证并取得良好的效果，有助于推进翻转课堂的发展。在应用过程中，以面向过程、任务驱动指引，协同个体及群体互动，优化认知结构为目标构建知识图谱，课前构建基于个体理解的个体初级知识图谱，意于学习者在已有知识体系框架的基础上自主学习，并完成自我理解、交流讨论等初级学习任务，生成学习任务所要求的知识图谱提交平台。课中发展基于实体对齐的群体知识图谱，以实体对齐的方式聚合不同学习者的相同实体，针对内容无关、质量较低或存在错误的实体通过深入讨论、人工审核等方式决定实体是否继续存在，体现了个体向群体汇聚的转变。通过审核的方式对学习目标核心概念的收敛，使得学习者参与协作完成高质量的作品，提升教学质量。课后根据课中完成的作为情况，教师继续拓展学习内容，学习者间互相学习借鉴、拓展迁移，实现对知识的深层次加工完善，提升理解。

以知识图谱汇聚和教师辅助设计学习的内容支持、以学生深度交互和知识加工实现知识内化和外化的认知支持、以通过学习元平台的移动客户端开展实时的人际交互并实现可视化的技术支持、以通过知识图谱激发良好的群体学习动力制造良好的学习氛围的群体动力支持为四大核心支持的翻转课堂模式取得良好的效果，有助于隐性知识显性化，并且有利于学习者高阶思维导图培养。

c.基于知识图谱的图书馆模式

AI+图书馆知识服务充分发挥主体多元化、方式智能化、覆盖泛在化和内容智慧化的特征,使得图书馆服务主体不再仅限于图书馆员,也可以是智能机器为用户直接提供精准的知识服务,由传统经验驱动的服务模式转型升级为数据驱动的服务模式,服务内容更加合理化。突破时空的局限,随时随地获得服务的方式更加方便。针对用户各式各样的提问,提供深度挖掘的知识内容更加精准化。

AI+图书馆遵循智能感知和数据收集、知识抽取和知识发现、知识组织和知识融合、知识推理和深度学习、知识应用和知识服务的实现路径,构建以用户为中心的自动化、场景化、个性化、泛在化的知识服务模式体系,拥有自助式导航、关联性知识检索、场景化知识推荐、个性化知识推送、组群式知识共享、深度嵌入式知识咨询、自动化知识问答等多元服务模式。以机器学习和自然语言处理为主要技术、指针组织融合为核心要素、知识推理和深度学习为主要关键进行知识图谱构建,最终实现创新型知识服务。

教育知识图谱在教育大数据智能化处理、教学资源语义化聚合、智慧教学优化、学习者画像模型构建、适应性学习诊断、个性化学习推荐、智能教育机器人等方面取得良好的效果。知识图谱能够助力教育大数据智能化处理,针对教育大数据进行数据分析、抽取、萃取知识,将教育领域信息汇聚融合为语义化的知识网络,梳理其实体关系和知识脉络,使得多源异构、价值密度低的数据深度融合,并发现潜在价值。在数据驱动的教育理念下,使用知识图谱处理好数据间关系,实现"数据"与"知识"双向驱动的教育大数据智能化。助力教学资源语义化聚合,随着资源的逐渐开放,在线教育成为知识的主流获取方式,其跨端、跨源和跨模态的知识特征,资源整合面临共享困难的问题,知识图谱将其语义化关联、智能聚合、理解复杂的学习资源、融合多模态海量教育学习资源,提供更高效的学习方式。助力智慧教学更加高效化,基于学科知识图谱,精准地了解学生知识点掌握动态,并预测变化情况。

5.3　智慧医疗

（1）概念

智慧医疗是利用先进的物联网与移动通信技术、大数据及人工智能等新一代 IT 技术,实现医疗信息系统与医疗过程的智能化辅助与自动化处理,实现医疗业务流程的数字化运作,实现患者与医务人员、医疗机构、医疗设备之间的互动。目前,国内外人工智能在疾病风险控制、智能辅助诊疗、医疗质量控制以及医疗知识问答等智慧医疗领域都有较好的效果。许多公司也建立了自己的知识图谱,如 IBM 的 WatsonHealth、阿里健康的"医知鹿"医学智库、搜狗的 AI 医学知识图谱 APGC 等医学知识图谱应用等都推进了医学的发展。

（2）技术及现状

使用翻译模型、复杂关系模型、单层神经网络模型、双线性隐变量模型、神经张量模型和矩阵分解对其进行医学知识表示,实体抽取、属性抽取和关系抽取对其进行医学知识抽取,使用实体对齐、实体连接和实体推演等进行医学知识融合,最后使用基于描述推理、基于规则推理、基于案例推理的传统推理方法或人工神经网络模型、遗传算法、反向传播算法等人工智能方法进行医学知识推理,使得对医疗大数据的表达、组织、管理以及应用更加有效,智能化水平更高,接近于人类思维。在临床决策支持系统、医疗智能语义搜索引擎、医疗问答系统和慢病管理系统等方面均已获得良好的效果。

（3）典型应用

a. 中医医学知识图谱

医学知识图谱是通过信息技术从海量的医学数据提炼信息,完成知识量的快速储存和增加的过程。现阶段较为成熟的知识图谱包括中医临床、中医特色诊疗技术、中医养生、中医经方、中医药学、中医特色疗法、中医学术传承、中医美容知识图谱等。中医医学知识图谱在家庭医生服务体系在中医知识检索、智能疾病及风险预测、辅助诊疗及用药、医案检索与分析、在线疾病问答资讯等方面均有较明显成效。

b. 关于新型冠状病毒肺炎的知识图谱

2019 年 12 月来,新型冠状病毒肺炎在多个国家爆发。刘秦宇等人基于 CiteSpace 针对新型冠状病毒肺炎文献可视化分析,采用 CiteSpace.5.5.R2 软件,将 CNKI 进行主题搜索的文献记录导入软件中转换为 Wos 格式。选取时间跨度为 2020-2020,时间节点为 1 年,阈值设置为 Top50perslice。根据研究目的的选择 author/institution/keywords 分析内容作为节点,选择最小生成树（MST）算法精简网络进行分析。作者合作知识图谱网络显示多个作者之间互相联系,表明在当下新型冠状病毒肺炎严峻的形势下,多个医疗团队紧密合作抗击疫情,研究机构合作知识图谱显示多个机构互相之间存在多合作关系,表明研究机构全力以赴地寻找抗击病毒的方法。关键词贡献及聚类图谱抽取高频研究热点关键词为诊疗方案、儿童、疫情防控、中医药疗法、诊断、管理策略、抗病毒药物、冠状病毒病、预防、病因病机、中西药结合等。

清华大学 AMiner 和智谱 AI 团队收集整理了前期人工整理的 COVID-19 开放知识图谱,并进一步融合,构建了一个大规模、结构化新冠知识图谱（COKG-19）[①]。COKG-19 旨在帮助发布者和科研人员识别和链接文本中的语义知识,并提供更多智能服务和应用。目前,COKG-19 包含了 505 个概念、393 个属性、26282 个实例和 32352 个知识三元组,覆盖了医疗、健康、物资、防控、科研和人物等。此外,COKG-19 是一个中英文双语知识图谱。COKG-19 的应用除了可作为基础的科研用知识数据库之外,还可以提供实体链接和知识检索等功能。基于 COKG-19 图谱,团队利用 latticeLSTM 和 Scispacy 等模型和工具,实现了基于知识图谱的中英文双语文本实体链接工具。针对 COKG-19 中知识的检索可基于实体排岐和全文索引等简单实现。

好医生集团根据临时抽调医护人员等往往由于缺乏与当前疫情相关的基础防护知识和心理准备,有可能出现身体和精神的双重伤害的现实情况,研发了疫情防护个性化在线教育产品。其联合大连理工大学金博教授团队,基于国内外已有的海量医疗教育资源、疫情历史数据,结合大数据处理技术、机器学习方法和教育心理学的认知理论等,构建了疫情防护认识诊断框架,并开发了面向医护人员认知结构的防护知识自动生成方法和个性化教育推荐系统。最终,在建立医护人员认知分析模型、疫情防护知识图谱等关键技术及大规模应用上实现了突破,推动了我国疫情防护体系的建设与完善。

---

① https://news.tsinghua.edu.cn/info/1003/79704.htm

5.4 智慧商业

（1）概念和相关技术

个人、企业以互联网为依托，通过运用大数据、人工智能等先进技术手段并运用心理学知识，对商品的生产、流通与销售过程进行升级改造，进而重塑业态结构与生态圈，并对线上服务、线下体验以及现代物流进行深度融合的零售新模式。电商认知图谱是一个以用户需求为中心，连接商品、用户、购物需求，以及各类开放领域知识、常识的大规模语义网络。不仅包含了以商品为中心的知识图谱（Product Graph），还包含了以用户需求的显式节点概念为中心的知识图谱（Concept Net）。形成了以概念、商品、标准产品、标准品牌等为核心，利用实体识别、实体链指和语义分析技术，整合关联了例如舆情、百科、国家行业标准等9大类一级本体，包含了百亿级别的三元组，以人货场为核心形成了巨大的知识网。

（2）典型应用

a. 易趣（eBay）产品知识图谱

易趣（eBay）目前正在开发的"产品知识图谱"[①]将对有关产品、实体以及它们与外部世界之间的关系的语义知识进行编码。易趣构建的知识图谱也必须解决数据大规模增长所带来的问题。在任意时间点都可能有超过数十亿的、遍布数千个种类的在售商品列表，这些列表可能包含数以亿计的商品以及数百亿种属性。易趣的知识图谱包含很多不同的用户，这些用户位于不同的服务层次上，他们的需求存在着巨大的差异。当在搜索服务中解析一个用户的意图时，知识图谱必须在几毫秒内返回结果。随着数据规模的增大，大规模的图请求可能会花费数小时来产生结果。为了应对这些挑战，易趣的工程师设计了一个能够同时保证灵活性和数据一致性的架构。易趣知识图谱使用了一个可供复制的日志来记录所有对图结构的写入和修改。日志能够提供数据一致性的保证。这种方式提供多后端数据存储以应对不同的使用需求。具体来说，有一个扁平化的文档存储库，用于提供低延迟的搜索查询；还有一个图结构存储库，用于进行长时间运行的图分析。其中每一个存储库都只需简单地将其操作写入日志中，并按顺序获取对图谱的添加和修改。因此，这些存储库能够保持一致性。

b.IBM Watson Discovery 知识图谱框架

IBM 开发了 Watson Discovery 服务及其相关产品所使用的知识图谱框架，并在 IBM 以外的许多行业环境中进行了部署。IBM Watson Discovery 的知识图谱框架满足两个要求：能够发现不明显信息的用例，并且能够提供帮助用户构建自己的知识图谱的框架，并以两种不同的方式使用该知识图谱框架：首先，该框架直接用于驱动 Watson Discovery，主要专注于使用结构化以及非结构化的知识，来发现新的信息为 Discovery 的下游产品提供服务。其次，该框架允许其他人以预先构建的知识图谱为核心来构建自己的知识图谱。

c. 阿里电商知识图谱

电商认知图谱在原有的电商知识体系的基础上融入了大量概念和知识，为商品搜索引擎的智能化升级带来了新的动力。以"国产冰箱"关键词搜索为例，传统搜索引擎中可能因为没有"国产"这个概念而无法得到全面的结果，而在知识图谱体系中"国产"可作为一个品

[①] https://www.ccf.org.cn/c/2020-02-04/694736.shtml

牌类概念的一个属性，每一个冰箱的品牌都将能查询到这一属性，从而解决该问题。其他的应用包括：1）在搜索结果页中插入和搜索词相关的主题形式的卡片，猜测真正的用户需求，这里的主题即为认知图谱的电商概念。2）进行搜索词关联提示阿里电商知识图谱中，目前一共定义了19种关系类型，并用三元组表示所有节点之间的关系。这些关系包括"is_related_to（相关）"、"isA（是一种）"、"has_instance（有实例）"、"is_part_of（是一部分）"等。其中对电商场景业务直接用途最大的关系是电商概念到商品之间的关联关系：例如一个购物场景"儿童防走失"所对应的商品到底是哪些；以及电商品类之间的上下位关系：例如"舞蹈裙"是一种"表演服"。此外，认知图谱在电商推荐中也有重要应用。如淘宝将认知图谱中的电商概念包装成一个主题卡片的形式，穿插在商品信息流推荐页面中呈现给用户，如"烘焙大全"，当用户点开这个主题，就会进入另一个页面，包含了烘焙所需的各类商品。如果推荐准确，将大大提升用户体验，仿佛淘宝是一个导购员，猜中了客户的需求，并提供一系列不同商品以供选择，会让用户觉得很舒心。另一个重要的应用是推荐理由，认知图谱的电商概念是用户需求的表达，又是两三个词组成的短语，本身就是一种简洁有力的推荐理由，在商品推荐中加入电商概念作为推荐理由，可以帮助提升用户体验，让用户更好地接受推荐的商品。

5.5 智慧金融

（1）概念和相关技术

智慧金融涵盖智慧支付、智慧财富管理、智慧银行、智慧证券、智慧保险、智慧风控等诸多方面。在应用方面，从KYC、舆情分析、个人/企业信用分析、风险传导、营销推荐、智能问答、知识库等都是典型的知识图谱应用。知识图谱在智慧金融中的应用可分为金融监管、金融机构应用和金融服务。金融监管是国家金融监管机构金融市场及相关机构与个人的监督管理，金融机构应用是指金融参与者利用知识图谱技术实现的风险预测、智能营销等应用，金融服务是指金融机构面向企业或公众提供的智能化金融服务。

（2）典型应用——海致星图的金融知识图谱

海致星图的金融知识图谱[①] 解决方案融合外部数据源和行业内部数据，优势是两个方面：一个方面技术层面上，对海量数据进行高速挖掘，对于几亿条编的这样一个数据集上面的挖掘结果能够在1秒之内返回，这是技术上的优势。另外就是对于金融业务场景的深入认识，例如基于不同的业务场景，怎样去识别欺诈/疑似欺诈行为，疑似欺诈行为表现出来的特征是什么，海致星图与银行业客户已经积累了大量的规则和经验。

海致星图的金融知识图谱有三个显著的特点：一是海量数据源采集。全国九千万家企业互联网数据的采集和融合。聚合数据源丰富、覆盖广、时效性强，可节省客户原先大量的调查与分析成本。涵盖企业工商数据、涉诉、上市、招投标、知识产权、招聘、动产抵押、税务、海关、舆情等强大数据量，源自搜索引擎的爬虫技术，采集11大类，50+小类，10000+数据源。二是快速对接行内数据。生成企业担保环、资金链、贸易链等等，发现复杂关系背后的风险和商机。与银行业务紧密结合，贴合具体场景做信息处理展示，利用强大的数据挖掘及人工

---

① https://www.sohu.com/a/237824340_99983546

智能技术面向营销及风控做企业事件的分析推送。例如可以通过内外部数据（包含企业股权、上下游企业、资金往来、借贷和票据支付的关系）挖掘出各种各样的集团关系模型、风险传导模型、营销传导模型、授信集中度等。三是强大的图分析功能及挖掘能力。提供更深层次视角的信息；各个业务的存储中心，保存数据初步加工、通用挖掘后的公共业务数据；也提供针对数据中心进行查询分析的接口，例如一致行动人、实际控制人、社群发现、关系发现、包括疑似欺诈行为的发现等，广泛应用于反欺诈、反洗钱、零售优质客户发现、亲密度模型潜在零售客户发现、贷后预警、风险识别的推送等领域。

金融知识图谱应用突破了传统数据分析的困境。传统分析面临的局限性首先是没有海量数据，以前能够分析的都是片段式的信息，而金融知识图谱方案通过采集海量数据，解决了数据不足的问题；第二有了基于分布式结构的图谱挖掘技术，可以进行充分的计算，深化数据价值的发掘。当前，金融知识图谱已经脱离了技术概念阶段，通过深入洞察金融大数据的关系，发挥实际的应用价值。

5.6 社交网络

（1）概念

随着社交网络中用户信息急速增长，依托挖掘社交网络中的海量信息构建知识图谱，推进数据挖掘、网络图论、Web、社交网络、搜索引擎理论等研究，促进它们朝着更智能化、语义化的方向发展已成为新趋势。知识图谱在社交网络常用于使社交网站、互联网应用等可以成为个性化用户社交环境并发挥价值（涉及搜索、推荐、娱乐、社交、商务等）的场景，并以数据信息、资料、图谱等形式开展商业应用。其中常见的社交搜索是一种用户可以执行针对社会化媒体内目标联系人的搜索。社交搜索具有以下特点：注重社区效应、聚合话题、基于"情景搜索"、以用户体验为中心、完整的用户识别体系、超强的用户黏性、好友导向、个性化推荐、构建兴趣图谱、搜索结果的人性化与精准化。此外，在餐饮娱乐方面，可通过充分挖掘并关联各个场景数据，结合自然语言处理、计算机视觉等人工智能技术驱动机器解读用户评论和行为数据，理解用户在菜品、价格、服务、环境等方面的喜好，构建人、店、商品、场景之间的知识关联，从而形成餐饮娱乐知识图谱。

（2）典型应用

a. 微软的必应（Bing）知识图谱

微软亚洲研究院为 Microsoft Concept Graph 知识库 ① 增加了超过 540 万条概念。研究人员首先对机器算法进行训练，通过其在网页中搜索查询中进行搜索，通过这个项目，机器可以更好地理解人类交流并且进行语义计算。微软（Microsoft）的必应（Bing）知识图谱支持交互式搜索。这些图谱包括现实世界的常识，用户能用此查询人物、地点、事物和组织的描述和联系。已构建的知识图谱包括必应知识图谱、学术图谱、领英图谱和领英经济图谱等。必应知识图谱包含现实世界的信息，并扩充必应对查询反馈的回答信息。它包含诸如人物、地点、事物、组织、位置等之类的实体，以及用户可能采取的行动。这是微软最大的知识图谱，因为它的目的是包含整个世界的常识。学术图谱（Academic graph）是实体的集合，

---

① https://www.ccf.org.cn/c/2020-02-04/694736.shtml

例如人物、出版物、研究领域、会议论坛以及地点位置。它允许用户查看研究人员与研究项目之间的联系,而这些联系若通过其他方法则可能难以确定。领英图谱(Linked In graph)包含诸如人员、工作、技能、公司、位置等实体。领英经济图谱(Linked In Economic graph)基于 5.9 亿会员和 3000 万家公司,用于查找和分析国家和地区的经济水平。

b. 谷歌知识图谱

谷歌知识图谱于 2012 年正式被提出,是一个设计专家系统、语言学、数据库、语义网以及信息抽取等众多领域的产物,由本体(ontology)作为 scheme 层,与 RDF 数据模型兼容的结构化数据集。谷歌公司以此为基础构建下一代智能化搜索引擎,知识图谱技术创造出一种全新的信息检索模式,为解决信息检索问题提供了新的思路。在 2016 年-2019 年间,谷歌知识图谱研究热点倾向于知识图谱、实体识别 feature selection、Semantic web、multi-source feature learning、Matching learning、问答系统、incomplete data、RDF 等关键词。谷歌知识图谱涵盖了广泛的主题,有 700 亿条断言,描述了 10 亿个实体,并且是来自不同个体的十多年数据贡献活动的结果 [1]。

c. 舆情社交网络

在知识图谱基础上,围绕主题内容构建"大数据驱动的社交网络舆情主题图谱",对社交网络中欺诈、谣言等事件的复杂关系进行梳理、事件演进过程进行可视化分析,并识别复杂关系中存在的特定潜在风险,提高舆情事件的预警和监控,更好地制定舆情调控策略,引导互联网生态向健康的方向发展。

对社交网络舆情事件传播、社交网络舆情传播行为、社交网络舆情传播模型及情感模型、社交网络舆情节点特征及传播影响力均有较深入的研究。针对宏观层面的知识图谱分析网络舆情相关领域研究的态势、主题研究领域以及研究热点以知识图谱为基础构建大数据驱动的社交网络舆情分析理论及方法,以典型人物、事件、社交媒体建设社交网络舆情主题图谱,以主题图谱可视化掌握社交网络舆情发展态势以及制定舆情调控策略。

d. 腾讯知识图谱(Topbase)

Topbase [2] 是由 TEG-AI 平台构建并维护的一个专注于通用领域知识图谱,其涉及 226 种概念类型,共计 1 亿多实体,三元组数量达 22 亿。Topbase 的抽取平台主要包括结构化抽取,非结构化抽取和专项抽取。抽取策略主要是基于规则的抽取模块、基于 mention 识别+关系分类模块和基于序列标注模块的三大模块,专项抽取主要有上位词抽取(概念),实体描述抽取,事件抽取,别名抽取等。使用属性规则模块、简介分类模块、自动构建的训练数据去噪模块或运营模块进行实体分类的训练样本构建,再根据属性名称、属性值对实体分类的特征选择,建立实体分类模型。根据数据分桶、实体相似度计算和相似实体的聚类合并来实现实体对齐从而达到知识融合。也可基于异构网络向量化表示特征、文本相似特征、基本特征或互斥特征等进行实体相似度计算。Base 融合、增量融合或融合拆解方式进行相似实体的聚类合并。Topbase 的知识关联方案使用基于超链接的关联和基于 embedding 的文本关联两种方式,嵌入模型是 TextEnhanced+TransE。伴随推理、反向推理、多实体推理等方法进行实体推理。Topbase 知识库的 popularity 计算以基于实体链接关系的 pagerank 算法为核

---

① https://www.ccf.org.cn/c/2020-02-04/694736.shtml

② https://blog.csdn.net/tencent_teg/article/details/106484950

心,以对新热实体的 popularity 调整为辅,并配以直接的人工干预来快速解决 badcase。最后 Topbase 知识图谱的存储是基于分布式图数据库 JanusGraph。

5.7 智慧政务

(1)概念

智慧政务即通过"互联网+政务服务"构建智慧型政府,利用云计算、移动物联网、人工智能、数据挖掘、知识管理等技术,提高政府在办公、监管、服务、决策中的智能水平,形成高效、敏捷、公开、便民的新型政府,实现由"电子政务"向"智慧政务"的转变。在政务生态链中,知识图谱的意义在于将大规模、碎片化的多源异构政务数据进行关联,以实体为基本单位对政务数据进行挖掘分析,揭示各实体间的复杂关系,实现知识层面的数据融合与集成,更大程度释放政务数据价值,为政府部门、企业、非营利组织、企业、公民提供知识服务。

(2)典型应用

a. 政策公文智能应用平台

基于知识图谱的政策公文智能应用基于全国海量政策数据建设的政策知识图谱构建了机构、政策、公文、法律法规、解读等实体相互关联的复杂网络,实现了知识层面的数据融合与集成,并以知识图谱为核心搜索引擎完成了政策大数据知识服务平台的建设。以知识图谱为核心搜索引擎,打破了原有基于关键词的政策获取单一模式,转型升级到多维度立体知识检索发现服务模式,并为政府机构、企业、政策研究院所、普通民众等聚焦国家党政政策的客户提供精准知识服务,支撑政府用户、企业用户从政策的研究视角,深度探索政策的关系等。

b. 平度市"智疫通"疫情防控平台

社区防控是打赢疫情防控阻击战的关键环节。开发面向社区基层的疫情防控软件大幅降低基层服务人员劳动强度对于我国疫情防控、强化社区联防联控机制具有重大的现实意义。平度市"智疫通"疫情防控平台依托知识图谱引擎、智能语义引擎、大数据分析引擎、大数据检索引擎等 AI 中台技术、分布式人工智能图数据库技术,提供疫情防控时空态势分析、三色实时预警和智能语义搜索等领导辅助决策能力。"智疫通"管控前端面向社区管控应用场景,采用小程序的灵活便捷形式,对市民健康数据采集、进出小区管理、传染病防治法律普及和防疫资讯等多种方面提供服务。例如,在市民健康数据采集登记方面,可通过小程序扫描采集社区、村居市民的监控信息,辅助工作人员通过设置规则进行进出小区管控。在防疫法律咨询方面,可提供法律知识图谱,实现防疫知识和防疫法律的智能咨询。在权威资讯宣传方面,可提供复工复产复课权威资讯及来源权威媒体和网站发布的相关信息。

5.8 智慧司法

(1)概念和相关技术

智慧司法是综合运用人工智能、大数据、互联网、物联网、云计算等信息技术手段,遵循司法公开、公平、公正的原则,与司法领域业务知识经验深度融合,使司法机关在审判、检查、侦查、监管职能各方面得到全面的智慧提升,实现社会治理、公共法律服务等的智慧化。

在巨大的案例压力下,政府基层工作人员数量不足40万,远远不能满足多达6亿人次/年的法律服务需求,并且法律服务专业性强,咨询、诉讼服务费用高,也是导致大部分企业和个人得不到健全法律服务的主要原因。知识图谱的构建是实现智慧司法不可逾越的建设基础,知识图谱能够表达法律知识体系间的逻辑关联,并显示被关联的体系内的知识。司法知识图谱可实现智慧司法的技术底层,找到对应的实体属性概念,触发相关的推送知识,还可以通过配对的规则,用概率来实现排名推荐,对类案进行分析,还可以广泛运用于要素式的审判,法律行为分析的预测,结果预判的分析等等,能很好地达到数据关联、知识拓展和应用支持。

(2)典型应用

a. 远程智能诉讼服务平台

疫情防控期间,各行各业主要选择远程无接触办公的方式复工复产,法律人也在抗击疫情的战斗中用多种途径维护特殊时期社会秩序的稳定。为了保护人民群众的身体健康,通过构建法律知识图谱,具备案件分析、证据分析、知识辅助、类案推荐和文书服务等多种能力,从而可为各类远程用户的各类场景提供智能化应用。华宇集团利用自身行业优势,提供"远程咨询"、"远程调节"、"远程立案"、"远程庭审"等多项服务,同时搜集整理全国法院网站、微信等多种便民服务渠道,以及各种法律服务工具,为人民群众足不出户获取司法服务,避免聚集开展司法服务的感染风险,改为收集各种服务渠道,打造统一司法服务门户,结合各种法律服务工具,为人民群众提供足不出户便可获取的司法服务,避免集聚开展司法活动的感染风险。

b. 基于公安云脑的疫情防控系统

全国新型冠状病毒肺炎疫情形势严峻,疫情联防联控需求迫切,对密切接触者精准快速定位、体温异常人员快速识别、疫情态势实时掌控等具有极大需求。该系统具备基于"AI+热成像"体温异常人员监测识别、疫情防控库快速构建、疫情态势趋势分析与可视化展现、基于知识图谱的辅助研判分析决策等多种能力。快速构建疫情防控库,全面监控排查,信息一键上报。针对疫情数据更新速度快、要求时效性高、数据种类多、人工填报复杂等难题,海信基于公安云脑的全息档案功能,依据最新疫情数据,整合疫情人员身份、出行方式、居住地址等40余类关键信息,具备人员基础数据表的导入、动态汇总、数据查重和清洗、统计分析、组合查询和分项列表导出等功能,各级用户当日信息填报核对后,只需一键确认即可完成提交上报。同时,配合公开渠道发布的信息链接及扫码申报,还可实现社区居民涉及疫情的健康状况自主直报,为防疫部门动态掌握一线疫情信息和组织管控、救助提供有效的技术手段。最终实现"疫情态势一张图",全面掌控整体趋势。基于电子地图的空间展现和基于时间的动态趋势展示,系统通过"一张图"即可全面展现疫情人员地址热力图、隔离期人数、交通方式、不同人员类型占比、防控措施占比等多维数据,实现现有疫情数据分析统计和辖区总体疫情态势评估,支撑疫情防控工作的科学决策。

5.9　其他

(1)智能制造

当前制造领域知识图谱在不同应用场景下的研究较为分散,其中制造系统数据集成、产品设计与开发和设备故障运维是目前研究数量最多的三个场景。制造系统数据集成是最基础的一类应用,指的是通过知识图谱对信息物理系统(Cyber-Physical System,CPS)中多源异构的制造数据构建统一的信息模型和语义表示,以实现系统内制造设备的互联互通和制造数据的共享利用。在产品设计与开发这一类场景中,现有文献通常会围绕设计需求、参数约束、工艺规划等产品设计要素建立统一语义表示,进而构建出知识图谱,用以支持设计知识的积累和重用,还可以描述和推导隐含的设计意图和设计过程。设备故障运维场景下,大多以"故障现象-原因-解决方案"的形式积累经验知识并构建故障知识图谱,辅助故障原因的定位和诊断,并为故障的排除提供参考方案。

（2）网络安全

网络安全知识图谱既能够宏观整体地呈现网络空间的安全态势,还能够为网络安全分析提供有力的支撑,如在空间可达性分析、辅助威胁检测、黑产分析恶意程度评价等方面,知识图谱都发挥着重要作用。基于本体论的知识图谱不仅能够在通用领域提高知识发现和使用效率,而且在网络空间安全领域也有重要的应用前景。网络空间知识图谱技术已经被应用到网络空间态势感知、网络安全分析等领域。如基于知识图谱表示联合作战态势,基于RDF知识图谱提出网络安全动态预警方法,提出网络作战本体,将信息安全和语义系统结合在一起,实现更有效的防御框架,抵御不断增加的网络攻击。在对关键基础设施的漏洞和威胁分类的基础上,构建安全知识图谱用于网络安全态势分析 Mozzaquatro 等,也构建本体以实现针对物联网的网络安全框架。通过原始数据信息提取、关联关系分析、数据存储等手段,构建了工业互联网安全漏洞知识图谱,可以有效、直观地展现工业互联网安全漏洞数据的自身属性与关联关系,实现漏洞数据内在价值的深度挖掘。

（3）智能问答

智能问答是自然语言处理中的重要分支,通常以一问一答的人机交互形式定位用户所需知识并提供个性化信息服务。利用给定的知识图谱数据自动得出人类自然语言问题的答案成了时下的研究热点,诸如 Siri 和小爱同学的问答系统已经广泛投入使用。知识图谱问答通过对问题进行分析理解,结合知识图谱获取答案。但因自然语言问题的复杂性以及知识图谱的不完整性,答案准确率得不到有效提升。而知识图谱推理技术可以推断出知识图谱中缺失的实体以及实体间隐含的关系。因此,将知识图谱推理技术应用于知识图谱问答中可以进一步提升答案预测的准确性。

6. 挑战与发展机遇

6.1 问题与挑战

近年来,随着领域知识图谱需求的增大,知识图谱日益从数据丰富的大规模简单应用场景,转向专家知识密集但数据相对稀缺的小规模复杂应用场景。这一转向过程所呈现出的一系列新形势,诸如繁杂的应用场景、深度的知识应用、密集的专家知识和有限的数据资源等,都为知识图谱落地带来了新的挑战。知识图谱技术的研究与应用日益进入"深水区"。

（1）政策标准、关键技术的研究有待于进一步深入

随着全球科技的发展和我国对人工智能领域的投入与关注，一些激励政策持续发布。然而，当前有关知识图谱应用的细化方案、标准规范还较为缺乏，行业应用指导原则以及数据使用伦理要求需要进一步明确。

知识图谱对于大数据智能具有重要意义，在自然语言处理、信息检索、智能推荐和智能问答等领域中发挥重要作用，许多关键技术仍然面临瓶颈。如何从互联网上各种格式的信息和大数据中提炼出其需要的知识，是知识图谱的重要问题。目前，已经存在很多优秀的算法可以从文本、图像等格式的数据中抽取知识，部分优秀的算法也能达到比较优异的准确率. 但是往往这些表现优异的算法，更多的是针对格式化的数据，并且对于知识的领域有所限制. 然而，随着需求的不断提高，从非结构化多模态的数据中提取特定领域的知识就愈发的重要. 因此，在未来针对非结构化知识获取、多模态知识获取、长文本处理、多方式协同获取、特定领域知识获取、环境自适应增量获取等方向的研究将成为研究者们进一步深入研究的重点。此外，新一代知识图谱的关键技术研究进展将持续在如下几个方面开展研究：如非结构化多模态数据组织与理解、神经符号结合的知识更新与推理、大规模动态图谱表示学习与预训练方面等。在知识推理层级，主要可能的研究方向包括融合神经与符号知识的推理任务重定义、将符号知识高效编码并且以低损方式嵌入到神经网络、设计包含符号知识的可微推理规则、本体（概念层次、公理规则）表示学习以及神经符号推理引擎4个方面。

（2）应用场景细分带来了新挑战

知识图谱技术正在经历应用场景的深刻变化：从以互联网搜索、推荐为代表的大规模简单应用，转向各垂直领域的小规模复杂应用。知识图谱发轫于互联网搜索，并率先在以BAT等互联网公司为代表的与人们的日常生活息息相关的领域成功落地。这些应用多属于大规模简单应用，具有应用模式单一、知识表示简单、知识应用简单、数据体量巨大的特点。比如，淘宝是个典型的电商平台，其应用模式是一种简单的买卖关系，所涉及的知识大都是与商品相关的简单知识（比如西服与领带的搭配关系），其智能应用体现在根据用户购买西服的行为推荐领带等。

但是，来自垂直领域（比如石油、能源、工业、医疗、司法等）的小规模复杂应用场景对知识图谱提出了越来越多的要求。这种场景呈现出鲜明的与大规模互联网应用完全不同的特点：繁杂的应用模式、深度的知识应用、密集的专家知识和有限的数据资源。这些新特点为知识图谱技术的发展与应用提出了全新挑战，也带来了一些机遇。第一，垂直领域应用繁杂。比如，企业内的智能报销审核涉及很多不同领域的相关业务知识，包括交通工具、人事制度、财务制度、审批流程、出行目的等。繁杂的应用模式对普适的模型与方法提出了巨大挑战。第二，垂直领域知识应用深入。比如，在智能运维、医疗诊断、司法判决等领域，只靠简单地堆砌同质化数据构建数据驱动的统计模型，难以解决这些场景的实际问题。这些应用场景对于知识（特别是业务知识）的深度应用提出了普遍诉求。第三，专家知识密集。领域应用中，如故障排查、病人诊治，所用到的知识都是专业（专家）知识，这与互联网应用中用到的衣食住行这类通用知识明显不同，这对如何获取隐性的专家知识提出了新挑战。第四，领域数据稀疏。和通用领域相比，垂直领域的数据相对稀疏，尤其是针对具体任务时，高质量的标注样本往往极度稀缺。除此之外，领域数据治理困难重重，这加剧了数据稀疏难

题。领域任务往往依赖专家才能解决,很多任务难以清晰定义,这些因素使得利用众包等手段难以奏效。

（3）行业应用尚存在问题

知识图谱相关技术产品供给不足。数据标注及分析处理、自然语言处理、机器学习等技术类产品不足,导致许多简单烦琐工作需要人工处理,增大了成本和产品周期。

知识图谱测试与评估标准及工具及短缺。当前市场缺少规范化的知识图谱性能测试与评估标准指导相关企业。另外,公认的知识图谱测试数据集和工具尚未。

知识图谱解决方案缺乏。解决方案定制化程度高,多数企业尚未形成以"平台+工具"为核心的生态化整体解决方案,限制了先进技术在行业内的全面复制推广。知识图谱开源平台起步较晚,整体技术和生态方面与国外的主流开源框架存在较大差距,阻碍了行业应用的知识图谱关键技术协作开源开发。

6.2 未来与展望

知识图谱场景的变换不仅带来了挑战,也孕育着新的机遇。这些机遇一方面源自机器学习和自然语言处理（NLP）等领域的进展。另一方面源自对领域已有知识资源的重新梳理与利用。近几年,机器学习领域的发展给我们带来了解决问题的新思路。首先,深度学习在样本丰富的场景中取得显著成效。虽然深度模型的选择、设计、调参仍存在不少问题,但只要灌以足量、高质量的样本,深度模型就能够习得样本中的有效特征表示,就能够以端到端方式解决问题。其次,最近备受关注的小样本学习、无监督学习、弱监督学习发展迅速,为缓解领域样本稀缺带来了新的机会。最后,利用符号知识增强机器学习,融合符号知识与统计学习模型,近期也受到了较多的关注。这一思路,对于充分利用垂直领域相对丰富的专家知识来缓解机器学习的样本依赖具有积极意义。自然语言处理领域的发展也给知识图谱带来了新机遇。从 2018 年开始,语言智能在深度学习以及大数据的推动下迅速发展,特别是"无监督的预训练语言模型+特定任务或语料微调"这一解决文本问题的方式,在各种不同的 NLP 任务上均取得了显著效果。预训练语言模型可以充分捕捉来自通用自然语言语料中的语法与语义信息,微调使通用 NLP 模型能适应领域语料和领域任务的特性。因此,这种方式有望在面向文本的垂直领域知识获取中大显身手、攻城略地。未来在以下关键技术方面有望突破。

（1）复杂的推理

用于知识表征和推理的数值化计算需要连续的向量空间,从而获取实体和关系的语义信息。然而,基于嵌入的方法在复杂逻辑推理任务中有一定的局限性,但关系路径和符号逻辑这两个研究方向值得进一步探索。在知识图谱上的循环关系路径编码、基于图神经网络的信息传递等具有研究前景的方法,以及基于强化学习的路径发现和推理对于解决复杂推理问题是很有研究前景的。

在结合逻辑规则和嵌入的方面,最新研究将马尔科夫逻辑网络和 KGE 结合了起来,旨在利用逻辑规则并处理其不确定性。利用高效的嵌入实现能够获取不确定性和领域知识的概率推理,是未来一个值得关注的研究方向。

（2）统一的框架

目前，已有多个知识图谱表征学习模型被证明是等价的。例如，Hayshi 和 Shimbo 证明了 HoIE 和 ComplEx 对于带有特定约束的链接预测任务在数学上是等价的。ANALOGY 为几种具有代表性的模型（包括 DistMult、ComplEx，以及 HoIE）给出了一个统一的视角。Wang 等人探索了一些双线性模型之间的联系。Chandrahas 等人探究了对于加法和乘法知识表征学习模型的几何理解。

大多数工作分别使用不同的模型形式化定义了知识获取的知识图谱补全任务和关系抽取任务。Han 等人将知识图谱和文本放在一起考虑，并且提出了一种联合学习框架，该框架使用了在知识图谱和文本之间共享信息的注意力机制。不过这些工作对于知识表征和推理的统一理解的研究则较少。构建像图网络的统一框架，那样对该问题进行统一的研究是十分有意义的，将填补该领域研究的空白。

（3）可解释性

知识表征和注入的可解释性对于知识获取和真实世界中的应用来说是一个关键问题。在可解释性方面，研究人员已经做了一些初步的工作。ITransF 将稀疏向量用于知识迁移，并通过注意力的可视化技术实现可解释性。CrossE 通过使用基于嵌入的路径搜索来生成对于链接预测的解释，从而探索了对知识图谱的解释方法。

然而，尽管最近的一些神经网络已经取得了令人印象深刻的性能，但是它们在透明度和可解释性方面仍存在局限性。一些方法尝试将黑盒的神经网络模型和符号推理结合了起来，通过引入逻辑规则增加可解释性。毕竟只有实现可解释性才可以说服人们相信预测结果。因此，研究人员需要在可解释性和提升预测知识的可信度的方面做出更多的工作。

（4）可扩展性

可扩展性是大型知识图谱的关键问题。我们需要在计算效率和模型的表达能力之间作出权衡，而只有很少的工作被应用到了多于 100 万个实体的场景下。一些嵌入方法使用了简化技术降低了计算开销（例如，通过循环相关运算简化张量的乘积）。然而，这些方法仍然难以扩展到数以百万计的实体和关系上。

类似于使用马尔科夫逻辑网络这样的概率逻辑推理是计算密集型的任务，这使得该任务难以被扩展到大规模知识图谱上。最近提出的神经网络模型中的规则是由简单的暴力搜索（BF）生成的，这使得它在大规模知识图谱上不可行。例如 ExpressGNN 试图使用 NeuralLP 进行高效的规则演绎，但是要处理复杂的深度架构和不断增长的知识图谱还有很多研究工作有待探索。

（5）知识聚合

全局知识的聚合是基于知识应用的核心。例如，推荐系统使用知识图谱来建模「用户-商品」的交互，而文本分类则一同将文本和知识图谱编码到语义空间中。不过，大多数现有的知识聚合方法都是基于注意力机制和图神经网络（GNN）设计的。

得益于 Transformers 及其变体（例如 BERT 模型），自然语言处理研究社区由于大规模预训练取得了很大的进步。而最近的研究发现，使用非结构化文本构建的预训练语言模型确实可以获取到事实知识。大规模预训练是一种直接的知识注入方式。然而，以一种高效且可解释的方式重新思考只是聚合的方式也是很有意义的。

（6）自动构建和动态变化

现有的知识图谱高度依赖于手动的构建方式,这是一种开销高昂的劳动密集型任务。知识图谱在不同的认知智能领域的广泛应用,对从大规模非结构化的内容中自动构建知识图谱提出了要求。近期的研究主要关注的是,在现有的知识图谱的监督信号下,半自动地构建知识图谱。面对多模态、异构的大规模应用,自动化的知识图谱构建仍然面临着很大的挑战。

目前,主流的研究重点关注静态的知识图谱。鲜有工作探究时序范围的有效性,并学习时序信息以及实体的动态变化。然而,许多事实仅仅在特定的时间段内成立。考虑到时序特性的动态知识图谱,将可以解决传统知识表征和推理的局限性。同时,在应用领域方面有进一步拓展的空间,如软件行业发展仍然面临诸多严峻挑战,基于知识图谱的智能化软件开发是进一步推动软件行业发展的重大历史机遇。

（7）人工智能研究和语义学研究深度结合

人工智能研究和语义学研究的结合,既有其深刻的理论渊源与价值诉求,同时也是当代科学与哲学交汇融合、广泛对话的现实选择。传统的人工智能研究未能摆脱以语法决定语义的思维定式,同时也与人类实际的语言思维能力存在着差距,现有的人工智能并不具备类似于人类主体那样的"意向-语义"理解能力。在人工智能的语义学系统中,符号化的语言编码必须考虑语境要素和条件对于概念、命题意义的决定性作用,同时各种具有语用特征的信息集合也可以为人工智能的运作机制提供一种基于事实的计算语境。对于人工智能的未来发展而言,与之相结合的以语境论思想为基础的语义学研究能够为人工智能突破理论瓶颈、破解实践难题起到基础性和支撑性的作用。

未来,在"智能科学与技术"的迅猛发展中,相关研究将由知识工程走向认知工程,以学习为中心,聚焦于脑认知的研究和利用,主要包括读—语言认知、看—图像认知、想—记忆认知、计算认知、交互认知等几个方面。语言智能研究要特别关注脑认知技术、技术感知、自然语言与处理理解、知识共享。

参考文献

[1] 陈烨,周刚,卢记仓. 多模态知识图谱构建与应用研究综述[J]. 计算机应用研究, 2021, 38（12）: 3535-3543.

[2] 程变爱. 试论资源描述框架（RDF）:一种极具生命力的元数据携带工具[J]. 现代图书情报技术, 2000（06）:62-70.

[3] 崔京菁,马宁,余胜泉. 基于知识图谱的翻转课堂教学模式及其应用:以小学语文古诗词教学为例[J]. 现代教育技术,2018,28（07）:44-50.

[4] 丁兆云,刘凯,刘斌,等. 网络安全知识图谱研究综述[J]. 华中科技大学学报:自然科学版, 2021, 49（07）:79-91

[5] 贺颖,刘友存,刘慧,等. 基于科学知识图谱的交叉学科同行评议专家遴选方法研究[J]. 图书情报工作, 2010, 54（20）: 28-40.

[6] 胡芳槐. 基于多种数据源的中文知识图谱构建方法研究[D]. 上海:华东理工大学, 2015.

[7] 贾宁宁. 面向知识图谱扩充的知识获取关键技术研究[D]. 北京邮电大学,2021.

[8] 李青,闫宁. 新技术视域下的教学创新:从趣悦学习到机器人陪伴学习:英国开放大学《创新教学报告》（2019版）解读[J]. 远程教育杂志,2019,37（2）:15-24.

[9] 刘峤,李杨,段宏,等. 知识图谱构建技术综述[J]. 计算机研究与发展, 2016, 53(3):582-600.

[10] 刘秦宇,黄惠榕,韩雪琪,等. 基于 CiteSpace 对新型冠状病毒肺炎文献的可视化分析[J]. 福建中医药, 2020,51(03):11-14.

[11] 刘昱彤,吴斌,白婷. 古诗词图谱的构建及分析研究[J]. 计算机研究与发展, 2020,57(06):1252-1268.

[12] 陆泉,刘婷,张良韬,等. 面向知识发现的模糊本体融合与推理模型研究[J]. 情报学报, 2021, 40(4):333-344.

[13] 盘东霞,付梦晗,甘佳艳,等. 我国虚拟现实技术教育应用研究综述:基于知识图谱的可视化分析[J]. 广州广播电视大学学报,2022,22(01):18-22.

[14] 邵泽国. 语言科学发展的新分支:自然语言处理[J]. 电子科技,2013(05):166-168.

[15] 宋力文. 谷歌知识图谱热点前沿分析及共词网络聚类改进研究[D]. 中国科学技术大学,2019.

[16] 王保魁,吴琳,胡晓峰,等. 基于知识图谱的联合作战态势知识表示方法[J]. 系统仿真学报, 2019, 31(11):2228-2237.

[17] 王昊奋,漆桂林,陈华钧. 知识图谱方法、实践与应用[M]. 北京:电子工业出版社. 2019.

[18] 王建政. 知识图谱构建的方法研究与应用[D]. 电子科技大学,2021.

[19] 王萌,俞士汶,朱学锋. 自然语言处理技术及其教育应用[J]. 数学的实践与认识, 2015, 45(20): 151-156.

[20] 王晰巍,韦雅楠,邢云菲,等. 社交网络舆情知识图谱发展动态及趋势研究[J]. 情报学报, 2019, 38(12):1329-1338.

[21] 王孝宁,何苗,何钦成,等. 基于文献计量学研究方法的科技论文定量评价[J]. 科学学与科学技术管理,2004,25(4):15-18.

[22] 徐立芳,莫宏伟,李金,等. 智能教育与教育智能化技术研究[J]. 教育现代化, 2018, 5(03): 116-117, 119.

[23] 徐增林,盛泳潘,贺丽荣,等. 知识图谱技术综述[J]. 电子科技大学学报,2016,45(04):589-606.

[24] 岳晓菲,薛镭. 中医医学知识图谱在家庭医生服务体系中的应用研究[J]. 医学信息学杂志, 2019, 40(12):54-57.

[25] 赵军,刘康,何世柱,等. 知识图谱[D]. 北京:高等教育出版社,2018.

[26] 赵悦淑,王军,王蕊,等. 中文医学知识图谱研究进展[J]. 中国数字医学,2021,16(06):86-91.

[27] 周园春,常青玲,杜一. SKS:一种科技领域大数据知识图谱平台[J]. 数据与计算发展前沿, 2019, 1(05):82-93.

[28] 周知,蒋琳. 数字人文图像资源知识组织模型构建研究 [J]. 图书馆学研究,2021(8):66-72, 65.

[29] 朱冬亮,文奕,万子琛. 基于知识图谱的推荐系统研究综述[J]. 数据分析与知识发现, 2021, 5(12):1-13.

[30] ADOMAVICIUS G, TUZHILIN A. Toward the next generation of recommender systems: A survey of the state-of-the-art and possible extensions[J]. IEEE Transactions On Knowledge And Data Engineering, 2005, 17(6): 734-749.

[31] AUER S, BIZER C, KOBILAROV G, et al. Dbpedia: A nucleus for a web of open data [M]. Berlin: Springer, 2007.

[32] JIA Y, QI Y, SHANG H, et al. A practical approach to constructing a knowledge graph for cybersecurity[J]. Engineering, 2018, 4(1): 53-60.

[33] STEVAN HARNAD. The Symbol grounding problem[J]. Physica D Nonlinear Phenomena, 1990, 42(7): 335-346.

[34] BORDES A, WESTON J, COLLOBERT R, et al. Learning structured embeddings of knowledge bases [C]//Proceedings of the Twenty-Fifth AAAI Conference on Artificial Intelligence.2011.

[35] SOCHER R, CHEN D, MANNING C D, et al. Reasoning with neural tensor networks for knowledge

base completion [C]//Proceedings of Advances in neural information processing systems.2013：926-934.

[36] NAVIGLI R，PONZETTO S P. BabelNet：Building a very large Multilingual semantic network[C]// Proceedings of annual Meeting of the association for computational linguistics.2010：216-225.

[37] BORDES A，WESTON J，COLLOBERT R，et al. Learning structured embeddings of knowledge bases[C]// Proceedings of AAAI .2011：301-306.

[38] BORDES A，GLOROT X，WESTON J，et al. Joint learning of words and meaning representations for open-text semantic parsing[C]// Proceedings of AISTATS.2012：127-135.

面向智能语言处理的汉语句法语义研究

史金生 [1] 李静文 [2]

1. 首都师范大学文学院;2. 青岛大学文学与新闻传播学院

摘要:语言学在人工智能时代迎来了新的机遇和挑战,已有学者从知识库、数据模型、知识图谱、语义网络等角度探索了计算机的语义、语用识别,但是语言学要想为智能时代提供有效的数据支持,使得计算机真正"智能"起来,还迫切需要对"句法语义规则"进行深入科学的数理分析。语言学和人工智能是互利互惠的,两者的紧密结合有助于两个学科的发展。对于语言学家来说,从计算规则和数理逻辑的角度观察句法语义、语用现象,有助于发现语言中真实的、科学的本质规律,而不是凭主观假设对语言现象进行错误的臆断。本文结合汉语语言事实的特点,从"时体-情态""动态事理图谱""虚词知识库""构式识别""情感分析""反讽识别""隐喻框架建构""口语位置敏感"等角度,剖析汉语的语义逻辑及语用规则如何更好地服务于计算机识别和生成的研究,比起之前传统的形式语义逻辑、转换生成、格语法、依存语法的研究,本文创新性地思考了语用、篇章、语境、人际功能对人工智能语言识别的价值。以期为智能语言提供"有效的汉语功能句法知识"数据模型,同时,也希望为汉语研究提供新的思路。

关键词:功能句法模型;情感分析;事理图谱;虚词库;构式识别;口语生成

A Data Model of "Effective Chinese Functional Syntactic Knowledge" for the Age of Intelligence

Shi Jinsheng, Li Jingwen

ABSTRACT: Linguistics has new opportunities and challenges in the era of artificial intelligence, and previous scholars have explored the semantic and pragmatic recognition of computers from the perspectives of knowledge bases, data models, mapping-knowledge-domain analysis, and semantic networks, etc. However, in order for linguistics to provide effective data support for the intelligent era and make computers truly "intelligent", there is still an urgent need for in-depth scientific mathematical analysis of "syntactic-semantic rules". Linguistics and artificial intelligence are mutually beneficial, and their close integration can help the development of both disciplines. For linguists, observing syntactic-semantic and pragmatic phenomena from the perspective of computational rules and mathematical logic can help to discover the true and scientific nature of language, instead of making false assumptions about language phenomena based on subjective assumptions. In this paper, we combine the characteristics of Chinese language facts from "tense-mood", "dynamic rational mapping", "knowledge base of imaginary words", "construction identification", "sentiment analysis", and "syntax analysis", "sentiment analysis", "irony recognition", "metaphorical framework construction", "spoken position sensitivity ".This paper innovatively considers the value of pragmatic, chapter, contextual and interpersonal functions for AI language recognition, compared with the previous studies on formal semantic logic, transformational generative grammar, case grammar and dependency grammar. We hope to provide an "effective data model of Chinese functional syntactic knowledge" for intelligent languages, and also to provide new ideas for Chinese language research.

Keywords: functional syntactic model; sentiment analysis; rational mapping; function words database; construct recognition; spoken language generation

1. 自然语言处理：从知识驱动到数据驱动

自然语言处理（NLP）包括对短语进行结构分析、语块分析、从文本数据中抽取特定信息、词语层次上的词义消歧、潜在语义索引、两个文本前段的指向关系以及信息抽取时用到的指代消解技术。自然语言处理遵循形式化描述、数学模型算法化、程序化、实用化等原则。目前，绝大多数的计算系统还没有达到能够思考的程度，即"有智能没智慧""有智商没情商""会计算不会算计""有专长无通才"。要想使语言智能从感知智能迈向认知智能，就必须探索语言在人脑中的运作规则，让计算机真正弄懂人类语言输入和输出的认知限制和交际环境。这就亟需语言学家以更科学、更理性的方式进行"语言科学"的研究，摒弃对语言研究的纯主观性假设和纯功能性分析。

陆俭明（2021）指出围绕算法、数据和算力的人工智能三要素，人工智能产业链建设力度将持续增大。从对语言研究的角度出发，目前我们在汉语研究中关注较多的"理论"思辨以及对语言现象的"解释"是符合实事需求的。但这并不能为智能时代提供"有效的汉语功能句法知识"数据模型。本文就该不足点作出相关的反思，认为急切需要解决好中文信息处理与汉语本体研究如何对接的问题。面临智能时代的迫切需求，句法、语义、语用的研究应该为中文信息处理的有效性做一些新的探索。

自然语言处理是一门融语言学、计算机科学、数学于一体的科学。理性主义者认为自然语言处理是根据一套变换规则将词法结构映射到语义符号上。经验主义者认为自然语言处理是收集一些文本作为统计模型建立的基础。认知学家则认为自然语言处理是基于神经网络的。纵观历史发展的脉络，人工智能与语言学的关系越来越疏远。然而，人工智能发展到今天，深度学习遇到了天花板，亟需从语言本身寻求突破，也即解决好中文信息处理和汉语本体研究的接口问题。

2. 语言学在新一代人工智能发展中的机遇

人工智能已经迎来了一个重要的转折点，对于自然语言语义的精准理解，已经成为皇冠上的明珠。如果要让计算机真正理解自然语言，并且针对自然语言进行相关的处理工作，就需要具备相应的句法语义知识，以及相应的常识知识和推理能力。从语言学角度出发，一方面要学习与自然语言机处理有关的技术，另一方面要努力发展语言学理论，通过理论创新发现和总结适合于计算机处理的语言规则，构建语言知识库。

语言研究可以在建立语法和语义知识库等语言知识资源方面进行相应的工作，并将它们映射到知识图谱等通用的形式化语义表示框架中。这样的知识库可在自动分词、语法标注、深浅层语义分析、自动翻译、情感分析等领域实现其价值。

当前的一些语义知识词库为计算机实现自然语言的语义理解提供了可能性，但是也存在一些缺陷。比如，如何解决事物间情景联想的有关问题？计算机如何模仿人类进行常识推理和句法组合？北京大学中文系教授袁毓林在生成词库论以及论元结构理论的基础上建立了句法语义知识库《实词信息词典》。词典可以用相关的句法格式描述一些名词的物理结构和动词、形容词的论元结构。还可以形成完整的句法-语义接口知识，实现了在动态语境下意义浮现的解释和说明。

与其他知识库相比，《实词信息词典》存在较多优势。例如：句法-语义接口透明自然，名词中心论的建模方法具有实用性，对复杂语法问题具有一定的解释力。可以说，相关名词、动词和形容词的物性角色以及论元角色之间的一些关联和推导关系会形成相比之下比较完整的实体指称、概念关系以及情感评价等多层面的语义知识。

3. 面向语言智能的句法、语义、语用研究有效性新探索

把语言表达转换为由能恰当地捕捉其意义的离散符号组成的形式化表示是一项引起很多争论的研究。"模型"是一种形式化结构，这种结构可以用于代表我们一直尝试表示的事件特定的状态。遇到复杂因素还需要靠逻辑连接运算符语义的解释处理。另外，学界还有很多方法可以替换形式化表示。如"意义即行动"的模型，所有的语言使用都可以想象成激发听者行动程序的一种手段。我们可以把话语想象成一个程序，这个程序间接地引起听者的认知系统内的一系列被执行的操作。另一种语义模型是执行图式模型或 X 图式模型，是基于感知-行动过程的图式描述，如初始化、重复、完成、驱动和施力等。在这个模型中的 Petri 网具有诸如"准备、处理、结束、延缓、结果"等状态。意义表示需要能够支持语义处理的计算要求，包括需要确定命题真值、支持无歧义的表示、表达变量、支持推理，以及具有充分的描述力。

当然，自然语言的组合性也包括语用规则的组合性。Iwasaki 将语言的主观性分为三类。第一种与场景有关，它直接形成了后面所讲的意象图式；第二种与情感有关，它构成了计算语言学的一个重要分支——情感分析；第三种即我们常说的说话者的立场。范畴语法（Categorial Grammar）关注自然语言"语境敏感层面"的表达力问题。那么人工智能如何解决具有汉语特色的具体语言现象？语言学家如何为计算机提供有效的句法、语义、语用知识数据？功能语言学的视角到底对程序化自然语言的处理有没有帮助？如何打破传统转换生成语法、广义短语结构语法、树连接语法、中心词驱动的短语结构语法、范畴语法、链语法、依存语法、形式逻辑语义等观念，从语境、篇章、句法功能、人际互动的角度研究语言学对自然语言处理的帮助有多大？另外，人工智能语言研究会为语言学本体研究带来哪些好处，两者如何互动融合？这些问题还需要我们进一步探索。

3.1　如何在"谓词-论元"结构中整合"时体-情态"结构

事件在语义表示中扮演着重要成分。首先，我们来看一下如何刻画事件的问题。语义知识库的建立离不开事件的表示。事件的表示也是语义知识库的核心，无论是与精确 NLP 深度结合，还是与知识推理和服务深度结合。事件表示的竞争也拉开了不同语义知识表示框架和表示方案之间的距离。

所谓事件，就是谓词性成分。事件与实体之间就是动词与论元的关系。论元分为必有论元和可选论元。实体具有"组合"和"关联"两种不同的功能。参与功能的主体处于事件的核心，地位稳定；关联函数中涉及的实体位于事件的外围，具有可选的状态，大或小的数

字,并且是可选参数。论元角色本身是层次化的,随着事件类型分析的不断深入,赋值事件的一些参数角色保留下来,但采用了不同的名称,而有的就是子类型所特有的新的构成要素。

如果所有的角色标签都被平铺在同一层,那么结果必然是:对于具有高抽象级别的事件,具有低抽象级别的标签是不适用的;对于抽象级别较低的事件,抽象级别较高的标记并不能满足它们的需求。此外,例如"患者"和"罹患"之间的隐含关系,如果没有论证角色的层次结构的帮助,是很难理解和定义的。

鉴于事件结构的特点,我们初步认为语言学家应该为人工智能提供一个"时体-情态"结构。所谓时体结构是指通过时体标记(副词、助词、语缀等)表示事件在语境中的时间定位。如"吃了饭了""吃了饭""吃饭了""饭,吃了"等关于时标记"了"进行"实现体""完整体""完成体""完整体"的时间定位分析。除了时体分析外,还有很多学者从语气、事态、体貌标记等角度进行情态分析。另外,王伟(2021)还从语用及交际的角度研究了体助词"了"和语气词"了"在"话题-说明"中的统一性。

所谓情态结构应包括说话人的认识、情感和态度,通过逻辑、情感和态度标记(副词、助词、助动词、语气词、语缀等)来表示说话人对事件的必然性、恰当性、好恶、频率、可能性、必要性、确信等的主观评价。

情态(Modality)在不同的领域有不同的含义。在知识加工领域,情态是指特定主体对某一事件的一种主观状态。从这种主观状态的范畴来看,情态可以分为四类:

与认知有关:如动词"知道、相信、怀疑、否认、是、也许、必要性、可能"等所描述的认知状态,甚至引入定量概率。

与计划有关:如通过动词"计划、准备、打算、想要"等所刻画的计划状态。

与情感/评价有关:如通过动词"喜欢、讨厌、欣赏、鄙视"等所刻画的情感/评价状态。

与道义/责任有关:如通过动词"应当、务必、得(děi)、不该、许可、不准"等所刻画的道义/责任状态。

语义本体论有两种表达形式。

一是将情态作为一种独立的态射,将受情态影响的内容作为情态态射输入。这种方法逻辑严谨,便于模态推理,但不便于知识的应用:毕竟态射太笼统,没有"核心"情报价值,只有"辅助"情报价值。如图1所示。

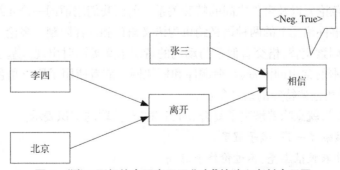

图1 "张三不相信李四离开了北京"的独立态射表示图

二是将情态作为目标事件的属性,将受情态影响的内容作为目标事件。这种方法在逻辑上是通融的,是勉强的。但在实践中它突出了目标事件,在相同的框架下,在不同的时空背景下,拉动不同被试对同一目标事件的不同认知状态。这将有助于知识的应用,但当涉及模态推理时就不方便了。如图2所示。

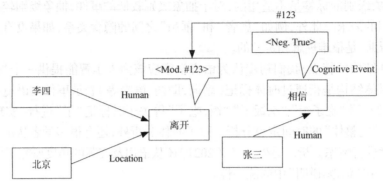

图2 "张三不相信李四离开了北京"的目标属性事件表示图

3.2 怎样让静态性语义知识库和动态性事件框架更好地融合起来

目前,"事件"已成知识图谱新制高点。最近,无论在学术界还是产业界,谈论知识图谱的时候,"事件"的使用频率越来越高。造成这个现象的原因可以从应用和学术两个角度去分析。

从应用的角度来看,这是因为简单的实体知识库、简单的实体关系或实体属性值类型知识过于静态,无法满足应用领域对知识地图日益复杂的需求和更高的期望。

从学术角度看,虽然有关事件表示和处理的基础技术可以追溯到20世纪七十年代的Frame和Script,但从大数据中抽取事件,建立事件与实体、事件与事件之间的复杂关联的相关技术有所起色也就是最近几年的事情。知识图谱学术研究机构和人工智能技术公司高度重视在事件之间建立因果、顺序、细分和泛化关系的复杂网络。"事理图谱"就是这方面的一个重要的尝试。

"事理图谱"不同于普通知识图谱的原因不仅在于其描述的对象是事件,而且在描述事件的过程中,不可避免地会与实体知识库发生交互作用,形成实体、关系、属性、事件、事件属性和事件参与角色论元以及事件之间的特殊关系。前面我们用谓词—论元结构来表示一个事件的重要性。事件论元上的两种语义约束为语义角色和选择限制。多论元结构的实现被称为动词交替或因素交替,格交替似乎与动词的特定语义类同时出现。基于语义角色还有两种不同替换版本的常用词汇资源:命题库和框架网。前者使用了原形角色和动词特定的语义角色,后者使用框架特定的语义角色。

解决了"事件",就意味着解决了复合、动态、时空、关联的知识表示。

（1）他咳嗽了一声,孩子醒了。

那件衣服很漂亮,不过价钱有点高。

例（1）中"他咳嗽了一声"和"孩子醒了"构成因果关联。在事件场域中,"咳嗽"会"出声",而"孩子"听到"声音"就会"醒",这一系列事件元素构成了动态网络,计算机通过这种关联识别复合句法的逻辑关联。同时,根据相似性原则,从咳嗽到醒也体现了时间顺序的相似原则。第二句中,"我们去商场买衣服"这个事件会涉及衣服的款式是否"漂亮"以及衣服的价格是否"便宜",转折连词"不过"标志着复合句法的让转关系,从而构建了"买衣服"事件的动态关联。

 (2)又不是周末,上什么街?

 你又不是老师,管得着吗?

"又不是"结构否定了事态的应然性,表达说话人"负面事理立场",因此"又"必须与否定形式共现,以标明求解失败。标明言行或状况在事理层面不具有预期的合理性,凸显说话人认为无法理解的负面事理立场。对于人工智能语言来讲,当计算机识别了"又不是"和"疑问"复合形式后,就会形成"应然否定"的事件模型。例(2)中,在"周末"应该与"逛街"相关联,"老师"与"管教"形成动态事件,而在这个复合事件中出现了"又不是"+"疑问"的"应然否定"模型,激发了计算机对于事件序列的转换识别,形成让转关联。

 (3)大星期天的,也不在家休息。

 大过年的,不喝酒那能行?

"大X的"表示了时间与行为之间的合理相关性。在现实语境刺激的触发下,激活理性关联,对场景中的刺激做出反应,从而推动话语的开始和进展。在例(3)中"星期天"和"休息"动态关联为一个完整事件,"过年"与"喝酒"是构成动态事件的关联要素,当计算机整块提取了"大X的"后,激活了"时间"和"行为"的关联,即在这个"时间"下启动了后面的"行为"。

 (4)你一个大教授,还在乎这个?

 一个买菜你也跟着!

例(4)中,"教授"在事件域中理应不会在乎这个,你本不应该跟着"买菜"。所以前后两句不构成动态关联,但是现在却关联了,说明表达了否定。另外,对负面评价的"一个"的识别也聚焦了言者的主观情态,使得计算机识别情感、情态、立场等主观性成为可能。

 试想,如果计算机以"事件"的方式,结合"事理"和"情理"对社会共享的认知匹配关系进行识别,将有利于语言智能的应用与发展。但是,事件的表示与处理是一项艰难的任务。它体现在几个方面:资源建设难、数据获取难、领域对接难。

3.3 汉语"虚词"知识库建立及关联矩阵图建立

 对于实词的语义角色为中心的知识库建构符合"大名词"的观点,也适合汉语"名动包含"的特点。这种知识表示针对静态客观的事实描述的叙述语句的识别还比较透明,但是对于动态的事件及情态的识别就相对较弱,与"事理图谱"和"时体-情态"的研究一脉相承。我们通过"虚词"知识库的构建,表述事件的时体、情态等,从而形成动态的关联网络。

 (5)a_1. 他昨天去重庆了。 a_2. 他并不是老虎。

 b_1. 他昨天去重庆的。 b_2. 他又不是老虎。

 c_1. 他明天还去重庆呢。 c_2. 他才不是老虎。

表1 虚词"了"的知识表示

词目	了
汉语拼音	le
词类属性	语气词;助词
词的位置	词尾;句尾
时体特征	实现体、完整体、完成体
事态特征	动态、事态、时态、情态
语用特征	话题-说明
情态特征	认识[盖然\必然]动力[意愿\能力]道义[义务\许可]语气[意外]
动态网络例证	位置:句尾 句法格式:人称+时间+动词+名词+_ 例句:他昨天去重庆~。 动态关联:完成(时体)-已然(事态)-变化(动态)-客观必然(情态)-叙实说明(语用)

除了构建知识库外还需要构建虚词间的关联矩阵图,如图3所示。

图3 "了、的、呢、并、又、才"的关联矩阵图

从矩阵图中我们看到了几对对比关系:了-并,的-又,呢-才,了-的-呢,才-又-并,等。"了-并"都表示客观事件的事理描述。"的-又"表达说话者的焦点强调,表示对事态的判断。"呢-才"表达说话者对反预期事实的申明。再来看纵向的"了-的-呢",其主观性是递增的,"了"是事件的客观描述,既表肯定,又表一种变化,可以概括为[+肯定][+变化]。"的"为事态,加强说话者的肯定判断,只能概括为[+肯定];"呢"既表肯定,又表申明,很多带"呢"的句子还表示说话人的情感,其功能可以概括为[+肯定][+申明][+情感]。在"并-又-才"中,"并"表示情理之中,对实然事态的否定判断,"又"表示意料之外,对应然事态的主观辩驳,"才",表示违反个人预期的申辩,主观性同样递增。

可见,通过横向对比我们可以看出,左边纵列是客观叙事,右边纵列是主观推断。进行纵向对比我们可以看出,越往下说话人的主观色彩越浓。

3.4 规约化结构、边缘组合、新兴构式的互动关联

光靠论元结构和物性结构之类的词库知识远远不能反映句子的结构方式和语义解释,人工智能时代要求我们应该在高层的构式(construction)平面上,描述构式的形式-

意义配对关系、揭示词语与构式的互动关系。詹卫东（2017）建立了构式语料库——北大构式知识库，按照短语型、半凝固型、凝固型、复句型等4种类型及异序、错配、省略、复现、冗余、论元异常、空特征等特征进行分类。页面给出了构式数据按照各种指标的统计结果，按照4个不同特征选取了汉语中的构式：异常语序、异常组配、成分省略、同型复现。但光靠知识库还远远不够，对一些特殊的构式的处理还需要进行语言学规则的帮助。

（6）a. 十个人吃一锅饭。b. 一锅饭吃十个人。

（7）这场戏是梅兰芳的杨贵妃。

（8）他的篮球打得好。

例（6）是表"容纳"量的可逆句，这个句子不管主宾怎么变换位置都是表示供应，因此计算机只需要"整块"解读供应事件就可以了。例（7）中"梅兰芳的杨贵妃"的含义为"梅兰芳演的杨贵妃"，在该句中用"主角"代"整个表演活动"是转喻的结果，计算机需要用"事件转喻"的模型来对"N1 的 N2"进行识别。同样，例（8）中构式"N1 的 N2"结构"他的篮球"是糅合类推的结果。N2 是活动事件，指代"打篮球"这个活动行为。这里人工智能语言如果按照动态的事件框架去解析，就会相对精准地识别出"他打篮球"这一个事件，动词本身是名词，这也符合汉语"大名词"的观念。例（7）"的"前是活动事件，例（8）"的"后是活动事件。

3.5　主观情感关联的话题和行为的分析模型

主观性分析包含很多方面，如情感分析、观点挖掘、观点分析、观点信息抽取、情感挖掘、倾向性分析、情绪分析、意图识别以及评论挖掘等，大部统一归为情感分析。刘兵、刘康、赵军（2019）探讨了从自然语言中挖掘情感和观点的实际方法，包括识别观点语句、情感以及情感极性（倾向性），也包括观点情感相关的重要信息抽取。

由于观点和评价对于社会和个人的重要性不断上升，利用计算机对人的主观性进行分析就变得非常迫切。作为自然语言处理领域重要的研究方向之一，情感分析的任务旨在提取目标实体并对其进行情感分类。我们认为，计算机除了基于数据和网络建立"情感词典"、概率隐含语义分析、自回归模型分析外，还应该加入对情感关联的"对象话题"和"行为意图"，即主观性的分析并不仅仅是对情感词和观点词的识别，它的主要目的是通过提取文本中的情感信息来对关联话题进行的"观点挖掘"和"意图挖掘"。

就目前来看，前人研究中已关注到了情感词和观点词的识别及其关联网络，但对于其他非专职的表示主观情绪、态度、立场和评价的词语或构式的提取关注度不高。根据情感的倾向和强度，我们将重点围绕个案——主观极量词"都"，讨论其观点指示对象和行为意图的识别。

首先，需要对情感进行限定条件的抽取，如"都"在"连"字句中的提取方式跟其他句式就不相同，需要训练计算机对"连 X 都 Y"句式的主观量级进行识别。张建军（2021）认为"连"是明示标记和推理单元，这也符合陆俭明（2021）的观点：在描述词汇的语义、语法和语用特征以及各种规则特征时，必须有"关联"意识，力求达到最大关联和最佳关联。但是，"都"也可以表示"不完全总括"，如"全班同学都去爬山了，只有他没去"。"我一周都有课，只有周一休息"等，其实属于修辞中的舛乎。所以计算机要跳过"都"字句本身识别后续的限定句。

其次，对关联指示对象进行识别。沈家煊（2015）指出，"都"的量化应统一采用"右向管辖规则"，管辖域和量化域一致，如"他连工作都丢了"。主观极量"都"指示的是右边的动作"丢了"，而非左边的"连"字结构。张建军（2021）也认为"都"有右向管辖规则，并指出了其极量事态义。我们赞同他们的观点，并认为对"都"的管辖域的处理有利于计算机对情感分析的目标进行识别。

最后，对关联行为意图进行匹配。意图分为两种，一是打算采取的动作流程，二是动作特定的目标。其中，行为目标即我们上文所说的对对象的层级研究。现在我们重点看一下关于主观极量词"都"的动作流程的识别。Xiang（2008）就提出"都"句表达了"高度意外"，甚至是"最大惊奇感与意外感"。本文认为，"都"经历了由"等级积累">"新情况出现">"主观极量">"意外语气"的网络关联过程，这与特征词典的网络关联相似。

3.6 反讽类虚假观点的处理

计算机对反讽识别及其情感判别更具挑战性。最近，Riloff 等（2013）提出了一种自举方法来检测特定类型的讽刺推文，这种类型的讽刺推文由一个正面情感后面接一个负面情感的句子组成。

无论是语篇级的情感分类工作还是在句子级的情感分类工作，都没有使用句子或子句之间的文本信息。文本层面情感分析的目的是判断整篇文章是否表现出褒贬倾向。（Turney，2002）。从计算机的处理角度，我们需要结合篇章和语境建立一个训练模型，让计算机能"推理"出反讽修辞的生成机制。卢欣（2019）提出了融合语言特征的卷积神经网络 CNN 模型和融合上文信息的注意力机制 LSTM 模型来进行反讽识别及其情感判别，在利用中文反讽语言特征的同时，融合了句子的深层语义信息。但本文认为还可以从语言学的角度为计算机识别反讽等隐性修辞提供有效的知识支持。

一是设计深度学习模型。首先让计算机抽取出能够模拟人脑"回溯推理"的关键词，即建立心理词典，形成关联网络。如"你真的是太聪明了"。其中反讽的推理机制是"如果我认为你这样做是不明智的，那么我就会通过夸张肯定的形式否定你的做法"。现在说"你真的是太聪明了"可以回溯推理出"我认为你这样做不明智"的隐藏含义。夸张肯定的形式往往有极端词构成，如"真的""还真""太""非常""很"等。所以当计算机识别了夸张肯定的形式就需要关注上下文是否出现了否定的信息。

二是建立反讽框架性规则。反讽的隐藏特征明显，常常会有固有的模式进行表达，这些固有的模式都具备 1+1>2 的特征，训练计算机像识别构式那样整体识别反讽修辞会起到事半功倍的效果。这就需要语言学家找到反讽的框架性特征，如"可以再 X 一点""也是 X了""被 X""亏+NP+VP""美得+PP"等。

三是训练具有提示情感转换的词和句式，并结合上下文共现的词汇及具有预示功能的信息特征进行识别。如"很好，又迟到了"。"真可以，连这个都不会。"例中共现的词汇"又""连"构成了对前一句的否定转折，属于提示情感转换的词语。对这类词的识别并不是确定所在的句子为讽刺句，而是为讽刺句的识别提供可激发的信息。另外，还可以训练计算机识别与反讽关联的背景信息,如"在春晚现场热烈的气氛下,这位大姐终于睡着了"。可见,如果单看反讽句"这位大姐终于睡着了"很难识别其修辞功能,必须与前面的背景句进行对比才可以整合判断。

四是配合语音和多模态测试。对反讽的识别可以配合无可奈何、不屑一顾、嘲笑自贬等负面情绪的多模态进行验证。另外,语音的特征分析也可以证明反讽,如音高增强、语音停顿、音调上扬等。

3.7 概念及语法隐喻的框架构建

利用隐喻工作,分析隐喻表达式的系统,这些推论是基于从概念域到低层感知或行动基元的一个映射。用来解释隐喻的计算方法包括基于惯例的方法和基于推理的方法。基于推理的方法回避了常规的隐喻表示,转而通过一般的推理能力对比喻语言处理进行建模。

结合语言学的相关理论,我们可以结合"事件框架"中的"参与者角色"与构式语法中的"形-义配对理论"来帮助计算机解析隐喻问题。如刘美君(2021)就提出了"敲打"实现的"实体接触>心理接触>心理影响"隐喻化过程。这是从表达实体的"敲打"到表达"操纵、建议"的隐喻义的转换,如"您一直敲打我要学知识学文化"。这启示我们,语言学家结合"构式""框架""事件"给"隐喻"建立连续统网络,有助于人工智能语言的识别。

3.8 交际中口语语法的位置识别及生成

会话事实包括话轮和话段、言语行为、会话基础、对话结构、会话隐含等。会话智能代理使用自然语言与用户进行交流的程序是最早的行为模型之一,同时也是最复杂的模型之一,其中使用了智能规划技术。代理听到一个话段之后可以通过"反向"规划来解释该言语行为,使用推理规则,根据对话者所说内容,推导可能的规划。要使用这种方法使用规划来生成和解释句子,要求规划器有优秀的信念-愿望-意图模型(BDI)。用于对话行为解释的特征可从会话上下文以及行为的微语法(microgrammar)中获取(其特有的词汇、语法、韵律以及会话特征)。机器如果能够合情合理、连贯一致,那么"机器就不只是一个简单装置"。对话管理(dialog management)系统从数据结构的角度看,语言不是用来陈述事实或描述事物的,而是附载着言语者的意图。冯志伟(2018)认为对话系统一般有5个组件:语音实时识别为文字、使用自然语言同计算机进行通讯的技术、控制人机对话过程、使计算机具有人一样的表达和写作的功能以及通过机械的、电子的方法产生人造语音的技术。每个领域的任务管理器都比较特别。最常见的对话架构有有限状态以及基于框架的架构,还包括一些较先进的系统,比如信息状态、马尔可夫决策过程等。话轮转换、共同基础、会话结构和主动权是重要的人类对话现象,在会话智能代理中也必须进行处理。说话是一种行为,模型就是为了生成和解释会话行为而存在。袁毓林(2021)通过"图灵测试"与"中文屋"思想实验两个案例探索了"人机对话"和"话语修辞"的关联。该文指出话语的话题结构与修辞结构的研究及其成果,对开发聊天机器人具有重要的参考价值。

我们认为在设计会话智能程序前,先了解人类口语对话的特点非常关键。口语交际之所以能够顺畅,是因为交际双方都拥有共同的基础。但是计算机要想拥有共同基础,一种方法就是投入大量的知识图谱构建网络，但是这种方式比较耗时。所以需要让计算机也知道口语运行的规则，比如按照毗邻对模式、间接言语行为模式、语音配合模式等模型来训练计算机的整套思维。除了训练整套思维外，人工智能话语分析已经在连贯性、内聚性、话语分割等方面进行了相关研究。另外，我们还可以让计算机识别会话的固定位置。我们知道相关话轮转换位置出现在话段的边界，互动语言学中关于"合作共建"的研究与计算机识别"话轮转换"及"话轮边界""话轮移交"等领域的研究紧密结合。那么还有哪些会话的敏感位置也能够帮助会话智能程序的生成和识别呢？计算机能通过识别序列和话轮位置来精准确定句法功能是否符合互动语言学中位置敏感语法的思路。序列位置的敏感为计算机掌握人类口语对话的规则提供了"抓手"。

4. 余论

从语言本体而言，加强语言理论研究，使语义、语用资源建设能够更好地为知识图谱和语义计算服务，并逐步完善语义描述体系和词典构架，是目前所面临的问题。自然语言处理的研究也为语言本体研究提供了新的视角和方法。总之，要想把语义、语用资源与计算机技术推向深入，使得多层神经网络的深度学习技术突出重围，帮助计算机真正"智能"起来，"弄懂"人类语言，还需要语言学工作者的深度参与，做出更进一步的探索。

参考文献

[1] 陆俭明. 亟需解决好中文信息处理和汉语本体研究的接口问题[J]. 当代修辞学,2021(1):1-9.

[2] 王伟. 说"了"[M]. 上海:学林出版社,2021.

[3] 詹卫东. 从短语到构式:构式知识库建设若干理论问题探析[J]. 中文信息学报,2017,31(1):230-238.

[4] 刘兵,刘康,赵军. 情感分析挖掘观点、情感和情绪[M]. 北京:机械工业出版社,2019.

[5] 张健军. 现代汉语转折范畴的认知语用研究[D]. 长春:东北师范大学,2012.

[6] 沈家煊. 走出"都"的量化迷途:向右不向左[J]. 中国语文,2015(1):3-17.

[7] 卢欣. 基于深度学习的中文反讽识别及其情感判别研究[D]. 太原:山西大学,2019.

[8] 冯志伟. 自然语言处理综论[M]. 北京:电子工业出版社,2018.

[9] 袁毓林. "人机对话-聊天机器人"与话语修辞[J]. 当代修辞学,2021(3):1-13.

[10] RILOFF E, WIEBE J. Wilson T.Learning subjective nouns using extraction pattern bootstrapping[C]// Proceedings of the seventh conference on computationall natural learning.2003:25-32.

[11] TURNEY P D.Thumbs up or thumbs down? Semantic orientation applied to unsupervised classification of reviews[C]//Association for Computational Linguistics. Proceedings of Annual Meeting of the Association for Computational Linguistics. PA,2002: 417-424.

智能语音技术与产业发展

刘聪 高建清 刘庆峰

科大讯飞股份有限公司

摘要：智能语音是人工智能领域发展最快的领域之一，本报告详细分析了智能语音技术面临的挑战及发展趋势，并介绍了智能语音的产业发展情况。报告探讨了语音识别、语音合成、声纹识别等智能语音关键技术的发展趋势。首先，介绍了端到端的语音识别、文本到波形的语音合成等最新系统框架。其次，探讨了复杂场景语音识别、合成语音的韵律控制、跨信道声纹识别等智能语音中经典难题的最新解决方案。最后，阐述了多语种语音识别、事件检测和情绪分析、情感语音合成、歌唱合成和声音转换等新拓展方向的发展情况，并且简要介绍了语音与视觉融合的多模态及虚拟人技术的进展情况。另外，报告系统介绍了智能语音技术在手机、汽车、客服、会议、教育、医疗等多个行业的应用情况。智能语音在技术上发展迅速，已逐步向复杂应用拓展，同时在应用上也进入了大规模落地阶段，应用价值正逐步兑现。

关键词：语音识别；语音合成；声纹识别；事件检测；声音转换；多模态

The Survey on Intelligent Speech Technology and Industry Application

Liu Cong, Gao Jianqing, Liu Qingfeng

ABSTRACT: Intelligent speech is one of the fastest growing areas of artificial intelligence. This report analyzes challenges and future trends of intelligent speech technology in detail, and introduces the applications of intelligent speech. The report discusses the trend of key technologies for intelligent speech such as speech recognition, speech synthesis, and speaker recognition. First, the latest technologies such as end-to-end speech recognition and text-to-waveform speech synthesis are introduced. Secondly, the latest solutions to complicated problems of intelligent speech such as speech recognition in noisy scenes, prosody control of speech synthesis system, and speaker recognition based on different channels are discussed. Finally, the recent progress of new directions such as multilingual speech recognition, detection of acoustic scenes and events and emotion recognition, emotional speech synthesis, singing synthesis and voice conversion are described. The progress of multimodal technology with speech and visual fusion and avatar technology are briefly introduced as well. In addition, the report introduces the application of intelligent speech technology in mobile phones, automobiles, customer service, conferences, education, medical care and other industries. Intelligent speech technology has developed rapidly, and has gradually expanded to complex scenes. At the same time, the application of intelligent speech has also amounted to the stage of large-scale implementation, and the value has been proved gradually.

Key Words: Automatic Speech Recognition; Speech Synthesis; Speaker Recognition; Detection of Acoustic Scenes and Events; Voice Conversion; Multi-modal

1. 智能语音技术背景介绍

人工智能的发展分为运算智能、感知智能、认知智能三个阶段，智能语音属于感知智能范畴，是让机器像人一样"能听会说"的技术。智能语音是人工智能技术的重要组成部分，包括语音合成、语音识别、声纹识别、语种识别、语音增强和语音评测等关键技术。

其中,语音合成将文字信息转化为可听的声音信息;相反的,语音识别可以将人的语音内容转换成文字信息。与语音识别相关的声纹和语种识别技术分别用以识别出语音中的说话人、语种信息。另外,语音增强是指当语音信号被各种各样的噪声干扰后,抑制、降低噪声的干扰,从噪声背景中提取有用语音信号的技术。语音评测是对学习者的口语水平进行评价的技术。

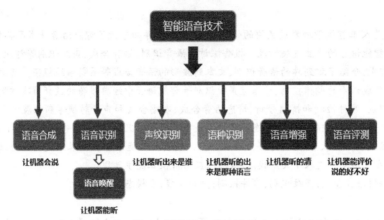

图1　智能语音关键技术

1.1　深度学习成为智能语音领域关键技术

近年来,深度学习(Deep Learning)逐渐成为机器学习领域的研究热点。深度学习模型由一系列相互关联的神经元组成,使用包含复杂结构或由多重非线性变换构成的多个处理层对数据进行高层抽象。而很多传统的机器学习模型属于浅层结构模型,如隐马尔可夫模型、条件随机场、支持向量机等。这些浅层结构模型的共同特点是对于原始的输入信号只经过较少层次的线性或者非线性处理达到信号与信息处理目的,其优点是模型结构简单、易于学习,而且在数学上有比较完善的算法。

一方面,人类语音信号的产生和感知是一个复杂的过程,而且在生物学上具有明显的多层次或深层次处理结构。所以,对于语音这种复杂信号,采用浅层结构模型对其处理有很大的局限性,而采用深层结构模型,利用多层的非线性变换提取语音信号中的结构化信息和高层信息,是更为合理的选择。因此,近年来,语音信号与信息处理研究领域的专家和学者对深度学习给予了极大的关注并开展了积极的研究,在语音识别、语音合成等智能语音关键领域取得了极大的进展,推动了智能语音技术的迅速发展。

另一方面,因深度学习技术的发展很大程度上依赖于大数据与算力,国内外产业巨头的加入进一步推动了深度学习在智能语音领域的快速发展。以谷歌为代表的国际巨头在深度学习领域投入了大量研发力量,以2011年"谷歌大脑"为契机,谷歌逐年在内部多个重点项目上使用了深度学习,并大力推动TensorFlow开源学习平台。在国内,科大讯飞和百度是较早引入深度学习的企业,科大讯飞从2010年开展深度神经网络(Deep Neural Network,DNN)语音识别研究,2011年上线首个中文语音识别DNN系统,2013年首创BN i-vector

（BottleNeck i-vector）语种识别技术，2016 年将全序列卷积神经网络（Deep Fully Convolutional Neural Network，DFCNN）应用于语音识别，2019 年大规模上线基于端到端框架的语音识别系统，持续引领深度学习在智能语音领域的应用。百度于 2013 年成立深度学习实验室，并推出"百度大脑"计划，支持百度相关产品线模型的改进。近年来，深度学习模型广泛应用于百度 PC 和移动端产品中。

1.2 深度学习引领智能语音技术发展

在语音识别方面，2009 年 Hinton 和微软的邓力、俞栋等人开始投入深度学习的研究，2011 年 DNN 在大词汇量连续语音识别上获得成功，并由微软、科大讯飞等国内外公司率先投入商用，使得语音识别取得了重大突破。DNN 框架被引入到语音识别领域具有重要的意义，不仅大幅改善了语音识别的效果，而且带来了思路的转变，自此以后深度学习中的各种模型结构不断被引入语音识别领域，并与语音的特点相结合，将语音识别带入了快速发展期。因为语音具有天然的上下文长时相关性，而循环神经网络（Recurrent Neural Network，RNN）模型可以利用反馈连接对历史信息和未来信息进行有效的记忆和利用，基于 RNN 的语音识别框架取得了较 DNN 模型更优的效果。基于卷积神经网络（Convolutional Neural Network，CNN）的语音识别框架，从另一个角度推动了语音识别技术的又一次重大改进。卷积神经网络采用局部感受野的机制，对语音信号中的干扰信息，如噪声、说话人变化等，具有更强的鲁棒性，从而可以从另一个角度提升语音识别系统的效果。

在语音合成方面，传统基于隐马尔科夫模型（Hidden Markov Model，HMM）的参数语音合成和基于单元挑选波形的拼接语音合成技术路线逐步被基于深度学习的方法替代。以 Tacotron 为代表的端到端神经网络声学模型和以 WaveNet 为代表的神经网络声码器模型大幅提升了合成语音的自然度和音质，语音合成的效果已逐渐逼近真实录音。在 Blizzard Challenge 2019 国际语音合成大赛中，以科大讯飞为代表的中文语音合成系统已经达到 4.5MOS 分，距离目标人录音只有 0.2MOS 分差距。

在声纹识别方面，技术的发展以 2012 年为分水岭。2012 年之前最具代表性的是基于高斯混合模型和因子分析的 i-vector，i-vector 把语音映射到了一个低维的向量上来表达说话人，让声纹识别技术以极为精简的方式在限定场景下初步迈向实用。2012 年之后，声纹识别采用以深度学习为主线的算法框架。在深度神经网络和大数据的作用下，以区分性目标函数训练得到的 x-vector 大幅提升了声纹识别技术的可用性，限定场景下可以达到好用程度，同时打开了复杂场景声纹识别技术应用的大门。

1.3 智能语音技术面临的挑战

尽管深度学习的发展将智能语音技术提升到了前所未有的高度，智能语音在大规模的商用过程中仍面临诸多挑战。在语音识别方面，恶劣场景的语音识别效果并没有达到可用阶段，语种混合识别以及低资源的小语种识别没有达到实用阶段，行业应用中专业术语的优化也没有比较成熟的解决方案。同时，以事件检测和情绪分析为代表的语音识别周边技术正逐渐受到关注。

在语音合成方面,改善语音合成系统韵律表现、提升神经网络声码器效率以及实现情感语音合成是主要的研究难点。同时,以歌唱合成、音色转换为代表的泛娱乐方向也正成为语音合成的研究热点,受到广泛关注。

在声纹识别方面,目前的主要挑战在于如何提升超大规模声纹库检索的效果、改善复杂场景下说话人分离的效果以及解决跨场景跨信道声纹识别等技术难题。

2. 智能语音发展技术篇

2.1　语音识别技术发展趋势

（1）端到端语音识别成为语音识别系统主流框架

近两年来,语音识别逐步发展到以编码器-解码器(Encoder-Decoder, ED)为代表的端到端框架。前几代语音识别模型结构的升级只是让模型看更多的语音信息,ED 框架则把能看的信息做到了极致,不但看所有的语音信息,也看所有历史文本信息。从输入信息的角度来看,端到端语音识别是语音识别发展过程中必然要经历的过程。从数学角度来看,端到端建模框架是一种数学上无任何假设和近似的语音识别建模方法,不同于 HMM 框架对语音识别在各种数学假设和条件约束下的近似建模,端到端技术是对语音识别的恒等建模,让语音识别有机会彻底摆脱隐马尔可夫模型的假设。从这两方面来看,端到端语音识别是大势所趋,纵观最近几年语音方面的顶级会议 ICASSP 和 INTERSPEECH 上语音识别相关论文也确实如此。声学语言联合建模的端到端语音识别,以其简单、便利、效果优越的特点,成了最先进的语音识别技术,吸引着学术界竞相投入。

学术界如此,工业界也是如此,谷歌、科大讯飞、百度等国内外公司在 2019 年左右推出了各自基于端到端建模思路的新一代商用语音识别系统。虽然都是端到端建模,但是各家又有所不同,主要体现在解决端到端系统中流式识别问题上的方法差异。科大讯飞采用的是基于注意力机制的 ED 框架,通过使用一种带有强化和过滤功能的流式单调注意力机制,解决了 ED 框架实时出字问题。谷歌退而求其次,采用的是 RNN-Transducer 方案,它是一种帧级别的端到端建模方案,解码时逐帧处理,是一种天生的流式识别模型。百度则介于两者之间,用 CTC(Connectionist Temporal Classification)先做流式再接 ED。三种系统各有优缺点,从业界结果来看,语音识别效果 RNN-Transducer 差于 ED,目前均有向 ED 靠拢的趋势。

端到端建模虽然是趋势,但是现阶段还不能完全取代传统语音识别框架而单独存在,这是因为端到端框架存在稀疏词识别效果差、领域术语难以定制的问题。目前业界针对这一难题,普遍使用传统语音识别与端到端语音识别混合使用的方案进行缓解,比如 CTC-ED 联合建模。除了混合策略之外,也有很多研究人员尝试直接从模型层面解决这些问题。例如,针对热词识别问题,谷歌提出一种将热词激励也作为 ED 模型一部分的 CLAS(Contextual Listen, Attend and Spell)方案。虽然,现阶段端到端模型方案还存在各式各样的问题,可以预见的是,从技术角度上讲,彻底解决这些问题,让端到端识别独立于传统语音识别而单独存在,并在实际场景中得以使用,是语音识别全面踏入新阶段的标志。

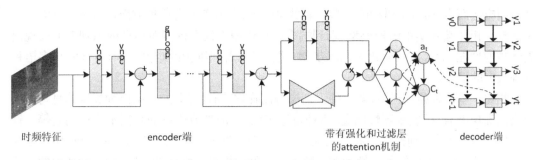

图2　带有强化和过滤功能的注意力模型

（2）端到端语音识别带来更大应用空间

端到端建模技术为语音识别带来更大的想象空间,语种免切换识别就是其中之一。以国内为例,科大讯飞、百度的语音输入法产品已上线中英文随心说功能,科大讯飞基于端到端框架实现了方言免切换功能。除了拥有海量数据的中文、英文等大语种之外,对于数据很难获得的小语种语音识别,端到端建模技术更能发挥作用。因为,在端到端语音识别框架下,不需要词典,不需要专家知识,可以使用数据驱动的方式快速搭建出一个小语种识别器,这对于数据资源和专家知识稀缺的小语种而言尤为重要。另外,利用端到端识别声学语言联合建模的特点,可以直接将建模单元设为 Unicode 编码,使得所有语种共享一套建模单元,而达到一个模型解决所有语种,实现多语种统一建模的目的。目前,多语种统一建模也逐渐成为语音识别的研究热点之一。

（3）复杂场景语音识别技术发展迅速

语音识别系统在近场安静的情况下已达到很高的准确率,但复杂场景下的语音识别是一个重大的挑战。具体的,在远距离、带噪等复杂的使用场景中,各种噪声、混响,甚至是其他人说话声音的插入,容易造成语音信号的混叠与污染,对语音识别的准确性产生较大的影响,因而复杂场景语音识别对模型的鲁棒性提出更高的要求。国际多通道语音分离和识别大赛（CHiME）即是为复杂场景语音识别设计的比赛,其音频样本包括多人在厨房边做饭边聊天、在起居室边用餐边聊天的语音,语音中包括远场、混响、噪声、语音叠加等各种复杂因素,语音识别技术难度极大。在 CHiME6 比赛中,科大讯飞与中国科学技术大学联合团队使用了基于空间-说话人同步感知的迭代掩码估计算法（Spatial-and-Speaker-Aware Iterative Mask Estimation, SSA-IME）,该算法结合传统信号处理和深度学习的优点,利用空时多维信息进行建模,迭代地从多个说话人场景中精确捕捉目标说话人的信息。SSA-IME 算法不仅可以有效降低环境干扰噪声,而且可以有效消除干扰说话人的语音,从而大幅降低语音识别的处理难度。最终,基于 SSA-IME 算法的系统以近 70% 的语音识别率夺得 CHiME6 比赛冠军。未来几年,复杂场景的语音识别将吸引更多研究机构的关注,从而有可能逐步将噪声环境下的万物互联达到实用水平。

（4）多语种语音识别技术不断突破

随着深度学习技术的进步,汉语、英语等大语种语音识别技术日趋成熟,并获得了广泛的应用。相比之下,小语种语音识别因其语音数据资源难以获取和标注、语言专家稀缺等原因,已经成为世界性的研究难题,距离实用门槛仍有较大差距。在这个背景下,端到端多语种模型应运而生,通过跨语种的模型元素共享学习,在覆盖所有语种方面显示出了巨大的应用前景。相比端到端单语种模型,端到端多语种模型不仅在低资源语种的识别率上表现出更优越的性能,而且极大简化了训练步骤、减轻了部署和维护的难度,同时可以实现多语种训练数据的复用。

相比于单语种独立建模,多语种识别模型面临它特有的问题,包括语种类别信息与识别模型的深层融合、标签稀疏性问题、语种自适应训练、语种或语系的数据不均衡问题等。针对这些问题,业界分别开展了相关的研究工作,例如谷歌提出的将 Unicode bytes 作为建模单元的方法,缓解了标签稀疏性问题。随着多语种识别模型性能的不断提升,行业内的一些比赛也将目光投向多语种识别任务。IARPA OpenASR 2021 Challenge 是由美国情报高级研究计划局(Intelligence Advanced Research Projects Activity, IARPA)承办的国际权威比赛,专门针对低资源语种自动语音识别任务展开,探索如何使用少量的数据达到较好的效果,同时考察低资源语音识别基础算法在多个语种上的推广性。

为了在端到端统一框架下,充分使用少量语音数据和海量文本数据,科大讯飞与中国科学技术大学联合团队提出了基于语音和文本统一空间表达的半监督语音识别框架(Unified Spatial Representation Semi-supervised ASR, USRS-ASR)。USRS-ASR 对于海量文本数据的使用,创新性地设计了文本掩码语言模型任务、合成数据语音识别任务两个目标,两个任务联合训练以充分利用海量无监督文本,并设计了共享语言解码模块,实现了语音和文本隐藏表达空间的统一。得益于算法良好的推广性,科大讯飞与中国科学技术大学联合团队在所有 15 个语种受限赛道全部取得冠军。同时,为了评估多语种语音识别实际应用水平,团队参加了 7 个语种非受限赛道,也全部取得第一名的成绩。

(5)事件检测和情绪分析逐渐受到关注

除了语音识别本身的发展,与语音识别相关的事件检测和情绪识别也逐渐成为研究热点。声学场景和事件检测分类比赛(Detection and Classification of Acoustic Scenes and Events, DCASE)是目前声学事件检测分类领域最知名的竞赛,其子任务覆盖了高噪声、高混响、多事件混叠情况下的声学场景分类、声音事件检测与空间定位。声学事件检测任务广泛结合了麦克风阵列声学前端算法、深度学习后端识别模型等技术,在限定设备和场景下,DCASE2019 的声音场景分类准确率达到了 85%,声音事件检测准确率达到了 95% 以上。

另一个研究热点是情绪识别,科大讯飞董事长刘庆峰就曾提出“未来人工智能能做到机器对话中情绪识别和情绪合成,人工智能将助推识别并解决情感诉求,让社会更加有温度”。在全球疫情防控的形势下,情绪识别和情感合成应用的想象空间非常巨大。目前情感分析主要包括音频情绪识别、表情识别及音视频融合的情感识别三个任务,半监督学习是解决大规模情感数据集匮乏的研究方向。从研究热点中可以看到,智能语音发展已从单纯的语音识别走向更广泛的语音场景理解、声音事件的检测和语音情绪的识别,无疑给语音领域带来了更广阔的发展空间,也给智能语音前后端结合和应用落地带来了更大的机会。

2.2　语音合成技术发展趋势

(1)端到端语音合成成为语音合成系统主流框架

近年来,端到端语音合成技术取得了显著进展。2017 年谷歌提出采用序列到序列的端到端建模方案,利用注意力机制,同时学习语音声学和时长的相关性,摒弃了传统的声学、时长分开建模路线,在效果上超越传统统计参数语音合成,结合神经网络声码器后,合成语音达到接近自然录音的效果。虽然效果上限较高,但端到端语音合成也存在一些不足,一是稳定性问题,二是缺少韵律控制力。由于序列到序列建模的理论缺陷,模型可能出现注意力对齐不稳定的错误,导致合成语音出现漏字、重复、无法停止等严重问题。为解决这些问题,学术界分别从增加额外语法语义信息输入、改进注意力机制、增加解码约束等方面进行改进,大幅提升了模型的稳定性问题,当前这一问题已经基本获得解决。端到端框架已成为语音合成系统的主流框架。

　　进一步的,从文本到语音波形的端到端建模技术也逐渐受到关注。传统语音合成技术先从文本预测语音频谱表征,然后通过声码器合成语音波形。2021 年,韩国 Kakao Enterprise 提出从文本到语音波形的端到端合成方案 VITS(Variational Inference with adversarial learning for end to end Text to Speech,VITS),通过变分自编码器(Variational Auto-Encoder,VAE)对语音进行编码。VITS 利用流模型(Flow)对语音后验表征进行可逆变换,利用文本编码网络对语音先验进行预测,结合生成对抗网络(Generative Adversarial Network,GAN)从语音后验恢复波形。由于整个网络可导,VITS 可以实现从语音波形到文本输入的端到端联调,合成语音音质相比传统方案显著提升,接近录音水平。2022 年,微软在此基础上进一步优化,在文本编码网络中增加音素预训练、在 VAE 后验中增加记忆模块,在 Flow 前后使用双向 KL 约束,并结合可导的时长建模,提升合成语音自然度,首次实现合成语音和录音难以分辨。国内,科大讯飞进一步提出在 VITS 中引入无监督韵律表征,结合文本语义预训练和 Flow 进行韵律预测,在高表现力阅读领域大幅提升合成韵律表现力。语音波形的端到端建模效果上限达到录音,然而其在效率上存在一定问题。Flow 的引入使得整个模型必须整句生成,导致降低语音合成的效率、增加响应时间,这是未来实用化必须解决的问题。

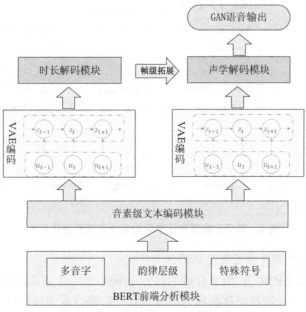

图 3　基于 VAE 编码和全概率建模框架的语音合成

（2）合成语音韵律控制发展迅速

合成语音韵律控制是语音合成领域的经典问题，近两年在端对端框架下合成系统的韵律控制得到了较快的发展。基于无监督学习的韵律表征方法受到越来越多的关注，其思路是利用变分自编码器从语音中提取韵律表征辅助预测，后续对韵律表征进行预测、转换或控制，实现对合成语音的韵律控制。在这方面，谷歌进行了一系列研究，从句子级韵律表征（Gaussian Mixture Model Variational AutoEncoder，GMM-VAE）到细粒度的韵律表征（Quantized Fine-Grained VAE），展现了对韵律控制力和多样性的开阔前景。国内，科大讯飞提出了基于VAE的表征学习和全概率建模方式也已成功应用到实际产品之中，显著提升了合成语音的韵律表现。

（3）情感语音合成发展迅速

随着合成效果的提升，用户对语音交互中的拟人度和情感化提出了新的要求，情感语音合成成为研究热点。早期，韩国科学技术院（KAIST）提出在语音合成系统中增加情感标签，实现给定情感语音合成。2021年，新加坡国立大学提出使用句子级情感编码辅助语音合成系统进行情感语音合成，并利用情感识别网络对合成语音情感进行分类，反向提升合成语音的情感强度。在情感语音合成之上，学术界进一步探索了对情感合成强度的控制和迁移，西工大提出利用中性语音和情感语音训练排序模型，从语音中自动提取情感强度信息，首次实现了情感合成的强度控制。在情感迁移方面，科大讯飞提出使用无监督表征学习，结合互信息约束，实现语音情感风格和音色内容的解耦，通过全局情感韵律表征和局部韵律表征迁移，首次实现了零样本的情感语音合成。另外，近期学术界开始探索在对话场景下的即时交互合成（Spontaneous Speech Synthesis），通过对口语交互中的"嗯""啊"等口语停顿（filler）、拖长（prolongation）等现象进行显式建模，提升合成语音的拟人度。

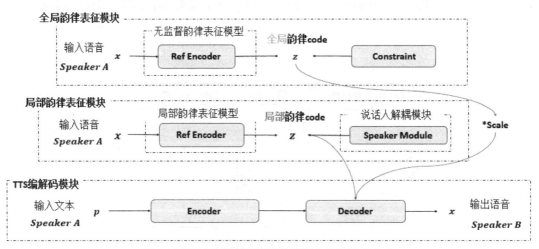

图4　基于无监督表征学习的零样本情感语音合成

（4）歌唱合成和声音转换逐渐受到关注

随着语音合成效果的提升，语音合成的研究逐渐向不同的应用方向展开，特别是在泛娱乐领域，歌唱合成和声音转换已逐渐成为研究热点。歌唱合成通过歌词和乐谱的输入，输出模拟真人的歌唱合成乐声。在传统歌唱合成方法上,日本名古屋大学深入研究了歌唱合成相比语音合成的独有特点,如额外的音高节拍输入、颤音等独有的声学现象,构建了真实度较高的歌唱合成系统。传统歌唱合成方法存在乐谱和歌唱的对齐问题,使得数据获取非常困难。近年来,基于端到端的歌唱合成系统开始受到更多关注,该方法直接实现从歌词和乐谱到语音声学的预测,取得了较好的效果。

声音转换是将原始说话人的语音转换为目标说话人的音色,并同时保留原声的韵律和风格。近期声音转换研究主要关注于提升转换效果和提升建模灵活度两方面。为了提升声学模型的建模能力,一些学者提出采用时-频 LSTM(Long Short Term Memory)、生成式对抗网络等能力更强的模型对源、目标说话人的复杂的频谱转换关系进行建模,提升转换频谱的预测精度。针对传统声码器在相位建模等方面不足的性能缺陷,一些研究者提出基于神经网络的声码器研究以代替传统声码器合成语音,显著提升了转换语音的自然度。在 Voice Conversion Challenge 2018 比赛中,科大讯飞的音色转换系统通过高精度神经网络转换模型和小数据自适应的 WaveNet 声码器等技术,将转换语音的自然度和相似度突破 4.0MOS 分。为了进一步学习目标说话人的时长、韵律等非音段特征信息,近年来基于序列到序列的声音转换建模方法也逐渐成为研究热点,使得转换语音的相似度得到进一步提升。

2.3. 声纹识别技术发展趋势

(1)端到端声纹特征提取成为主流技术

在传统框架下,声纹特征基于生成式模型提取,说话人间的区分性不够强,容易受到噪声和信道等因素干扰。近两年来,基于深度学习的端到端声纹特征提取逐步成为主流技术。2017 年,约翰霍普金斯大学提出了 x-vector 系统,该系统将传统声学特征作为输入,经过帧级别层进行局部帧信息提取。然后,通过统计池化层将历史完整信息进行联合,接着经过两个段落级别的全连接层进行说话人表征信息的提取。最后,加入 softmax 输出层进行区分性训练。该框架通过深层神经网络,使用区分性目标函数直接进行声纹特征(x-vector)的提取,网络可以在多样性的大数据里学习到最有说话人区分能力的特征表达,能够很大程度地抑制噪声和信道等因素的干扰,相比 i-vector 有更强的区分性和稳定性。

(2)跨信道声纹识别技术发展迅速

声纹识别在真实业务场景中,由于设备的多样性,语音通过不同设备介质传输会导致声纹信息中掺杂了信道信息,大大影响了声纹识别的准确性。因此,迫切需要具有跨信道能力的声纹识别技术。目前,最为有效的跨信道声纹识别技术是科大讯飞提出的采用信道对抗方式的信道消除技术,如图 5 所示的对抗网络结构包含一个生成(G)网络和 2 个判别(D)网络,目的是使 G 网络生成的向量尽量保留声纹信息,去除信道信息,D1 用于区分说话人分类, D2 用于区分信道信息。采用这种信道对抗的训练方式,能够将多种信道来源的训练数据进行统一训练,通过 D1 网络来提取共性声纹信息,通过 D2 网络来削弱信道信息,较好地实现了声纹与信道等干扰信息的剥离。随着跨信道声纹识别的发展,将进一步拓宽声纹识别技术的应用空间。

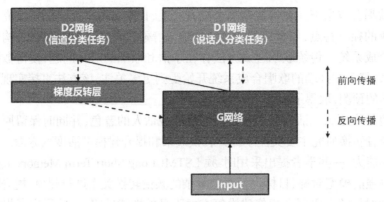

图 5　基于信道对抗的跨信道声纹识别

（3）预训练模型在声纹识别技术中的应用

NLP 领域的预训练模型通过大量没有标签的数据，采用自监督方式对模型进行训练，下游任务基于模型提取的表征进行有监督方式学习，取得了显著效果。近一两年，预训练方法在语音领域大放异彩。Wav2vec2.0（ waveform to vector ）使用对比学习方式通过引入一个向量量化器对未遮盖的 CNN 输出进行离散化，并在被遮盖位置的 Transformer 的输出表示上计算 InfoNCE（ Info Noise Contrastive Estimation ）损失。HuBERT（ Hidden-unit Bidirectional Encoder Representation from Transformer ）借鉴 BERT（ Bidirectional Encoder Representation from Transformer ）中掩码语言模型的损失函数，使用 Transformer 预测被遮盖位置的离散 id（ identity ）来训练模型。微软的 WavLM 沿用了 HuBERT 的思想，通过 k-means 方法将连续信号转换成离散标签，并将离散标签当作目标进行建模，在数据使用细节方面进一步优化。

预训练模型在语音各项任务上都取得了一致性收益，包括声纹识别领域。如图 6 所示，预训练模型通常提取 Transformer 不同层级的表征进行自适应加权作为声纹模型的输入，通过微调使预训练模型更适应下游任务。庞大的预训练数据和模型为声纹提供了更本真的特征表示，在公开数据集 Voxceleb 场景获得了 50% 左右的提升。

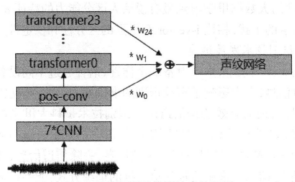

图 6　基于预训练模型的声纹识别

（4）多通道说话人分离

说话人分离是声纹识别最重要和成功的应用场景之一，而引入其他领域信息与声纹信息进行多模态信息融合提升说话人分离效果是比较好的手段。比如通过麦克风阵列进行空间方位信息采样再与声纹表征融合进行说话人分离,在不需要引入额外设备的情况下,能大幅度提升说话人分离效果。

在早期的 CHiME 比赛以及近期由阿里举办的多通道多方会议转录(Multi-Channel Multi-Party Meeting Transcription, M2Met)挑战赛中,都显式或隐式的引入了空间方位信息作为说话人分离的辅助表征。在 CHiME-5 和 CHiME-6 比赛中,科大讯飞提出用声纹融合的迭代式波束形成算法来解决复杂场景下的说话人分离和语音分离问题,大幅提升了分离的效果和语音识别的准确率。图 7 是 M2Met 比赛中,香港中文大学所采用的方案,在声纹信息外,添加空间方位信息,共同进行说话人分离。该方案首先通过麦克风阵列语音进行方位信息提取,然后与单路提取的声纹表征 i-vector 拼接共同作为目标人表征,最后与测试音频共同输入到 Encoder 端进行说话人分离。空间方位信息与声纹信息结合使说话人分离效果获得了显著提升。

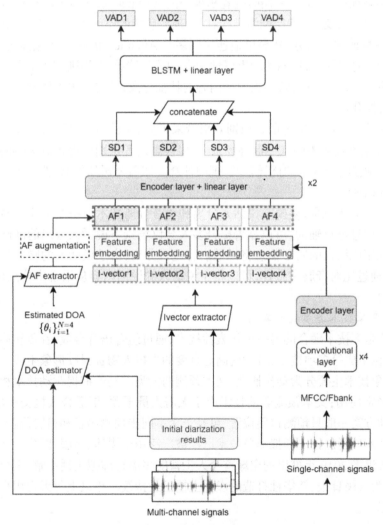

图 7　方位与声纹信息目标说话人抽取

在办公类产品中，科大讯飞已经完成多通道说话人分离功能的开发与应用，相比单通道分离，多通道分离效果取得了 60% 左右的相对提升。

2.4　多技术融合发展趋势

（1）多模态语音识别技术吸引众多关注

复杂场景下语音识别技术的另一个发展趋势是多技术融合。近两年，针对嘈杂场景下周围环境声或者人声对语音识别的影响，融合视听觉信息的多模态语音识别正吸引越来越多的关注。

目前，多模态语音识别的主流方案是采用唇形序列以及语音序列两种模态作为输入，用唇形辅助语音识别。国内外研究机构针对多模态语音识别已经开展了大量的研究，主要可以分为以下两部分。

（一）唇语特征提取部分，采用时空卷积神经网络（Spatio-Temporal Convolutional Neural Network，STCNN）以及 3D 残层网络结构，以实现前后帧的空间关系的特征提取。

（二）音唇特征融合部分，从简单地连接到多头 Attention 机制，让模型自己学习唇语特征以及语音特征的互补性，从而实现更好地融合；采用门控的思想则利用融合后的特征对语音频域进行筛选，从而实现对特定人说话内容的特征分离，使得在多人混叠场景下的多模态识别效果显著提升。

这些技术的引入给多模态语音识别效果带来了显著的提升。目前，在公开的英文数据集 LRS2 上，在信噪比为零的人声混叠场景下，多模态语音识别取得相对 70% 的提升。鉴于多模态语音识别在嘈杂场景的优异表现，国内外众多知名公司如谷歌、搜狗等也纷纷开始布局多模态语音识别。

除了多模态语音识别，多模态说话人分离和语音分离技术也备受关注。多模态说话人分离利用唇形信息进行辅助，可以显著提升多人会议场景下说话人分离的准确率。多模态语音分离则利用说话人的唇形信息将说话内容进行分离，由于说话人的唇形与语音之间存在强相关性，通过比对音唇一致性，可以将主说话人的说话内容从语音中分离出来，达到语音增强的目的。

（2）虚拟形象技术逐步迈入实用

虚拟形象是多技术融合的另一个代表性技术，通过组合语音合成、音色转换、人脸建模、口唇预测、图像生成等多项技术，可实现高逼真度的虚拟人物音视频形象生成。以驱动方式区分，虚拟形象技术主要分为动作捕捉、文本预测两大类。动作捕捉驱动技术相对成熟并在影视制作中经常使用；文本预测驱动技术由于无需人员干预，更适合人机交互场景。当前，文本预测驱动方案一般只预测口唇位置，可基于文本同步预测语音和口唇位置，或者通过文本合成语音预测口唇位置。虚拟形象技术已经被广泛用于媒体、客服、医疗、教学、交通等交互领域。科大讯飞 2019 年推出的全球首个人工智能多语种虚拟主播小晴，至今已服务超过数百家媒体，为人民日报、新华社打造的虚拟主播已经持续一年以上每天为用户实时播报最新的新闻动态。

3. 智能语音发展产业篇

在深度学习、大数据、云计算等技术发展的推动下,智能语音技术渐趋成熟,已经进入了规模化应用的落地期。业界认为,人工智能落地的三大标准是:看得见摸得着的真实应用案例、具备规模化应用和推广的能力、能够用统计数据来说明应用的成效。智能语音作为人工智能发展最快的领域之一,目前已在手机、汽车、客服、会议、教育、医疗等领域快速落地,并逐渐形成规模化应用,可以说在中国以智能语音为代表的人工智能技术正逐步迈入应用红利的兑现期。

3.1 手机语音助理已成为智能手机标配

2011 年,苹果语音助手 Siri 惊艳亮相,带有巨大想象空间的语音助手进入公众视野。如今,语音助手已经成为智能手机的标配功能,能够听懂用户说话并做出回应,根据指令进行应用操控。纵观过去 9 年语音助手的发展,大致经历过两次浪潮。第一次是以 Siri 的发布为起点,最早的语音助手自此诞生。后因技术不成熟、服务不稳定、功能无法达到用户预期等原因,语音助手发展进程放缓处于不温不火的状态。第二次是在 2017 年底,伴随智能语音技术的逐步成熟,智能手机作为最适合搭载智能语音技术的终端产品,手机语音助手再次被推至高点,全球各大手机厂商争相推出自己全新的智能语音助手产品。

目前,国外的手机语音助手呈现三足鼎立之势,分别是苹果的 Siri、谷歌的 Google Assistant 和三星的 Bixby。国内则是百花齐放,几乎每个手机厂商都推出了自家品牌的语音助手,如华为的小艺、OPPO 的 Breeno、vivo 的 Jovi、小米的小爱同学、荣耀的 yoyo 等。

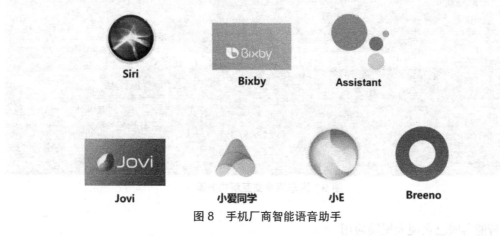

图 8 手机厂商智能语音助手

伴随智能手机行业竞争白热化,语音助手已成为向消费者提供智能化服务的重要入口,这也成为各技术提供商的必争之地,国外主要有谷歌、苹果等技术提供商,国内的科大讯飞、阿里、百度、思必驰、云知声等技术提供商纷纷进入。科大讯飞从 2011 年开始,一直为国内语音助手提供语音合成、语音识别、语义理解等核心技术,国内主要高端智能手机款均由其提供底层技术。同时,科大讯飞也在逐步布局海外市场。2020 年 3 月,华为发布了高端旗舰机 P40 系列,同时推出备受关注的全新海外语音助手 Celia,首次发布的英、西、法等海外语种的技术均由科大讯飞提供,这也是国内语音提供商迈向海外市场的坚实一步。

3.2 汽车语音交互解决方案逐渐成为智能车载的标配

智能语音在汽车领域主要解决人机交互的问题,由于开车时双手和双眼被占用,语音为该场景下最合适的交互方式。通过语音完成导航、音乐播放、信息检索等功能,让驾驶更安全,语音交互已经被市场认可并成为标准的可选配置。目前,各汽车厂商、车机厂商对车载语音整体解决方案的需求越来越迫切,如宝马的 connected-drive、福特的 SYNC、通用的 FMV 等系统。国内上汽集团的荣威、奇瑞的艾瑞泽、吉利的博越等车型也都以语音交互为主要卖点,并且取得了良好的反馈,逐步向平台化方向推广。

在智能车载领域,国际上,Cerence(赛轮思)是为全球汽车语音技术提供解决方案的标杆企业,其拥有 20 年的行业经验和近 3 亿辆汽车的部署,业务遍及全球。国内,科大讯飞基于智能语音核心技术,积极拓展汽车语音业务,为智能汽车打造的飞鱼语音助理,获得了市场和用户的广泛认可。与江淮、奇瑞、长安、蔚来、广汽、吉利、长城、北汽、众泰、江铃等自主品牌长期深度合作,为 90% 以上的自主品牌汽车提供了智能语音交互。同时,科大讯飞还为马自达、丰田、雷克萨斯、大众、沃尔沃、日产等国际合资品牌提供语音产品和服务。科大讯飞的语音交互产品前装覆盖率达到 67%,累计装车突破 2500 万。

图9 汽车语音交互解决方案

3.3 智能客服已实现大规模应用

智能语音与行业客户服务结合,主要应用于金融、电信、政府、电商、物流等行业,其应用形式有语音客服系统、座席辅助系统、语音质检系统等。根据 2019 年中国信通院发布的统计报告显示,全国呼叫中心座席数量达到 275 万个,总规模的年复合增长率保持在 15% 以上,由此可见企业在客户服务的投入快速扩大。伴随人工智能及互联网技术的快速进步,智能客服的大规模应用成为可能。

语音客服系统与传统客服相比具有更低的运营成本,基于语音识别、语义理解实现多轮交互,可代替人工解决部分问题。智能客服系统可以改变传统按键方式,实现自然交互,并具有更高的服务效率,能快速横向扩展使得话务高峰期无需排队等待。另外,通过智能语音技术将非结构化数据变成结构化数据,可以为多维度营销、决策提供支撑。座席辅助系统提供话术、短信模板、工单模板自动推荐、来电原因自动归类以及违规提醒等,可以提升座席工作效率和对外服务质量。语音质检系统具有全量通话质检能力,质检标准客观、检测效率高,并能进行深层的业务价值挖掘与分析。

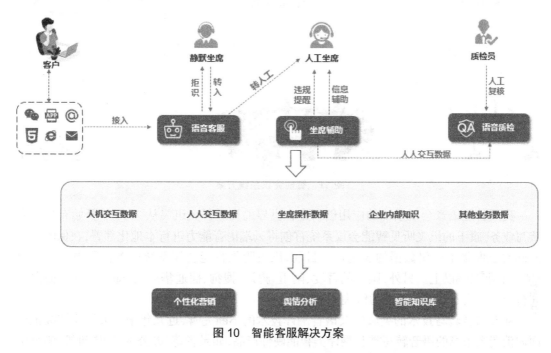

图10 智能客服解决方案

在智能客服领域,国际上,Nuance 早期推动了语音交互在呼叫中心的应用,国内的企业则将人机交互技术在客服领域进行了深度拓展,如科大讯飞、百度、阿里、腾讯、小i机器人等。其中,科大讯飞从 2008 年切入电信领域智能客服业务,并逐渐延展至金融、政务、电力等行业,目前占有金融行业 50%、运营商行业 80%以上市场份额。

3.4 智能会议系统大幅提高办公人员工作效率

随着语音识别技术的快速发展,近年来,语音转写在会议领域类的应用也逐渐成熟,主要包括日常办公会议的内容记录及会议纪要生成和国际会议的辅助同传翻译两类应用。目前,企事业单位、政府部门每年有数万场会议,对会议记录和出稿的准确性、时效性要求很高。智能会议系统利用语音转写技术可以实现会议语音的完整记录、会议内容的全程留痕,辅助会议记录人员进行会议记录或纪要材料的整理。据业界统计,使用智能会议系统可以将办公人员的工作效率提升 3 倍左右。

另外,在国际交流会议场景,通过语音转写和实时翻译技术可直接面向参会人员提供字幕与翻译服务,辅助参会人员进行会议信息的理解,解决语种障碍。另一方面,也可以面向专业同传人员,提供翻译辅助功能,减少同传翻译的工作压力。

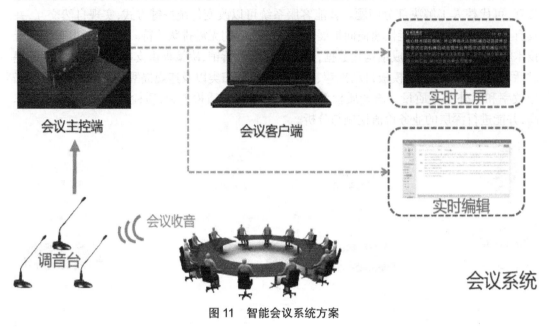

图11　智能会议系统方案

我国智能语音会议系统的应用创新走在世界前列。科大讯飞从2015年开始布局语音转写业务,旗下的讯飞听见智能会议系统首创将云端语音能力进行本地化部署,在保障效果的同时也保障了会议数据的安全性。目前,讯飞听见智能会议系统已覆盖国内政府行业50%、企业20%以上。另外,国内的百度、阿里、腾讯、搜狗、捷通华声、云知声等均有面向不同行业会议场景的产品或能力解决方案。

随着语音转写技术的突破以及语音翻译技术的不断完善,近几年来科大讯飞持续推出面向消费级市场的语音转写类和翻译类智能硬件产品,如录音笔、办公本、翻译机等,满足个人办公、个人旅游、教育培训、媒体采访等不同场景的应用需求,并吸引了大量厂商的持续跟进,预计未来几年智能硬件产品将迎来进一步增长。

3.5　智能语音评测提升口语教学与评价效率

在教育领域,智能语音技术主要用于口语教学和评价,其中语音评测技术应用最为成熟和广泛。语音评测技术的核心功能是能够对学习者的发音、口头表达进行自动评分和诊断反馈,因此在大规模口语考试、口语教学和个人口语学习三个场景具有极大的应用价值。

在口语考试场景,智能语音评测技术辅助人工进行评分,使得大规模口语考试成为可能。其中标志性的事件是2014年科大讯飞研发的智能语音评测系统正式应用于广东高考英语口语考试,在两天内完成60万考生的评分。截至目前,包括广东、上海、北京、江苏等30多个省市将英语听说考试纳入中高考,几乎都采用科大讯飞的智能语音评测系统。

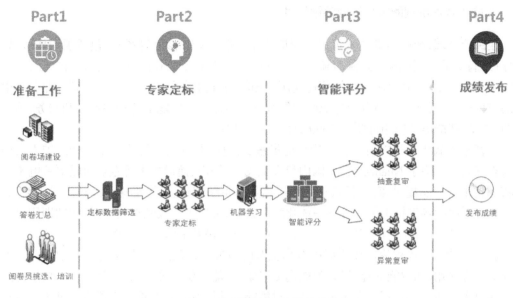

图12　听说考试智能评分流程

在以考促教促学和语言教育改革的指导思想下,学校、家长日益重视口语教学和学习,对高效方便的教学和学习平台、工具的需求强烈,因此催生了部署在学校或区域进行日常口语教学、练习和模拟考试的口语教学考试平台产品以及面向学生的语言学习产品。典型的口语教学考试平台架构如图13所示,可实现口语教育的管、评、考、教、学全流程。对于学生个体,可选的语言学习产品非常多,有手机和PC端的软件,也有专属的硬件产品,比如语言学习机等。

目前在国内,与智能语音评测技术相关的技术企业可以分为三类。第一类是只向外提供评测技术,如驰声科技、先声智能、云知声;第二类是既开放技术,又有自家语言学习产品,如科大讯飞、网易有道、好未来;第三类是自己有技术,但只用于自研产品,典型代表是流利说。这些企业提供的核心能力都是借助语音评测技术,即时反馈学生评价得分,提供个性化的教学和学习的路径,提升口语教学和学习的效率。

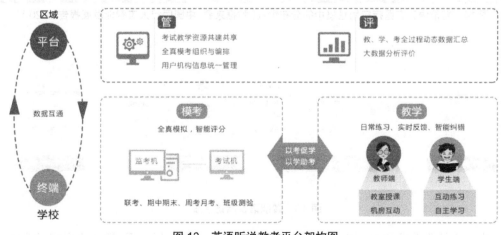

图13　英语听说教考平台架构图

3.6　智能语音加快赋能医疗领域关键场景

在医疗领域,智能语音技术可以广泛应用于诊前、诊中、诊后等场景,包括预约挂号、导医导诊、病史采集、电子病历、院后随访等。在国外, Nuance 公司的语音技术已在美国 90% 的医院和全球 10,000 个医疗组织落地应用。相较而言,智能语音在我国的医疗行业仍有很大的市场空间。目前,我国有超过 200 家等级医院招标采购智能语音相关产品和服务,预计到 2022 年,智能语音应用可覆盖 2000 家以上等级医院。

语音电子病历是智能语音在医疗行业最重要的应用,其核心价值在于提升医护人员输入与查询效率。除了 Nuance 公司,国内科大讯飞、云知声、捷通华声等企业也是语音电子病历核心技术与产品提供商,该领域近几年应用场景不断细化、发展迅速。以科大讯飞为例,该公司针对医疗场景提出了软硬件一体化解决方案,推出了无线领夹麦克风、即插即用台式麦克风等创新设计,在多种场景下解放医生双手,显著提升了医生的工作效率。

新冠疫情使得远程诊疗成为居民看病就医的新模式,智能语音技术将在其中发挥不可或缺的关键作用,如智能语音导诊、智能病史采集、智能随访等等。以智能随访为例,疫情防控期间科大讯飞、阿里、百度等多家企业通过智能电话语音交互对重点人群进行健康与流动信息随访。根据公开报道, 2020 年 1 月 21 日至 5 月 24 日期间,仅科大讯飞智能随访系统就为国内 30 个省市地区提供智能随访服务 5809 万人次,成为各地卫健委疫情防控的高效工具和手段。

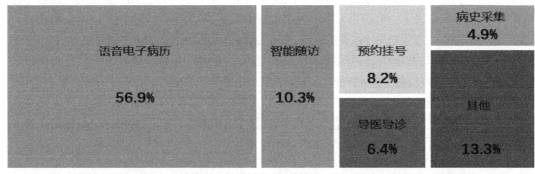

图 14　智能语音在医疗应用场景中的分布情况(数据来源:中国医疗人工智能发展报告 2020)

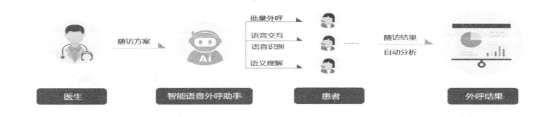

图 15　智能语音随访系统

从医疗行业需求及 Nuance、科大讯飞等主流厂商业务布局来看,智能语音将呈现深入医疗核心场景的发展趋势,如基于医患对话的病历自动生成、融合语音与图像的多模态智能诊断、基于多轮语音交互的智能问诊等等。智能语音技术的不断进步突破,将促使医疗场景下的语音交互向实用化快速迈进,显著提高医生临床诊疗效率和质量,进而提升患者就医体验与获得感。

4. 总结

综上所述,随着深度学习的演进,智能语音技术正处于快速发展的阶段,端到端技术在各细分领域逐步应用,有效提高了智能语音的整体技术水平。同时,智能语音的通用效果改进正在逐步放缓,越来越多的研究者投入新的创新能力研究,如情绪识别、事件检测、声音转换、多模态识别和虚拟形象等,随着这些能力的逐步提升,将进一步促进智能语音整体解决方案的发展。

随着技术的发展,智能语音行业应用正进入大规模落地阶段,在手机、汽车、客服、会议、教育、医疗等应用领域涌现了成熟的应用案例。同时,智能语音行业"云+芯"的发展策略将进一步加速行业落地,随着智能语音国家开放创新平台的建立,累积百万级开发者,数十级终端用户使用语音应用,智能语音的产业生态正逐步形成。而芯片级语音能力的实现,也将促进万物可交互、可对话成为现实。

机器自动文本生成研究进展

邵铁君 [1,2] 吕学强 [2,3]

1. 首都师范大学;2. 中国语言智能研究中心;3. 北京信息科技大学

摘要:自动文本生成是语言智能、自然语言处理等人工智能领域的重要研究方向,旨在通过智能技术自动生成人类自然语言文本,实现高质量的自动文本生成是人工智能走向成熟的重要标志。结合输入形式的不同,讨论自动文本生成的研究内容,包括文本到文本、意义到文本、数据到文本以及图像到文本的自动文本生成,同时介绍相应的实现方法和基本模型。最后,提出未来文本自动生成在长文本生成、语义相关性等方面需要提升,并在应用中利用自动文本生成实现人机协同写作。

关键词:文本生成;语言智能;神经网络;深度学习

Research progress of automatic text generation

Shao Tiejun, Lv Xueqiang

ABSTRACT: Automatic text generation is an important research direction in the field of artificial intelligence, such as language intelligence and natural language processing. It aims to automatically generate human natural language text through intelligent technology. The realization of high-quality automatic text generation is an important sign of the maturity of artificial intelligence. Combined with the different input forms, this paper discusses the research contents of automatic text generation, including text to text, meaning to text, data to text and image to text, and introduces the corresponding implementation methods and basic models. Finally, it is proposed that the future automatic text generation needs to be improved in the aspects of long text generation and semantic relevance, and the use of automatic text generation in the application of human-computer collaborative writing.

Keywords: Text Generation; Language Intelligence; Nerual Networks; Deep Learning

1. 引言

自动文本生成(Automatic Text Generation)也称为自动写作(Automatic Writing)、智能写作(Intelligent Writing)、自然语言生成(Nature Language Generation),是语言智能、自然语言处理等人工智能领域非常重要的研究内容,旨在利用人工智能实现自然语言文本的自动生成,即希望机器能够像人一样进行写作,创作出优秀的自然语言文字作品。自动文本生成的研究始于20世纪60年代初,其应用前景非常广泛,目前主要应用于新闻自动生成和人文类自动写作,其中新闻自动生成能够以机器独立或人-机混编的方式生成新闻稿件,帮助编辑减少重复劳动,提高生产效率;人文类自动写作方面已有技术能够实现对联自动生成、诗歌生成、小说生成及部分应用文的自动生成。

自动文本生成可以应用于智能问答与对话系统,实现更加智能和自然的人机交互;新闻自动撰写与发布、学术论文辅助撰写、智能导写等方面,实现高效的机器辅助文字创作,减少相关文字工作者的劳动量。2016年上线的百度智能写作机器人(Writing — bots),百度智能写作文章可涵盖社会、财经、娱乐等 15 个大类,并可实现体育新闻、热点新闻等多领域全机器创作。2016 年 3 月 3 日,MIT CSAIL 报道了 MIT 计算机科学与人工智能实验室一位博士后所开发的一款推特机器人 DeepDrumpf,它可以模仿当时的美国总统候选人 Donald Trump 来发文。2016 年 3 月 22 日,日本共同社报道由人工智能创作的小说作品《机器人写小说的那一天》入围了第三届星新一文学奖的初审。这一奖项以被誉为"日本微型小说之父"的科幻作家星新一命名,提交小说的是"任性的人工智能之我是作家"(简称"我是作家")团队。2017 年 8 月 8 日 21 时 19 分,四川九寨沟发生 7.0 级地震,中国地震台网新闻机器人于当日 21 时 37 分 15 秒发布全球首发稿件,新闻机器人从收集材料到编写发布仅用时 25 秒,稿件内容有五六百字,同时配有 5 张图片,内容涵盖地震参数、震中地形及该地区地震历史等。

2. 自动文本生成分类

自动文本生成的研究内容和技术实现方法多样,根据不同的分类标准可以对自动文本生成进行不同分类。根据输入内容形式的不同,可以分为文本到文本的生成(text-to-text generation)、意义到文本的生成(meaning-to-text generation)、数据到文本的生成(data-to-text generation)、图像到文本的生成(image-to-text generation)。根据文本生成实现方法的不同,可以分为基于模板的文本生成、基于统计的文本生成、基于深度学习的文本生成以及基于模板和深度学习混合的文本生成。

2.1　文本到文本的生成

文本到文本的自动生成是指对给定文本进行转换和处理从而获得新文本,具体包括文本摘要、句子压缩、句子融和、文本复述和新闻自动生成等。机器翻译也是由文本自动生成文本的一种形式,但机器翻译在人工智能领域属于单独的一个研究领域所以不记在自动文本生成中。

（1）文本摘要自动生成

文本摘要自动生成技术通过自动分析给定的文档或文档集,摘取其中的要点信息,最终输出一篇短小的摘要文本,该摘要中的句子可直接出自原文,也可通过重新撰写获得。摘要的目的是通过对原文本进行压缩、提炼,为用户提供简明扼要的内容描述。文本摘要自动生成技术的应用主要集中在新闻和搜索引擎领域。由于目前信息量过大,每时每刻都有大量的新闻出现在网络上,人们迫切希望能够通过摘要自动生成技术帮助读者在最短时间内了解新闻内容。在搜索引擎应用方面摘要自动生成可以帮助用户尽快找到感兴趣的内容,从而提高搜索效率。

摘要自动生成的实现方法主要有两种,抽取式摘要和生成式摘要。抽取式摘要是从原文中找到一些关键句子,利用这些关键句子组成一篇新的文本作为摘要。生成式摘要是在理解原文语义内容的基础上,用新的文本将原文隐藏的内容表达出来。目前,相对成熟的自动摘要方式是抽取式摘要,其具有相对稳定的语义和语法结构。主要的抽取式摘要生成方法有基于统计的摘要抽取、基于图模型的摘要抽取、基于潜在语义的摘要抽取。

生成式方法需要对原文进行语义理解进而生成摘要文本,这种方法得到的摘要句子并不是基于原文中句子所得,而需要将原文表示为深层语义形式,然后分析获得摘要的深层语义表示,最后生成摘要文本。由于人类语言包括字、词、短语、句子、段落、文档等多个层级,对语言的语义理解研究难度依次递增,理解句子、段落及文档的含义非常困难,即自然语言理解与自然语言生成本身没有得到很好的解决,所以目前生成式摘要方法的研究仍处于探索阶段。

（2）句子压缩

句子压缩是把给定的原始长句改写为短句,改写后的短句要保留原长句中的重要信息,并且符合语法规范、语句通顺。传统的句子压缩算法是基于统计学习的方法,主要依赖于"原句—压缩句"平行语料库,将平行语料库作为训练语料库,对原句与压缩句之间的对应关系进行学习。通常从句子的句法分析树中提取特征,用来学习原句到压缩句之间的转换规则或评估候选压缩句的得分。由于基于"原句—压缩句"的平行语料库较少且很难获得具有广泛世界知识的语料库,所以基于平行语料库的句子压缩算法缺少通用性和广泛应用价值。

Hori 等采用一种无监督的方法删除句子中的词语,利用动态规划算法优化句子修剪过程实现句子压缩,但该方法并没有考虑句法方面的信息。Clarke 等则采用整数规划算法对句子压缩过程进行全局优化。在中文句子压缩方面, XuWei 等在语言学启发式规则的基础上,通过事件词语意义和事件信息密度来加强算法对词性标注和句法分析的容错性能。赵青给出了一个基于概率统计的句法分析的中文句子压缩系统,该系统引入了有监督的机器学习方法来提取压缩规则,通过统计原句和压缩句在压缩前后句法成分的变化规律来计算各个句法成分的删除概率。韩静等将基于语言学的启发式规则和词语的热度相结合,不断降低词语在句子中的权重, 最终将权重高于阈值的词语组合成为压缩句,该算法只考虑词语的词性、词语间的依赖关系和句子的句法分析树,降低了生成启发式规则的难度和语言学技巧。

（3）新闻自动写作

自动文本生成目前的应用主要集中在新闻自动写作方面,主要采用基于模板和深度学习的方式。

基于模板的新闻自动写作根据具体的应用领域,在领域专家的辅助下预先设置一个或多个写作场景,根据场景配置一个或多个逻辑模板。根据写作需要将所述的实体、实体关系和事件语素等应用于适合的场景和模板进而生成语段,多语段连接形成基于模板的新闻文本。

基于深度学习的新闻自动写作主要采用循环神经网络（ Recurrent Neural Network, RNN ）框架。Holtzman 等提出基于判别器组的统一学习框架,其中的每个判别器可以专门研究指定的交流原则,该框架通过训练多个能够共同解决基本 RNN 生成器局限性的判别模型来构造更强大的生成器,并学习如何对这些判别器进行加权以形成最终的解码目标。Holtzman 提出的框架中协同工作的判别器与基本 RNN 语言模型相辅相成,形成一个更强、更全局的解码目标,对 RNN 生成长格式文本时重复、自相矛盾的问题进行解决,同时对生成文本的连贯性、语言风格和信息量都有很好的提升。

　　吕学强等提出一种结合深度学习和模板进行足球赛事新闻自动写作的算法,该算法通过对足球赛事历史战报的文本分析,对比赛的实时数据进行标注得到训练集,以此训练集对卷积神经网络模型进行训练以识别实时比赛数据中的关键事件。依据得到的关键事件中的结构化数据结合事先定义好的模板生成赛事新闻的文本,完成新闻的自动写作。

2.2　意义到文本的生成

　　意义到文本的生成和组合语义分析密切相关,语义分析旨在对线性的词序列进行自动句法语义解析并得到其真值条件。因为在分析过程中遵循了弗雷格提出的组合原则,因而称为组合语义分析,以与分布式语义相区别。组合语义分析是迈向深度语义理解的一座重要桥梁,在多个语言智能核心任务中具有潜在应用价值,如智能问答、机器翻译等。从问题自身的定义来看,意义到文本的生成与组合语义分析是一对互逆的自然语言处理任务。在当前的国际研究中,仅专注于意义到文本的生成这一任务的学者并不多,部分以句法语义分析研究为主的学者会兼顾这方面的研究。

2.3　数据到文本的生成

　　数据到文本的生成指根据给定的数值数据生成相关文本,是从结构化数据到非结构化文本的生成。例如基于天气监测数据生成天气预报文本,基于赛事时间点、比分、技术统计等数据生成体育新闻,基于病人检查诊断数据生成医疗报告等。数据到文本的生成技术具有广泛的应用前景,目前该领域已经取得了很大的研究进展,业界已经研制出面向不同领域和应用的多个生成系统。

　　其中,数据到文本的生成技术在天气预报领域应用最为成功,业界研制了多个系统对天气预报数据进行总结,生成天气预报文本。例如, FOG 系统能够使用领域规则和语言生成器程序,将用户操作过的数据生成双语天气预报文本; SumTime 系统能够基于时间序列数据生成海洋天气预报文本。此外,英国阿伯丁大学的 Anja Belz 提出概率生成模型进行天气预报文本的生成。Anja Belz 和 Eric Kow 进一步基于天气预报数据分析对比了多种数据到文本的生成系统,结果表明采用自动化程度较高的天气预报文本生成方法并不会降低文本质量。

2.4　图像到文本的生成

　　图像到文本的生成技术是指根据给定的图像生成描述该图像内容的文本,例如新闻图像附带的标题、医学图像附属的说明、儿童教育中的看图说话以及用户在微博等互联网应用中上传图片时提供的说明文字。依据所生成文本的详细程度及长度的不同,这项任务又可以分为图像标题自动生成和图像说明自动生成。前者需要根据应用场景突出图像的核心内容,如为新闻图片生成的标题需要突出与图像内容密切关联的新闻事件,并在表达方式上求新以吸引读者的眼球;而后者通常需要详细描述图像的主要内容,如为有视力障碍的人提供简洁翔实的图片说明,力求将图片的内容全面且有条理的陈述出来,而在具体表达方式上并没有具体的要求。

由于人类具有视觉能力、感知能力以及相关世界知识，因此人类可以毫不费力地感知、理解图像内容，并按具体需求将图像主题、图像内容以自然语言表述出来。尽管人工智能技术已取得一定进展，但在图像主题、内容识别中计算机需要综合运用图像处理、计算机视觉和自然语言处理等几大领域的技术实现图像到文本的生成。作为一项标志性的交叉领域研究任务，图像到文本的自动生成吸引着来自不同领域研究者的关注。自2010年起，自然语言处理界的知名国际会议和期刊ACL、TACL和EMNLP中都有相关论文的发表；而自2013年起，模式识别与人工智能领域顶级国际期刊IEEE TPAMI以及计算机视觉领域顶级国际期刊IJCV也开始刊登相关工作的研究进展，至2015年，计算机视觉领域的知名国际会议CVPR中，有近10篇相关工作的论文发表，同时机器学习领域知名国际会议ICML中也有2篇相关论文发表。图像到文本的自动生成任务已被认为是人工智能领域中的一项基本挑战。

图像到文本自动生成模型输入的是一幅图像，输出的是对该幅图像进行描述的一段文字。图像到文本自动生成要求模型可以识别图片中的物体、理解物体间的关系，并用一句或一段自然语言将识别出的物体及关系通过流畅的、表述清楚的文本形式表达出来。图像到文本的生成主要采用Encoder-Decorder框架即编码器-解码器框架，其中编码器通常应用卷积神经网络对图像信息进行编码，解码器通常应用循环神经网络解码图像信息生成语言文本。由于LSTM能够解决RNN的梯度消失问题且具有长期记忆，所以一般在解码器阶段采用LSTM。Kiros等在《Show, Attend and Tell: Neural Image Caption Generation with Visual Attention》的图像文本生成模型中引入注意力机制，该模型可以自动学习图像描述内容。图1为Kiros等引入的图文转换通用编码器-解码器框架。

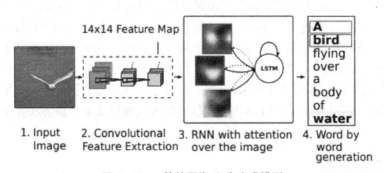

图1　Kiros等的图像-文本生成模型

3. 评价度量

对生成的文本质量进行评价是检验文本自动生成算法与技术的重要方式，目前主要采用人工智能领域自然语言处理相关的评价方法。对于自动文本生成的评价有人工评价和自动评价两种方法。

利用人工评价的方法在很大程度上是可信的，因为人具有推理、判断能力，可以结合语言学、世界知识对生成的文本进行打分，可以检验生成文本的语义内容、语法结构、可读性等。但是,采用人工评价的方法所需时间成本高、人工成本高,评价效率低,并且由于评测人具有不同的认知水平,很难实现客观的评价。利用机器对生成的文本进行自动评价,需要给定参考文本作为标准答案,通过制定一些规则来给生成的文本进行打分、评价,自动评价不需要人工干预,时间和人工成本较低,评价效率较高。目前,自动评价指标主要有 BLEU、ROUGE、METEOR 以及 CIDEr 等。

3.1　BLEU

BLEU 是 2002 年 IBM 研究人员提出的一种自动评价机器翻译质量的方法。BLEU 评价方法的本质是将机器翻译给出的候选翻译和人工的参考翻译进行比对,比较两者之间的相似度。BLEU 采用了 N-gram 的匹配规则,通过它能够算出候选翻译和参考翻译之间 n 组词的相似度,相似度越高表明翻译质量越好。BLEU 的计算公式如下:

$$BLEU = BP \cdot exp\left(\sum_{n=1}^{N} w_n \log(p_n)\right) \tag{1}$$

3.2　ROUGE

ROUGE 是一种摘要自动生成的内部评测方法,经常应用于摘要自动生成的相关国际评测中。ROUGE 基于摘要中 n 元词(n-gram)的共现信息来评价摘要,是一种面向 n 元词召回率的评价方法。ROUGE 准则由一系列的评价方法组成,包括 ROUGE-1、ROUGE-2、ROUGE-3、ROUGE-4 以及 ROUGE-Skipped-N-gram 等,其中 1、2、3、4 分别代表基于 1 元词到 4 元词的 N-gram 模型。在摘要自动生成相关研究中,一般根据具体研究内容选择合适的 N 元语法 ROUGE 方法,ROUGE 方法的计算公式如下:

$$ROUGE\text{-}N = \frac{\sum_{S \in \{RefSummaries\}} \sum_{n\text{-}gram \in S} Count_{match}(n\text{-}gram)}{\sum_{S \in \{RefSummaries\}} \sum_{n\text{-}gram \in S} Count(n\text{-}gram)} \tag{2}$$

3.3　METEOR

METEOR 评价方法基于单精度的加权调和平均数和单字召回率,其目的是解决一些 BLEU 标准中固有的缺陷, METEOR 还包括其它评价指标没有发现的功能,如同义词匹配等。METEOR 的计算公式为:

$$METEOR = (1\text{-}Pen)F_{mean} \tag{3}$$

其中:

$$Pen = \gamma \left(\frac{ch}{m}\right)^{\theta}$$

$$F_{mean} = \frac{P_m R_m}{\alpha P_m + (1-\alpha)R_m}$$

$$P_m = \frac{|m|}{\sum_k h_k(c_i)}$$

$$R_m = \frac{|m|}{\sum_k h_k(s_{ij})}$$

3.4　CIDEr

CIDEr 是由 Vedantam 等人提出基于共识的针对图像摘要问题的度量标准,其工作原理是通过待测评语句与人工描述语句之间的相似性来实现评价。

CIDEr 首先将 n-grams 在参考句中的出现频率编码进来, n-grams 在数据集所有图片中经常出现的图片的权重应该减少,因其包含的信息量更少,通过 TF-IDF 计算每个 n-gram 的权重。将句子用 n-grams 表示成向量形式,每个参考句和待评测句之间通过计算 TF-IDF 向量的余弦距离来度量其相似性。假设 c_i 是待评测句,参考句集合为 $S_i = \{s_{i1}, s_{i2}, s_{i3}, \cdots, s_{im}\}$,

$$CIDEr_n(c_i \pounds\neg S_i) = \frac{1}{m} \sum_j \frac{g^n(c_i) \bullet g^n(s_{ij})}{\|g^n(c_i)\| \|g^n(s_{ij})\|} \tag{4}$$

其中 $g^n(c_i)$ 和 $g^n(s_{ij})$ 的 TF-IDF 向量与 BLEU 类似,当使用多种长度的 n-grams 时,

$$CIDEr_n(c_i,\ S_i) = \frac{1}{N} \sum_{n=1} CIDEr_n(c_i \pounds\neg S_i) \tag{5}$$

令 w_k 表示第 k 组可能的 n-grams, $h_k(c_i)$ 表示 w_k 在选择译文 c_i 中出现的次数, $h_k(s_{ij})$ 表示 w_k 在参考译文 s_{ij} 中出现的次数,则对 w_k,计算权重 TF-IDF 向量 $g_k(s_{ij})$,

$$g_k(s_{ij}) = \frac{h_k(s_{ij})}{\sum_{\omega l \in \Omega} h_l(s_{ij})} \log \left(\frac{|I|}{\sum_{I_{pel}} min\left(1 \pounds\neg \sum_q h_k(S_{pq})\right)} \right) \tag{6}$$

TF 与 IDF 的作用是相互制约的,如果 TF 较高,则 IDF 会减少 w_k 的权重,即 IDF 会减少常见信息的权重而加大敏感信息的权重。

4. 总结与展望

文本自动生成是语言智能领域的研究内容之一,具有重要的理论研究价值和广阔的应用前景。在技术方面,文本自动生成的发展趋势仍以构建有效的模型为主,利用深度学习、强化学习等构建生成模型,对于生成文本的长度、语义相关性、用词丰富性等进行提高。同时结合语言学,从构词、短语组合、造句等角度构建语义明确、语句通顺、逻辑合理的自然语言文本。在应用方面,文本自动生成虽然可以实现自然语言文本的自动生成,但是由于其缺乏写作的主观驱动性,缺少内容的创造性,因此文本自动生成的应用场景主要为写作参考、智能导写等。同时,可以利用文本自动生成技术为人类作者提供基础写作的基础材料处理,从而使人类作者具有更多时间进行创造性、艺术性的文本写作,即实现人机协同的写作模式。

参考文献

[1] 艾丽斯,唐卫红,傅云斌,等. 抽取式自动文本生成算法[J]. 华东师范大学学报:自然科学版, 2018(04): 70-79.

[2] 徐小龙,杨春春. 一种基于主题聚类的多文本自动摘要算法[J].2018,38(5):70-78.

[3] 赵青. 基于概率统计和句法分析的中文语句压缩系统的研究与实现[D]. 北京:北京邮电大学,2012.

[4] 韩静,张东站. 基于词语热度的启发式中文句子压缩算法[J]. 计算机工程与应用, 2014, 50(04): 132-139.

[5] 王文超,吕学强,张凯,等. 足球赛事战报的自动写作研究[J]. 北京大学学报:自然科学版, 2018, 54 (02):271-278.

[6] HORI C, FURUI S. Speech Summarization: An approach through word extraction and a method for evaluation[J]. Ieice Transactions on Information & Systems D, 2004, 87(1): 15-25.

[7] CLARKE J, LAPATA M. Global inference for sentence com-pression an integer linear programming approach[J]. Journal of Artificial Intelligence Research, 2008(31): 399-429.

[8] GOLDBERG E, DRIEDGER N. Using natural-language processing to produce weather forecasts[J]. IEEE Expert, 1994, 9(2): 45-53.

[9] AND S S, SRIPADA S G, REITER E, et al. Sumtime-mousam: Configurable marine weather forecast generator[J]. Expert Update, 2003(6): 12-19.

[10] BELZ, ANJA.Automatic generation of weather forecast texts using comprehensive probabilistic generation-space models[J]. Natural Language Engineering, 2008, 14(04): 431-455.

[11] XU K, BA J, KIROS R, et al. Show, attend and tell: Neural image caption generation with visual attention[J]. Computer Science, 2015(08): 2048-2057.

[12] XUWEI, GRISHMANR. A parse-and-trim approach with information significance for Chinese sentence compression[C]// Proceedings of the 2009 Workshop on Language Generation and Summarisation.2009: 48-55.

[13] HOLTZMAN A, BUYS J, FORBES M, et al. Learning to Write with Cooperative Discriminators[C]// Proceedings of the 56th Annual Meeting of the Association for Computational Linguistics. 2018.

诗歌自动生成技术
——以清华九歌为例

矣晓沅 陈慧敏 孙茂松

清华大学

摘要：诗歌自动生成作为语言文学与人工智能的交叉结合的典型代表，吸引了大量跨学科研究者的关注。本文以清华九歌人工智能诗歌自动生成系统为例，介绍其针对诗歌这一文学体裁所需的语词多样、风格区分、情感表达特性，分别提出的基于互强化学习的多样性诗歌生成方法、基于无监督风格解耦的风格诗歌生成和基于变分自动编码器的情感可控诗歌生成方法，以提升所生成诗歌的文学性。最后，本文指出诗歌自动生成这一方向尚未解决且值得探索的问题，并展望未来人与机器相互启发相互促进的文学创作过程。

关键词：诗歌自动生成；清华九歌；文学创作

Automatic poetry generation——Tsinghua Jiuge as An Example

Yi Xiaoyuan, Chen Huimin, Sun Maosong

ABSTRACT: As a typical representative of the intersection of language literature and artificial intelligence, automatic poetry generation has attracted the attention of a large number of interdisciplinary researchers. This paper takes Tsinghua JiuGe AI poetry auto-generation system as an example and introduces its methods of generating diverse poems based on mutual reinforcement learning, generating stylistic poems based on unsupervised style disentanglement, and generating sentiment-controllable poems based on variational auto-encoder, respectively, to improve the literary quality of the generated poems in view of the required linguistic diversity, stylistic differentiation, and sentimental expression characteristics of poetry. Finally, this paper points out the unsolved and worthwhile issues in the direction of automatic poetry generation, and looks forward to a future literary creation process in which human and machine inspire each other and promote each other.

Keywords: Automatic poetry generation; Tsinghua Jiuge; literary creation

诗歌作为一种重要的文学体裁，千百年来以其优美的表达、深刻的内涵和丰富的情感不仅吸引了无数文人逸士，同时也对人类文明的发展有着深远的影响。诗歌是中国文学中最早成形的文学体裁（在我国历史上最早的诗歌总集《诗经》中，最早的诗作于西周初期），历经汉魏六朝乐府、唐诗、宋词、元曲的发展，体系庞大，种类繁多，至今已有三千多年历史。其中绝句、律诗和词是最主流的形式。

近些年来，自然语言生成作为自然语言处理领域中的一个经典任务，得到了广泛的关注，而诗歌以其规则的形式、独特的韵律以及丰富的内容和多样的风格情感表达，成为自然语言生成任务中一个十分理想的研究切入点。诗歌生成任务对提升计算机的创造能力和理解人类的写作机制有十分重要的意义，与此同时，其对教育、广告和娱乐等领域的发展也有十分重要的辅助作用。

1. 相关工作

自动诗歌生成经历了数十年的发展,概括而言其发展历程可总结为三个阶段。

(1)第一阶段:基于规则和模板的诗歌生成

在这一阶段,研究者首先人工设计或者从诗歌数据中依据规则自动提取出若干诗歌生成模板,这些模板包含指定的句法、节奏和韵律等信息,然后人工向模板中填入满足要求的词汇亦或自动检索出一些词汇进行填入,形成完整的句子。此阶段具有代表性的系统有ASPERA 和 Haiku。相关的方法仅仅是探索尝试,其生成的诗歌往往灵活性差,语法正确性难以保证。

(2)第二阶段:基于统计机器学习模型的诗歌生成

在这一阶段,研究者把不同的统计机器学习模型引入诗歌生成,并设计了相应的诗歌生成模式。例如,把一首诗看作一个个体,诗歌中的各个字词看作个体的基因,然后用遗传算法(Genetic Algorithm)对一组随机初始化的诗歌不断进行变异、交叉、选择等迭代,最终得到满足要求的诗歌。这一方法分别被应用到了英文诗歌和中文宋词的自动生成中。此外,研究者也把诗歌生成转化为诗句到诗句的语义相关映射问题,并使用统计机器翻译模型(Statistical Machine Translation, SMT)进行诗歌生成;或者把诗歌生成看作从诗库中进行总结提炼的自动文摘问题(Automatic Summarization)并使用相应的模型进行生成。这一阶段的方法已经能生成初具雏形的诗歌,迈出了成功的第一步。

(3)第三阶段:基于深度神经网络的诗歌生成

近年来,深度神经网络(Deep Neural Network)在不同的人工智能任务上都表现出了强大的能力。在诗歌生成这一任务上,神经网络也逐渐被用于中文诗歌和英文诗歌生成。初期的工作致力于设计不同的神经网络模型结构,以提升所生成诗歌质量的不同方面。例如,生成诗句的通顺程度、上下文连贯性、扣题程度等。

尽管上述神经网络模型在生成诗歌的质量上取得了显著提升,然而这些工作鲜有涉及诗歌的"文学性"。区别于其他非文学性文本(如政府公文、法律文书、新闻报道、科技文献等),诗歌这一文学性的体裁具有多种特性,例如多样性、风格区分、情感表达等。显著的多样和差异性,具备不同的风格,表达丰富的情感使得诗歌具有别样的趣味和深刻的含义。清华大学自然语言处理实验室(THUNLP)研发的诗歌自动生成系统——九歌针对诗歌的这些特性,提出了独特的诗歌生成方法。

2. 清华九歌

九歌[①] 是清华大学自然语言处理与社会人文计算实验室研发的人工智能自动诗歌生成系统,目前支持绝句、律诗、词、集句诗、藏头诗等生成形式,如图 1 所示。截至 2022 年 6 月,九歌系统累计为全球 140 余个国家和地区的用户累计创作超过 2500 万首诗歌,得到了学术界的认可并产生了广泛的社会影响。

---

①   http://jiuge.thunlp.org/

图 1 九歌人工智能自动诗歌生成系统

九歌系统基于深度神经网络模型,对人类创作的数十万首优秀诗歌进行学习,进而能依据用户的输入(关键词、标题等)自动创作质量较好的诗作。针对前述已有诗歌生成工作存在的问题,九歌系统对现有神经网络模型进行改进。区别于其他诗歌生成系统,九歌创新性地从诗歌特有的多样性、风格区分和情感表达三个角度出发开展了相应的研究工作,设计了多种专门的模型和方法,用于提升所生成诗歌的文学性。

2.1 符号定义及诗歌生成流程概述

表 1 符号定义

符号	含义
x	一首包含 n 句诗句的诗歌
x_i	诗歌中的第 i 句
$x_{i,j}$	诗歌第 i 句中的第 j 个字
$x_{1:i-1}$	诗歌中的第 1 到第 $i-1$ 句
w	用户给定的关键词,代表诗歌描写的主题
p	概率分布
θ, ϕ	模型待学习的参数集合

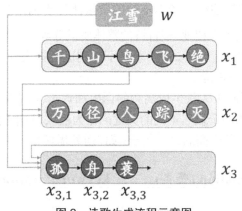

图 2　诗歌生成流程示意图

为了便于叙述,表 1 中列出了部分数学符号及其定义。在下文中出现的符号统一采用此表中的定义,除非特别说明。

概括而言,诗歌生成任务可以看作是一种条件性自回归序列生成任务。诗歌生成模型需要学习的是给定主题词时,诗歌的条件概率分布 $p(x \mid w)$。对中文诗歌而言,目前大多数模型都采用逐句逐字生成的方式,如图 2 所示,即可将所求条件概率分布展开为如下形式:

$$p(x \mid w) = \prod^{n} p(x_i \mid x_{1: i-1}, w) = \prod^{n} \prod^{|x_i|} p(x_{i,j} \mid x_{i,1: j-1}, x_{1: i-1}, w) \quad (1.1)$$

对于一个训练好的模型 p_θ,可以依据下式逐步生成一首诗中的每个字:

$$x^* = \underset{x}{\mathrm{argmax}} \sum_i \sum_j \log p_\theta(x_{i,j} \mid x_{i,1: j-1}, x_{1: i-1}, w) \quad (1.2)$$

基于上述流程,下文将以九歌系统为代表,逐一介绍其中关于诗歌生成的三个创新性研究工作,分别是基于强化学习的多样性诗歌生成、基于无监督风格解耦的风格诗歌生成以及基于变分自动解码器的情感可控诗歌生成工作。

2.2　九歌的模型及方法

（1）基于互强化学习的多样性诗歌生成

1）研究问题

近年来的诗歌自动生成都是采用极大似然估计（Maximum Likelihood Estimation, MLE）进行参数估计。具体而言,即以如下形式的交叉熵（Cross Entropy）损失进行模型训练:

$$L_{MLE}(\theta) = -\sum_{i=1}^{n} \sum_{j=1}^{n_i} x_{i,j} \log p_\theta(x_{i,j} \mid w) \quad (2.1.1)$$

其中 $x_{i,j}$ 为目标诗歌（待学习的古人诗作）中第 i 句第 j 个字,p_θ 为诗歌生成模型,θ 为模型参数,$p_\theta(x_{i,j})$ 为模型预测的该字的概率。

式（2.1.1）直接导致了诗歌自动生成的两大问题:

·优化指标与诗歌质量评价指标不匹配。模型的优化目标是最大化每个字的生成概率

$p_\theta(x_{i,j})$,而人类评价一首诗往往会依据不同的质量评价指标,例如诗句的通顺性、多个句子间的连贯性、诗歌的语义丰富程度、整首诗的整体质量等等。

• 评价指标粒度的不匹配。式(2.1.1)基于字级别进行损失计算,然而人类往往会从句子级别或者篇章级别评价一首诗。

上述问题使得机器倾向于大量生成高频的词组和句子,从而降低生成诗歌的多样性和文学性。如图3所示,使用两个截然不同的关键词作为输入,简单的模型倾向于生成雷同的内容(如"夕阳")甚至是语义模糊的整个句子(如"何处堪惆怅")。

keyword: Desolation (萧条)

萧条风雨夜,
I see desolation on a stormy night.
寂寞夕阳边。
I feel lonely at sunset.
何处堪惆怅,
Where can I place my sadness?
无人问钓船。
No one cares about the fishing ship's course.

keyword: autumn lake (秋水)

山中秋水阔,
In autumn, the lake in the mountains becomes broad.
门外夕阳斜。
Through the door, I see the sunset.
何处堪惆怅,
Where can I place my sadness?
西风起暮鸦。
At dusk, along with the westerly wind, crows start to dance.

图3　基础模型依据两个不同的关键词分别生成的两首五言绝句

2)研究方法

a. 方法概述

为了解决上述问题,该工作提出了基于互强化学习(Mutual Reinforcement Learning,MRL)的诗歌生成方法。

首先,对人类评价诗歌的以下几种常用指标进行量化:

• 通顺性(Fluency):一首诗中的每个句子是否足够通顺,不含语病?

• 连贯性(Coherence):一首诗中的多个句子相互之间是否衔接紧密,过渡自然,具有一致的主题意境?

• 语义丰富程度(Meaningfulness):一首诗是否描写了某些具体的事物或表达了某些具体的思想感情,而非泛泛而谈,空洞无物?

• 整体质量(Overall Quality):读者对一首诗的整体评价和印象。

直接用上述的量化指标作为不同的评分器(Rewarder),这些评分器会为每首生成的诗歌依据自己的指标进行打分。然后将相应的得分用作传统 MLE 损失的一种补充,来优化和调整诗歌生成器(generator)的参数,以使得模型生成的诗歌在这些人类的指标上表现更好,更符合人类对一首好诗的判断。

此外,该工作也提出了一种互强化学习(Mutual Reinforcement Learning)框架。上述流程可以直观地类比到人类学生和教师之间的教学过程。打分器可以看作是一位老师，而诗歌生成器可以看作是一位学生。老师为学生的作文（生成的诗歌）进行评判，而学生则根据老师的反馈来提升自己的写作能力（模型参数优化）。以往的强化学习模型通常一次只训练一个生成器（一个学生）。然而现实生活中往往会有多个学生一起学习，学生除了参考教师的评语之外，也会参考自己同学的作文，相互学习，共同提高。受此启发，该工作模拟这一流程，同时训练多个生成器，并构建了生成器之间的交流机制，以加速强化学习的收敛速度并避免陷入局部极值。

b. 具体方法

下文分别定义上述四种指标对应的评分器。

• 通顺性评分器（句子级别）

对于句子通顺性，可以采用语言模型概率（Language Model Probability）进行量化。设 p_{lm} 为所定义的语言模型，该模型基于一个大的古诗词语料库预先训练得到。 $p_{lm}(x_i)$ 为该语言模型所给出的诗句 x_i 的概率。 $p_{lm}(x_i)$ 越大，表明 x_i 越可能在语料库中出现，在某种程度上也就越通顺。具体地，定义通顺性评分器 $R_1(x)$ 如下：

$$R_1(x) = \sum_{i=1}^{n} exp\left(-\max\left(\left|p_{lm}(x_i)-\mu\right|-\delta_1 * \sigma, 0\right)\right) \qquad (2.1.2)$$

其中 μ 和 σ 是整个语料库上诗句概率的均值和标准差， δ_1 是一个超参数，用于控制合理的概率区间大小。

• 关联性评分器（句子级别）

对于上下文关联性，要求在一首诗中，生成的每一句诗句 x_i 都和其上文的 $i-1$ 句诗句 $x_{1:i-1}$ 紧密相关。具体而言，该工作使用互信息（Mutual Information，MI）来度量这一关联性，并定义关联性评分器 $R_2(x)$ 如下：

$$MI(x_{1:i-1}, x_i) = \log p_{seq2seq}(x_i|x_{1:i-1}) - \lambda \log p_{lm}(x_i) \qquad (2.1.3)$$

$$R_2(x) = \frac{1}{n-1}\sum_{i=2}^{n} MI(x_{1:i-1}, x_i) \qquad (2.1.4)$$

其中 $p_{seq2seq}$ 是一个预先训练得到的序列到序列（sequence-to-sequence）的神经网络模型， λ 是一个用于控制句子普通程度的超参数。

• 语义评分器（字词级别）

一首诗的语义丰富程度难以精确量化，但是现有诗歌生成模型往往倾向于生成一些高频的虚词，如"不知""何处""无人"等。这些词过于普通和泛化，一般不具有明确的语义。直观而言，如果能促使模型生成更多具有明确语义的中低频词（如名词，动词等），则从用户观感而言，生成的诗歌总体上语义会更加丰富。为此，该工作采用词频-逆文档频率（Term Frequency–Inverse Document Frequency，TF-IDF）来度量生成的字词的语义丰富性，TF-IDF越大，可近似认为对应的字词语义越丰富。由于基于统计方法预计算的 TF-IDF 列表覆盖范围有限，因此可以采用一个神经网络模型直接拟合一句诗句的平均 TF-IDF 数值，以期产生更加平滑的语义评分。该评分器具体定义如下：

$$R_3(x) = \frac{1}{n}\sum_{i=1}^{n}F(x_i) \qquad (2.1.5)$$

其中 $F(x_i)$ 是一个预先训练的 TF-IDF 评分器，用于近似预测一个诗句里各个词的 TF-IDF 平均值。

• 整体质量评分器（篇章级别）

人类在评价一首诗的好坏时，往往会着眼于整体（如整体的谋篇布局、意境、情感表达等），一些局部字词级别的小瑕疵可以忽略。为了近似模拟这一过程，假设在整体质量上，简单模型生成的诗歌（类别 1）<普通诗人创作的诗歌（类别 2）<名家名作（类别 3）。该工作训练了一个分类器 $p_{cl}(\cdot|x)$ 用于判断一首诗 x 属于上述三种类别中的哪一种，并定义整体质量评分器 R_4 如下：

$$R_4(x) = \sum_{i=1}^{3}p_{cl}(k|x)*k \qquad (2.1.6)$$

即一首生成的诗歌，整体越像名家名作则其整体得分越高。

基于以上自动评分器，可以定义一首诗在这些评价指标上的整体得分为：

$$R(x) = \sum_{k=1}^{4}\alpha_k*R_k \qquad (2.1.7)$$

并定义对应的强化学习损失为：

$$L_{RL}(\theta) = -E_{x\sim p_\theta(\cdot|w)}[R(x)] \qquad (2.1.8)$$

最终的训练损失为传统 MLE 损失以及强化学习损失的加权和：

$$L(\theta) = (1-\beta)*L_{MLE}(\theta)+\beta*L_{RL}(\theta) \qquad (2.1.9)$$

基于式（2.1.9），可以进一步采用前述的互强化学习进行训练。

区别于以往的强化学习模型，该工作同时训练两个不同的生成器 $p_{\theta1}$ 和 $p_{\theta2}$。在训练过程中，如果某个生成器（例如 $p_{\theta1}$）总是能生成评分更高的诗歌，那么另一个生成器（例如 $p_{\theta2}$）应该更多地借鉴前者的写作模式（最小化两个生成器的预测分布之间的距离）。具体算法可以参考图 4，具体不再赘述。

Algorithm 1　Mutual Reinforcement Learning

Set history reward lists V_1 and V_2 empty;

for number of iterations **do**

　Sample a mini batch from the training set;

　for each keyword w in the mini batch **do**

　　Sample poems $x^1\sim p_{\theta_1}(\cdot|w)$ and $x^2\sim p_{\theta_2}(\cdot|w)$;

　　Add rewards $R(x^1)$ into V_1 and $R(x^2)$ into V_2;

　end for

　Set $L_M(\theta_1) = L(\theta_1)$ and $L_M(\theta_2) = L(\theta_2)$;

　if mean rewards $\overline{V_2} > \overline{V_1} * (1 + \delta_2)$ **then** $L_M(\theta_1) = L(\theta_1) + KL(p_{\theta_2}||p_{\theta_1})$;

　else if $\overline{V_1} > \overline{V_2} * (1 + \delta_2)$ **then** $L_M(\theta_2) = L(\theta_2) + KL(p_{\theta_1}||p_{\theta_2})$;

　end if

　update θ_1 with $L_M(\theta_1)$, θ_2 with $L_M(\theta_2)$;

end for

图 4　互强化学习算法

3）生成案例

图 5 给出了不同模型生成的诗歌,可以看到,所提出的互强化学习模型生成的诗歌用词更加多样,整体意境更加一致,上下文衔接也更加自然。

(1) Base	山色侵衣袂|风声入翠微|夕阳明月上|何处是渔矶 The color of mountains blends with the clothing, and the sound of the wind reverberates among green hills. In the light of sunset and bright moon, where is the fishing jetty?
(2) MRL	山色寒侵晓|溪声夜扣舷|小窗明月下|寂寞对床眠 The color of mountains in the morning seems to be cold, and during the night the sound of streams pats the boat. In the moonlight and beside the small window, I fall asleep solitarily.
(3) Mem	梧桐叶下凤凰枝|鸿雁南飞又一时|今夜月明双鬓雪|故人何处是君期 Leaves and branches of the phoenix tree grow tier upon tier. It is already the season when the wild gooses fly to the south. The bright moonlight covers my grey hair. My friend, when will you go back?
(4) MRL	梧桐叶叶已凋残|蟋蟀无声夜漏阑|明月满窗霜露冷|微风吹雨入帘寒 Leaves of the phoenix tree withered already. Crickets are silent and the night is going to end. Moonlight shines through the window, with frost and dew. The breeze blows rain to the curtains, making the house cold.
(5) Mem	三十年前事已非|敢言吾道岂无违|可怜万里归来晚|一片青山眼底飞 Thirty years have passed, and everything has changed. I dare to say that my road is not the same as before. It is a pity to come back late from tens of thousands miles away, and green hills are flying under my eyes.
(6) MRL	老去无心听管弦|一杯浊酒已醺然|诗成捻烛对前夜|梦到西窗月满船 I don't like listening to music anymore when getting old. Just a cup of cheap wine makes me drunk. In the light of candles, I write a poem at night, and dream that through the west window, I see the boat is filled with moonlight.
(7) GT	白鸟营营夜苦饥|不堪薰燎出窗扉|小虫与我同忧患|口腹驱来敢倦飞 A mosquito is flying around and feeling too hungry at night. It flies out of the window because of the smoke. It is just like me, sharing the same worry: if driven by hunger, we both choose to fly even if we are already exhausted.

图 5　不同模型生成的诗歌对比

其中 Base 和 Mem 为对比的基线模型,MRL 为所提出的互强化学习模型。同一对实线中的诗歌为同一关键词所生成。

（2）基于无监督风格解耦的风格诗歌生成

1）研究问题

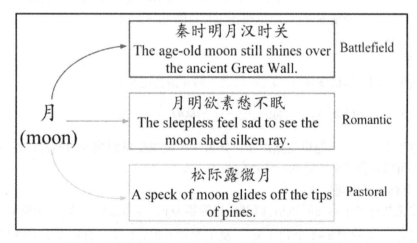

图 6　人类创作的包含同一主题词但属于不同风格的诗句

具有丰富多样的风格是中文古典诗歌的另一大特征。即使描写相似的内容与主题,人类诗人也能创作出不同风格的诗句,如图 6 所示。现有模型生成的诗歌往往不具备显著的风格特征,在内容和意境上趋于同一化。这一缺点大大损害了自动生成的诗歌的创新性、文学性和趣味性,降低了使用相关诗歌生成系统的用户体验。风格创作是人类诗人特有的能力。探索如何控制所生成诗歌的风格,增强诗歌的风格区分度,不仅能提升用户体验,也有助于类人 AI 的构建和探索可计算性创新。

2）研究方法

a. 方法概述

为了解决上述问题，该工作提出了一种基于互信息（Mutual Information, MI）的方法以实现无监督的风格解耦合。由于已有的古典诗歌数据缺乏对应的风格标签。要为每首诗歌人工标注一个风格标签，既费时费力，又缺乏灵活性。本工作提出了一种无监督的方法来避免人工标注。假设古诗中存在 K 种不同的风格，并在模型的训练过程中最大化这些风格之间的差异。

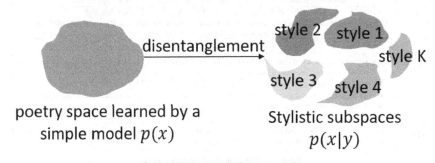

图 7　风格空间划分解耦示意图

通过这样的方式，能将古诗在空间上依据风格自动划分和聚集成 K 个不同的类别（如图 7），同时能控制生成的诗歌所属的类别。这一方法是完全无监督的，无需任何人工标注的数据。同时本方法具有较大的灵活性，通过在模型训练前设置 K 的具体数值，能够任意调节模型在风格区分上的精细程度，以生成指定数目的风格类别。

b. 具体方法

• 互信息

给定两个不同的随机变量 X, Y，它们之间的互信息定义如下：

$$I(X,\ Y) = \iint p(X,\ Y)\log\frac{p(X,\ Y)}{p(X)p(Y)}dXdY \tag{2.2.1}$$

互信息用于度量一个随机变量由于已知另一个随机变量而减少的不肯定性，这种不确定性的减少可以视作两个变量相互依赖的紧密程度。

• 引入互信息的诗句生成

可以定义共有 K 个不同的风格，以及风格标签为 y, $y \in \{1,2,3\ldots,\ K\}$。同时设生成器为 p_θ，则在给定上文的前 $n-1$ 个句子 $x_{i:\ i-1}$ 及主题词 w 时，生成当前句子 x_i 的概率分布为：$p_\theta(x_i | x_{1:\ i-1},\ w)$。由于需要控制所生成的句子的风格，不妨将风格标签也当作一种给定的条件进行输入，得到条件分布 $p_\theta(x_i | x_{1:\ i-1},\ w,\ y)$。

因为缺乏标注数据，我们不知道每一个诗句 x_i 对应的真实风格标签，所以模型在训练的过程中也就无法构建起 x_i 和 y 之间的联系。为了促使生成的诗句紧密依赖所输入的风格 y，可以最大化风格分布和诗句分布之间的互信息 $I(p_{sty},\ p_\theta)$。进一步地，可以简单假设风格分布为均匀分布,即 $p_{sty}(y=k)=\dfrac{1}{K}$, $k=1,2..$, K。

依据上述的假设和定义,可以进一步推导出如下的互信息形式:

$$I(p_{sty},\ p_\theta)=\sum_{k=1}^{K}p(y=k)\int_{x_i|x_{1;\ i-1},\ w,\ y=k}\log\frac{p(y=k,\ x_{1;\ i},\ w)}{p(y=k)p(x_i|x_{1;\ i-1},\ w,\ y)}dx_i$$

$$=\int_{x_i|x_{1;\ i-1},w}\sum_{k=1}^{K}p(y=k|x_i)\log p(y=k|x_i)dx_i+\log K \qquad (2.2.2)$$

$$\geqslant\sum_{k=1}^{K}p(y=k)\int_{x_i|x_{1;\ i-1},\ y=k}\log q_\phi(y=k|x_i)dx_i \qquad (2.2.3)$$

$$\approx\frac{1}{K}\sum_{k=1}^{K}\log\left\{softmax\left(W\frac{1}{n_i}\sum_{j=1}^{n_i}expect(j;\ k,\ x_i)\right)[k]\right\} \qquad (2.2.4)$$

由于式(2.2.2)中的一个诗句 x_i 属于第 k 中风格的后验概率 $p(y=k|x_i)$ 难以直接求出,因此可以推导出该式的一个变分下界式(2.2.3)并进行优化。其中以一个参数为 ϕ 的分类器 $q_\phi(y=k|x_i)$ 来近似估计原本真是的后验概率。即使如此,依据式(2.2.3)在生成每一诗句时,也需要遍历所有可能的候选诗歌并将其积分计算。假设字表为 V,大小为 $|V|$,生成七言绝句时所有可能的候选诗句数量将达到 $|V|^7$。一一遍历计算这些诗句耗费的时间难以接受。

为了加速计算,该工作采用了一种计算的方式,将式(2.2.3)近似为式(2.2.4)。其中 W 为待学习的参数矩阵,softmax 为归一化函数。$expect(j;\ k,\ x_i)$ 是第 i 句诗句中的第 j 个字的概率分布与对应的词嵌入向量的加权均值,具体计算如下:

$$expect(j;\ k,\ x_i)=\sum_{c\in V}e(c)*p_\theta(x_{i,\ j}=c|x_{1;\ i-1},\ x_{i,1,\ j-1},\ w,\ y) \qquad (2.2.5)$$

其中 $e(c)$ 为字符 c 的嵌入向量。

可以将式(2.2.4)看作一项正则项,记为 L_{reg},则模型的训练只需最大化如下的函数:

$$L(\theta)=\log p_\theta(x_i|x_{1;\ i-1},\ w)+\lambda L_{reg} \qquad (2.2.6)$$

式(2.2.6)的第一项是一项风格无关的似然项,用以保证生成的诗句具有足够的通顺性和上下文关联性;第二项是一项风格正则项,用于确保生成的诗句在属性上能够紧密依赖于所输入的风格标签,从而实现风格控制。

在模型训练收敛后,用户可以手动指定每一诗句的风格标签 y。也可以在给定首句 x_1 的情况下,用模型中内嵌的分类器 $q_\phi(y=k|x_i)$ 自动预测得到首句的风格标签,并在后续的句子生成时使用这一标签,以保证所生成诗歌的风格意境整体性。

3)生成案例

图 8 展示了在固定同样的首句时,指定不同的风格标签,所提出的模型能够生成具有足够风格差异性的诗歌。

浊酒一杯聊酩酊，
After a cup of unstrained wine,
I have been a little drunk
白云千里断鸿濛。
I saw the cloud split the sky apart.
马蹄踏破青山路，
On horseback, I pass through every road across the mountain,
惆怅斜阳落日红。
but can only watch the red sun falling down with sorrow.

浊酒一杯聊酩酊，
After a cup of unstrained wine,
I have been a little drunk
扁舟何处问渔樵。
With a narrow boat, where could I find the hermits?
行人莫讶归来晚，
Friends, don't be surprised that I come back so late,
万里春风到海潮。
I have seen the great tide and the grand spring breeze.

浊酒一杯聊酩酊，
After a cup of unstrained wine,
I have been a little drunk
浮云何处觅仙踪。
I wonder on which cloud I can see the presence of the gods.
迢迢十二峰头月，
The moon above the mount seems farther and farther.
漠漠千山暮霭浓。
The mist among the hill becomes thicker and thicker.

图8 给定同样的首句和不同的风格标签,模型生成的不同七言绝句

（3）基于变分自动编码器的情感可控诗歌生成工作

1）研究问题

对于人类而言,诗歌创作的目的不仅是为了记录事件和发表评论,另一个十分重要的目的是抒发情感,如图9中的两首诗歌分别表达了时光逝去的悲伤和相逢盛宴的欢乐。可以说,自如地控制诗歌中的情感表达是一个人类诗人必备的能力。因此,对于一个诗歌自动生成系统而言,能够准确地控制诗歌的情感也是对其的基础要求。尽管近些年来的神经网络诗歌生成工作在诗歌生成质量方面取得了显著的进展,但他们都忽略了对诗歌情感的控制。情感控制的缺乏使得生成的诗歌面临两个问题：（1）情感崩塌。生成的诗歌往往缺乏情感的表达,通常是无意义的描述信息；（2）情感偏置。受限于诗歌语料库中大多数诗歌的情感表达是悲伤的,在此语料基础上训练得到的模型,生成的诗歌往往也倾向于悲伤的情感表达。这两个问题不仅影响了诗歌的情感表达,也进一步损害了诗歌的语义和多样性。

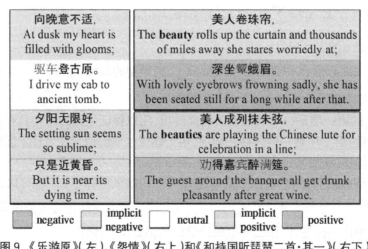

图9 《乐游原》(左)、《怨情》(右上)和《和持国听琵琶二首·其一》(右下)

2）研究方法

a. 方法概述

为了解决以上两个问题,九歌系统关注于情感可控的诗歌生成。由于缺乏可供研究的情感诗歌语料库,该工作首先构建了一个人工标注的篇章级情感诗歌数据集。如图10中所示,当诗歌整体情感确定时,不同句子之间的情感是转移变化的,且同一情感极性下情感的强度也有所不同。因此,该工作对诗歌的情感做了篇章级的细粒度标注,为每首诗不仅标注了整体情感,同时还标注了其中每一句中的情感表达,并且将情感类别分为五类,分别是"悲"、"略悲""中性""略喜""喜"。数据集统计如图 10 所示。

位置	#悲	#略悲	#中性	#略喜	#喜
整体	289	1,467	1,328	1,561	355
句 1	143	1,023	2,337	1,310	187
句 2	268	1,138	1,936	1,423	235
句 3	212	1,107	2,320	1,083	278
句 4	315	1,317	1,650	1,357	361

图 10　情歌诗歌数据集统计

然而有标注诗歌的数量相对于整个诗歌语料库的诗歌数量仍然很小,且标注耗费人力物力,因此直接利用完全有监督的模型,无法利用大规模的无标注诗歌语料库,不适用于这一任务。在这种情况下,该工作引入在图像生成领域被广泛使用的半监督变分自动编码机模型(Semisupervised Variational Autoencoder, SemiVAE)到情感诗歌生成任务中,它可以同时利用有标注数据和无标注数据,从而更有效地控制情感和保持语义。由于在诗歌体裁场景下,情感和语义无法独立分开,如诗句中出现"杜鹃"时,不仅是对杜鹃鸟的描写,同时也是一种悲伤情感的表达。因此,该工作将半监督变分自动编码机模型扩展到半监督条件变分自动编码机模型,将模型中的隐变量空间同时基于上下文和情感,以捕获广义的情感相关语义。与此同时,由于诗歌是篇章级的文本,如前所述,在确定的整体情感下句子之间的情感是转移变化的,因此该工作也设计了一个时间序列模块来学习不同句子之间的情感转移模式。当用户输入关键词,以及对应的篇章级或者句子级的情感控制时,模型可以生成指定情感的诗歌,而当用户没有给定情感控制时,模型可以依据输入的关键词,预测出合适的整体情感以及对应的句子之间的情感转移模式,进而生成情感表达流畅自然的诗歌。

b. 具体方法

该工作设计的半监督情感可控的诗歌生成模型由两个模块组成,分别是整体情感控制模块和时序情感控制模块。我们首先对情感可控的诗歌生成任务给予形式化定义,再分别介绍两个模块的具体方法,最后介绍该方法的训练过程。

• 形式化定义

令 y 表示诗歌的整体情感, $\{y_1, y_2,..., y_n\}$ (简写形式为 $y_{1:n}$)则表示每一句抒发的情感。$p_l(x, w, y, y_{1:n})$ 和 $p_u(x, w)$ 分别表示有标注数据和无标注数据的经验分布。当给定关键词 w ,情感可控的诗歌生成任务的目标是生成一首整体情感为 y ,且其中第 i 句诗句 x_i 的情感为 y_i 的诗歌 x 。

• 整体情感控制模块

该模块采用半监督的情绪条件变分自动编码机模型来控制整体情感,其概率图如图 11 中所示。该模块的目标是学习已知 w, x, y, z 的条件联合分布 $p(x, y, z|w)$,其可拆解为:

$$p(x, y, z|w)=p(x|y, z, w)p(z|y, w)p(y|w) \qquad (2.3.1)$$

其中 z 为隐变量。

公式(3.1)描述了诗歌的生成过程:模型首先根据关键词 w 为诗歌预测一个合适的整体情感 y(如果未给定),再根据关键词(代表内容)和情感采样隐变量 z,最后根据关键词、情感和隐变量生成诗歌 x。注意,在生成过程中并不假设隐变量 z 和情感 y 的独立,相反基于关键词和情感获得 z,因为情感和内容在诗歌中是互相耦合无法分开的。

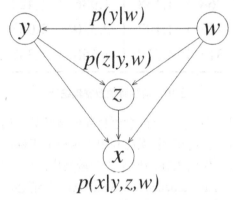

图 11　整体情感控制模块概率图

该模块采用半监督模型,同时考虑有标注和无标注数据。

对于有标注数据,该模块需要最大化 $p(x, y|w)$,其表示当关键词给定时,整首诗和情感的条件联合分布,其可以进一步表示为:

$$\log p(x,y|w) = \int q(z|x,y,w)\log p(x,y|w)dz$$

$$= \int \left[q(z|x,y,w)\log \frac{p(x, y,z|w)}{q(z|x,y,w)} + q(z|x,y,w)\log \frac{q(z|x,y,w)}{p(z|x,y,w)} \right]dz \quad (2.3.2)$$

$$= \int q(z|x,y,w)\log \frac{p(x,y,z|w)}{q(z|x,y,w)}dz + KL[q(z|x,y,w)\| p(z|x,y,w)]$$

其中 $q(z|x, y, w)$ 为后验分布的估计。进一步地可以推导出其变分下界:

$$\log p(x, y|w) \geq \int q(z|x, y, w)\log \frac{p(x, y, z|w)}{q(z|x, y, w)}dz$$

$$= \int q(z|x, y, w)\log \frac{p(x|y, z, w)p(z|y, w)p(y|w)}{q(z|x, y, w)}dz \quad (2.3.3)$$

$$= \int q(z|x, y, w)\log p(x|y, z, w)dz$$

$$-KL[q(z|x, y, w)\|p(z|y, w)]+\log p(y|w)$$

则有标注数据的训练目标即为：

$$\log p(x,\ y\,|\,w) \geqslant \mathbb{E}_{q(z|x,\ y,\ w)}\Big[\log p(x\,|\,y,\ z,\ w)\Big]$$
$$-KL[q(z\,|\,x,\ y,\ w)\|p(z\,|\,y,\ w)]+\log p(y\,|\,w)　　（2.3.4）$$
$$=-\mathcal{L}(x,\ y,\ w)$$

其中 $p(y\,|\,w)$ 为已知关键词时整体情感的分布，表示模型会同时训练一个整体情感分类器，当没有提供诗歌的整体情感标签时，可以根据关键词预测一个合适的情感标签。

对于无标注数据，情感标签 y 未知，则模型需要最大化的是 $p(x\,|\,w)$ 条件分布，其可以表示为：

$$\log p(x\,|\,w)=\iint q(y,z\,|\,x,w)\log p(x\,|\,w)\,dydz$$
$$=\iint q(y,z\,|\,x,w)\log\frac{p(x,y,z\,|\,w)}{q(y,z\,|\,x,w)}\,dydz + KL[q(y,z\,|\,x,w)\|p(y,z\,|\,x,w)]　（2.3.5）$$

则可以推出其变分下界为：

$$\log p(x\,|\,w) \geqslant \iint q(y,\ z\,|\,x,\ w)\log\frac{p(x,\ y,\ z\,|\,w)}{q(y,\ z\,|\,x,\ w)}\,dydz$$
$$=\mathbb{E}_{q(y|x,\ w)}\Big[-\mathcal{L}(x,\ y,\ w)-\log q(y\,|\,x,\ w)\Big]　　（2.3.6）$$
$$=-\mathcal{U}(x,\ w)$$

其中 $q(y\,|\,x,\ w)$ 用于在训练时为无标注数据采样情感标签。

最终整体情感控制模块训练时的损失函数为：

$$\mathcal{S}_1=\mathbb{E}_{p_l(x,\ y,\ w)}\Big[\mathcal{L}(x,\ y,\ w)-\log q(y\,|\,x,\ w)\Big]+\mathbb{E}_{p_u(x,\ w)}\Big[\mathcal{U}(x,\ w)\Big]　　（2.3.7）$$

- 时序情感控制模块

由于诗歌是篇章级的文本，在确定的整体情感下，句子的情感表达可以是变化的且在句间存在情感的转移。因此，该工作提出时序情感控制模块如图 12 所示，来捕获句子之间的情感转移模式。

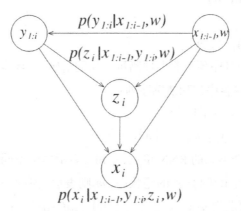

图 12　时序情感控制模块(生成 x_i 句时)概率图

该模块首先定义诗歌中存在两个序列,分别是内容序列 $x_{1:\ n}$ 和情感序列 $y_{1:\ n}$。由于在诗歌中情感和内容(语义)是互相耦合关联的,某一句的情感会同时受到前序句子的内容和情感的影响,反之某一句的内容也会由前序句子的情感和内容左右。因此,该模块对内容序列和情感序列交互式地建模,具体来说,该模块学习一个联合分布 $p(x_{1:\ n},\ y_{1:\ n}|w)$,并将其分解为:

$$\log p(x_{1:\ n},\ y_{1:\ n}|w) = \log p(x_1,\ y_1|w) + \sum_{i=2}^{n}\log p(x_i,\ y_i|x_{1:\ i-1},\ y_{1:\ i-1},\ w) \quad (2.3.8)$$

对于有标注数据,$y_{1:\ n}$ 是已知的。当生成第 i 句 x_i 时,仿照整体情感控制模块,将 $x_{1:\ i-1}$,$y_{1:\ i-1}$,w 看作条件替换原式中的 w,可以得到对 x_i,y_i 的变分下界:

$$\log p(x_i,\ y_i|c) \geqslant -L(x_{1:\ i},\ y_{1:\ i},\ w) \quad (2.3.9)$$

其中 c 表示 $x_{1:\ i-1}$,$y_{1:\ i-1}$,w。此时可以对其中的每一项因子进行优化。

对于无标注数据,$y_{1:\ n}$ 是未知的。当生成第 i 句 x_i 时,将 $y_1,...,y_i$ 视作隐变量,并参考整体情感控制模块,可以得到优化目标为:

$$\log p(x_i|x_{1:\ i-1},\ w) \geqslant \mathbb{E}_{q(y_{1:\ i}|x_{1:\ i},\ w)}\left[-\mathcal{L}(x_{1:\ i},\ y_{1:\ i},\ w) - \log q(y_{1:\ i}|x_{1:\ i},\ w)\right]$$
$$= -\mathcal{U}(x_{1:\ i},\ w) \quad (2.3.10)$$

由于情感序列 $y_{1:\ i}$ 为指数级遍历空间,该模块使用蒙特卡洛采样的方法来估计公式中的期望值,即:

$$-\mathcal{U}(x_{1:\ i},\ w) = \frac{1}{M}\sum_{k=1}^{M}\left[-\mathcal{L}(x_{1:\ i},\ y_{1:\ i},\ w) - \log q(y_{1:\ i}|x_{1:\ i},\ w)\right] \quad (2.3.11)$$

其中 $q(y_{1:\ i}|x_{1:\ i},\ w)$ 可以被分解为:

$$q(y_{1:\ i}|x_{1:\ i},\ w) = q(y_1|x_{1:\ i},\ w)q(y_2|x_{1:\ i},\ y_1,\ w)...q(y_i|x_{1:\ i},\ y_{1:\ i-1},\ w) \quad (2.3.12)$$

由于在时序模块采取逐句的生成模式,因此可以假设未来的内容对当前句和过去句子表达的情感没有影响,即 $x_j\ (j>i)$ 与 y_i 是相互独立的。因此采样过程等价为:

$$y_1 \sim q(y_1|x_1,\ w),$$
$$y_2 \sim q(y_2|x_{1:2},\ y_1,\ w),$$
$$...,$$
$$y_i \sim q(y_i|x_{1:\ i},\ y_{1:\ i-1},\ w). \quad (2.3.13)$$

这表明需要构建一个时序预测器去预测每一句的情感 y_i,具体而言,两个循环神经网络(RNN)被用来分别建模内容序列和情感序列:

$$c_i = h_1(c_{i-1},\ x_i),\ c_0 = f_1(w),$$
$$m_i = h_2(m_{i-1},\ c_{i-1},\ y_{i-1})m_0 = f_2(w),\ y_0 = y \quad (2.3.14)$$

其中 h_1 和 h_2 表示两个不同的 RNN 单元,f_1 和 f_2 表示两个不同的 MLP 函数,y 是整体情感,c_i 代表当输入 x_i 时内容 RNN 序列的隐状态,m_i 则表示当输入 c_{i-1},y_{i-1} 时情感 RNN 序列的隐状态。进一步地即可获得 $q(y_i|x_{1:\ i},\ y_{1:\ i-1},\ w) = softmax(m_i)$。

综合考虑有标注数据和无标注数据，可以得到时序情感模块的损失函数为：

$$S_2 = \mathbb{E}_{p_l(x,\ y,\ y_{1:\ n},\ w)} \sum_{i=1}^{n} \left[-\mathcal{L}\left(x_{1:\ i},\ y_{1:\ i},\ w\right) - \log q\left(y_i \mid x_{1:\ i},\ w\right) \right]$$

$$+ \mathbb{E}_{p_u(x,\ w)} \sum_{i=1}^{n} \mathcal{U}\left(x_{1:\ i},\ w\right)$$

$$(2.3.15)$$

• 模型训练

当仅使用时序情感控制模块生成诗歌时，仍需训练一个分类器 $p(y|w)$ 去预测整体情感 y，这里虽然可以通过在时序控制模块的损失函数中简单增加 $-\log p(y|w)$ 损失项实现，但经过实验发现这会给情感序列的 RNN 链带来噪声，并且使训练过程变得不稳定。因此该工作将整体情感控制模块和时序情感控制模块结合，同时优化两个模块的损失函数，最终的优化目标为 $\mathcal{S} = \mathcal{S}_1 + \lambda \mathcal{S}_2$，其中超参数 λ 用于平衡整体情感的控制和句子的时序情感控制。除此之外，模型中也引入了退化技巧和 BOW 损失函数来缓解 VAE 在训练过程中的隐变量消亡问题。

3）生成案例

图 13 展示了输入关键词为"泠泠"，意为流水的声音，模型生成的整体情感为"略悲"和"喜悦"的两首诗歌。可以看到，这两首诗歌不仅把握住了诗歌的整体情感，同时在诗句之间的情感转移也类似于人类创作的诗歌一般自然。

图 13　输入关键词"泠泠"，整体情感分别为"略悲"和"喜"生成的两首诗歌

3. 未来方向

诗歌自动生成经历了多年的发展，产生一系列的科研论文成果和相应的诗歌生成系统。以清华"九歌"、华为"乐府"、微软"绝句律诗"等系统为代表的中文诗歌生成模型目前已经能自动生成质量较好的多种体裁的诗歌。然而，这一方向依然有许多尚未解决且值得

探索的问题。

(1)典故的使用

在中文古典诗歌中存在大量的典故。例如唐代李益的《塞下曲》:"伏波惟愿裹尸还,定远何须生入关。莫遣只轮归海窟,仍留一箭定天山。"这首诗中的每一句都有一个典故。典故的使用是古诗词一大特点,其中表达的语义超越了典故词本身的字面含义。让模型理解和生成典故,涉及对典故意义、历史背景、古代人物关系等知识的深度理解和推理。

(2)修辞手法的使用

修辞是文学文本的一大特征,在自动生成的文本中使用修辞能够提升文本的文学性和可读性。在中文古诗词中,存在大量精妙的修辞手法。例如:

比喻:忽如一夜春风来,千树万树梨花开。(岑参《白雪歌送武判官归京》)

拟人:羌笛何须怨杨柳,春风不度玉门关。(王之涣《凉州词》)

双关:东边日出西边雨,道是无晴却有晴。(刘禹锡《竹枝词》)

如何在生成的古典诗歌中引入不同的修辞手法也是一个有待探索的问题。

目前,自动生成的诗歌与优秀诗人的诗作相比,仍有较大的差距。自动诗歌生成这一任务在未来还有很长的路要走。"九歌"等作诗系统推出之后,在社会上引起了广泛的讨论。有人惊叹于人工智能的飞速进步,也有人极力反对 AI 创作的文学艺术,认为机器的作品缺乏情感与思想。或许机器创作者与人类创作者不是非此即彼的关系,而是相互相启发互相促进的关系。目前机器生成的诗歌远远不如人类诗作。诗歌生成模型的训练过程即是向人类学习和"取经"的过程。当技术不断发展,机器偶尔也能产生出一些令人眼前一亮的词句。而这些基于概率统计和随机性诞生的结果,也能够给人类创作者以启发。人与机器相互启发和促进,这可能是未来人和 AI 在创作上的应许的关系。

参考文献

[1] PABLO GERVÁS. An expert system for the composition of formal Spanish poetry[M]. London: Springer, 2001.

[2] XIAOFENG WU, NAOKO TOSA, RYOHEI NAKATSU. New hitch haiku: An interactive renku poem composition supporting tool applied for sightseeing navigation system[C]// Proceedings of the 8th international conference on entertainment computing. Paris, 2009: 191–196.

[3] HISAR MARULI MANURUNG. An evolutionary algorithm approach to poetry generation[D]. Edinburgh: University of Edinburgh, 2003.

[4] 周昌乐,游维,丁晓君. 一种宋词自动生成的遗传算法及其机器实现[J]. 软件学报,2010,21(3):16-19.

[5] LONG JIANG, MING ZHOU. Generating Chinese couplets using a statistical MT approach[C]// Proceedings of the 22nd International Conference on Computational Linguistics.Manchester, 2008: 377–384 .

[6] JING HE, MING ZHOU, LONG JIANG. Generating Chinese classical poems with statistical machine translation models[C]//Proceedings of the 26th AAAI Conference on Artificial Intelligence. Toronto, 2012: 1650–1656.

[7] RUI YAN, HAN JIANG, MIRELLA LAPATA, et al. I, poet: automatic Chinese poetry composition through a generative summarization framework under constrained optimization[C]// Proceedings of the 23rd International Joint Conference on Artificial Intelligence. Beijing, 2013: 2197–2203.

[8] XINGXING ZHANG, MIRELLA LAPATA. Chinese poetry generation with recurrent neural networks[C]//

Proceedings of the 2014 Conference on Empirical Methods in Natural Language Processing. Doha, 2014: 670–680.

[9]　MARJAN GHAZVININEJAD, XING SHI, YEJIN CHOI, et al. Generating topical poetry[C]// Proceedings of the 2016 Conference on Empirical Methods in Natural Language Processing. Texas, 2016: 1183–1191.

[10]　JACK HOPKINS, DOUWE KIELA. Automatically generating rhythmic verse with neural networks[C]// Proceedings of the 55th Annual Meeting of the Association for Computational Linguistics. Association for Computational Linguistics, 2017: 168–178.

[11]　XIAOYUAN YI, MAOSONG SUN, RUOYU LI, et al. Chinese poetry generation with a working memory model[C]// Proceedings of the Twenty-Seventh International Joint Conference on Artificial Intelligence. Stockholm, 2018: 4553–4559.

[12]　RUI YAN. I, poet: automatic poetry composition through recurrent neural networks with iterative polishing schema[C]// Proceedings of the Twenty-Fifth International Joint Conference on Artificial Intelligence. New York, 2016: 2238–2244.

[13]　XIAOPENG YANG, XIAOWEN LIN, SHUNDA SUO, et al. Generating thematic Chinese poetry using conditional variational autoencoders with hybrid decoders[C]// Proceedings of the Twenty-Seventh International Joint Conference on Artificial Intelligence. Stockholm, 2018: 4539–4545.

[14]　ZHE WANG, WEI HE, HUA WU, et al. Chinese poetry generation with planning based neural network[C]// Proceedings of COLING 2016, the 26th International Conference on Computational Linguistics: Technical Papers. Osaka, 2016: 1051–1060.

[15]　XIAOYUAN YI, MAOSONG SUN, RUOYU LI, et al. 2018. Automatic Poetry Generation with Mutual Reinforcement Learning[C]//Association for Computational Linguistics. Proceedings of the 2018 Conference on Empirical Methods in Natural Language Processing. Brussels, 2018: 3143–3153.

[16]　CHENG YANG, MAOSONG SUN, XIAOYUAN YI, et al. 2018. Stylistic Chinese Poetry Generation via Unsupervised Style Disentanglement[C]//Association for Computational Linguistics. Proceedings of the 2018 Conference on Empirical Methods in Natural Language Processing. Brussels, 2018: 3960–3969.

[17]　HUIMIN CHEN, XIAOYUAN YI, MAOSONG SUN, et al. Sentiment-Controllable Chinese Poetry Generation[C]// Proceedings of the Twenty-Seventh International Joint Conference on Artificial Intelligence. Macao, 2019: 4925-4931.

机器翻译发展前沿

余正涛

昆明理工大学信息工程与自动化学院

摘要：机器翻译研究在非人工干预的情况下，利用计算机自动地实现不同语言之间的转换，是自然语言处理和人工智能的重要研究领域。本文首先从认识论和发展起伏的角度，分别对机器翻译的演进历程进行了概述，着重于介绍各个时期的发展概况、基本方法和核心技术。之后按照翻译模型、低资源翻译、领域翻译、多语言翻译以及多模态翻译等分类体系详细介绍了机器翻译领域的最新研究进展。最后在上述考察和分析的基础上，对机器翻译研究的近期发展方向进行了总结与展望。

关键词：人工智能；自然语言处理；机器翻译

A Review of the Frontiers of Machine Translation Development

Yu Zhengtao

ABSTRACT：Machine translation research is an important research field of natural language processing and artificial intelligence, which uses computers to automatically realize the conversion between different languages without human intervention. This paper firstly outlines the evolution of machine translation from the perspectives of epistemology and development ups and downs, focusing on the development overview, basic methods and core technologies of each period. Afterwards, the latest research progress in the field of machine translation is introduced in detail according to the classification systems of translation model, low-resource translation, domain translation, multi-language translation, and multi-modal translation. Finally, on the basis of the above investigation and analysis, we summarize and prospect the recent development direction of machine translation research.

Keywords：Artificial Intelligence; Natural Language Processing; Machine Translation

引言

　　机器翻译是在保持语义一致性的基础上，利用计算机实现两种语言的自动转换的过程，是人工智能和自然语言处理的重要研究内容。自上世纪 40 年代机器翻译任务产生以来，机器翻译经历了从"理性主义"阶段到"经验主义"阶段的变迁。期间又大体经历了从兴起到受挫、再到恢复，最后到复兴四个阶段。随着深度学习理论的发展和层出不穷新技术的涌现，目前基于端到端结构的神经机器翻译（ Neural Machine Translation, NMT ）已经在性能上远远超越过去的方法并取得良好的工业界应用，成为百度、Google 等国内外公司在线机器翻译系统的核心技术，解决了当今人们大部分的翻译需求。机器翻译作为打破不同国家和文化间"语言屏障"问题的关键技术、作为推进"一带一路"的有力工具，对于促进民族团结、加强文化交流和推动对外贸易等方面均具有重要意义。

1. 机器翻译发展历程

机器翻译肇始于"机器翻译之父"——Warren Weaver 的奇妙构思:从密码学角度来看,一本中文书籍可由与之对应的英文书籍"编码"而来,而逆向的中文到英文的自动翻译过程则被视为"解码"过程。沿袭这种思路,他于 1949 年在备忘录《翻译》中正式提出了机器翻译的概念:即利用计算机将一种自然语言(源语言)转换为另一种自然语言(目标语言)的过程。

1.1 从认识论的角度看机器翻译发展

从认识论的角度来看,机器翻译大体历经了 2 个发展阶段:基于规则的"理性主义"阶段(1949-1992)和基于统计的"经验主义"阶段(1993-今)。

(1)理性主义阶段

理性主义阶段的研究主要从符合人类对语言和语言学的直观认知出发,强调规则的描述与利用,语言学家认为语言的表述是有规则可依的,因此基于规则的机器翻译是由语言学专家先总结不同自然语言之间的转换规律,再以规则形式表示翻译知识,最后由计算机进行规则的执行。由于有语言学专家的深度参与,句法、词法和语义等深层次自然语言特性可以被充分挖掘,但由于自然语言的灵活特性,基于规则的机器翻译面临着规则提取困难、程序开发难度大、人工成本高等困难。

(2)经验主义阶段

随着互联网的兴起和硬件运算能力的大幅提升,基于统计特性的统计机器翻译得到重视,并在 20 世纪 90 年代后开始成为机器翻译的主流模型。统计机器翻译采用数据驱动的方式,在大规模多语言文本数据上自动训练数学模型,通过数学模型对翻译过程进行描述。其基本思想是通过统计方法获取源语言与目标语言之间的翻译规律,用以指导隐结构(词语对齐、短语抽取、短语概率以及短语调序等)的构成来实现翻译,翻译过程如下:

$$\hat{E} = \arg \max_{E} P(E \mid F; \theta) \tag{1}$$

其中,θ 是指定模型的概率分布参数,由源语言 F 和目标语言 E 构成的平行句对集合,参数 θ 是从其构成中学习而来,Ê 作为翻译假设输出。

统计机器翻译通过建立概率模型来计算 F 到 E 的概率,从而进行翻译。自面世以来,统计机器翻译取得了巨大的成功,2006 年谷歌推出了 Translate 翻译平台,它的推出标志着在商业应用上,数据驱动的统计机器翻译取代了基于语言规则的机器翻译成为翻译系统的主流。尽管如此,统计机器翻译仍面临着翻译性能严重依赖于对齐特性等隐结构获取难度大、局部特征难以捕获全局依赖关系以及不易调序影响翻译流畅度等难题。

20 世纪 80 年代末,分布式表达和反向传播算法的提出使得神经网络的研究再次兴起。随后在图像识别、语音识别等领域,神经网络均取得巨大成功,学者们也因此将目光投入到自然语言处理任务上。20 世纪 90 年代,Castano 等人提出了将神经网络应用于机器翻译的思想,他们利用小规模平行语料实现了基于神经网络的翻译方法,但由于平行语料规模和硬件计算能力限制,未能取得超越性的效果。深度学习热潮兴起之后,神经网络常被用于结合统计机器翻译用于词语对齐、依存分析以及规则抽取等任务中。

2013 年,Kalchbrenner 和 Blunsom 重新总结并提出了基于神经网络的翻译方法,引起了学术界的关注。随后,多位研究者各自实现了完全基于神经网络的机器翻译模型。神经机器翻译的基本思想与统计机器翻译相同,即概率最大化。在翻译建模上不借用其他手段,只采用神经网络实现源语言到目标语言的转换。与统计机器翻译的离散表示方法不同,神经机器翻译采用连续空间表示方法（Continuous Space Representation）表示词语、短语和句子。在翻译建模上,不需要进行词对齐、短语抽取和短语概率计算等统计机器翻译的处理步骤,而是完全采用神经网络完成从源语言到目标语言的映射,神经机器翻译通常采用编码器—解码器（encoder-decoder）框架实现源序列到目标序列的转换。与统计机器翻译相比,基于编码器—解码器框架的神经机器翻译无需人工设计定义在隐结构上的特征来描述翻译规律,而是直接从训练语料中学习特征。因此,规避了由于自然语言的高度复杂性带来的大量的特征设计工作。

1.2 从发展起伏趋势来看机器翻译发展

从发展的起伏趋势来看,机器翻译又大体经历了兴起、受挫、恢复,繁荣 4 个阶段。

（1）兴起

1954 年,美国乔治敦大学和 IBM 公司协同完成了俄英机器翻译试验,拉开了机器翻译研究的序幕。1955 年到 1956 年,苏联则完成了英俄和法俄机器翻译试验。中国学术界也迅速跟进开展研究,早在 1956 年,机器翻译便以 "机器翻译"/"自然语言的数学理论" 被列入了当时的《科学发展纲要》。1959 年,中国在自制的通用电子计算机上成功进行了俄汉机器翻译试验。

在整个 20 世纪 50 年代,机器翻译研究呈不断上升的趋势。美国和前苏联两个超级大国出于军事、政治及经济目的,均对机器翻译项目提供了大量的资金支持,而欧洲国家由于地缘政治和经济的需要也对机器翻译研究给予了相当大的重视,机器翻译一时出现热潮。这个时期机器翻译虽然刚刚处于开创阶段,但已经进入了乐观的繁荣期。

（2）受挫

随着新翻译技术的出现与应用,若干机器翻译系统被陆续研制出来,借助它们人们得以直接观察和评价机器翻译系统的输出结果。但观察得到的总体印象是:机器翻译的质量与期望相差甚远。随着研究工作的逐步展开,学者们也越来越体会到语言的复杂性,越来越感受到横亘在机器翻译征途上十分困难的 "语义屏障" 问题。

转折出现在 1960 年。该年以色列著名的数学家和语言学家 Yehoshua Bar-Hillel 发表了一篇影响深远的长文——《The Present Status of Automatic Translation of languages》,文中他认为由于语义歧义的存在,通用的高质量全自动机器翻译理论上是不可能的。

1964 年,为了对机器翻译的研究进展作出评价,美国科学院成立了语言自动处理咨询委员会（Automatic Language Processing Advisory Committee,简称 ALPAC 委员会）,开始了为期两年的综合调查分析和测试。

1966 年 11 月,该委员会公布了一个题为《语言与机器》的报告（简称 ALPAC 报告）,该报告全面否定了机器翻译的可行性,并建议停止对机器翻译项目的资金支持。ALPAC 报告的影响是深远的,受此影响,美国政府对机器翻译的支持几乎停止,在长达 10 年的时间内,世界范围内对机器翻译热忱严重消退,机器翻译进入萧条期。

(3)恢复

进入 70 年代后,随着科学技术的发展和各国间交流的日趋频繁,国与国之间的语言障碍显得更为严重,人工翻译方式受限于效率和成本,已经远远不能满足需求,对机器翻译的需求急剧增加。同时,计算机科学、语言学研究的发展,特别是硬件计算能力的大幅度提升,从技术层面推动了机器翻译研究的复苏,机器翻译项目又开始发展起来,各种实用的以及实验的系统被先后推出。代表性的有 EURPOTRA 多国语翻译系统、TAUM-METEO 英法翻译系统等。

在此期间,机器翻译研究在我国也被再次提上日程。"784"工程首先对机器翻译研究做了重要的定位,随后,80 年代我国的机器翻译研究发展进一步加快,研制成功的 KY-1 和 MT/EC863 两个英汉机译系统,表明我国在机器翻译技术方面取得了长足的进步。

(4)繁荣

随着 Internet 的普遍应用,世界经济加速发展,国际交流日渐频繁。传统的人工作业的方式更加不能满足迅猛增长的翻译需求,人们对于机器翻译的需求空前增长。受此影响,机器翻译引起了学术界的高度关注,国际性的关于机器翻译研究的会议频繁召开。1990 年在芬兰赫尔辛基召开的第 13 届国际计算语言学大会提出了处理大规模真实文本的任务,开启了语言计算的一个新的历史阶段——基于大规模语料库的统计自然语言处理。在此潮流的带动下,机器翻译领域先后推出了两种新的方法论和核心技术:统计机器翻译和神经机器翻译。统计机器翻译的代表性方法是著名的 IBM 模型 1-5。其基本思想为摒弃规则集合,仅依赖大规模双语语料库,通过词对齐、短语对齐等手段自动构造翻译模型。在市场需求的推动下,统计机器翻译系统也迈入了实用化阶段。

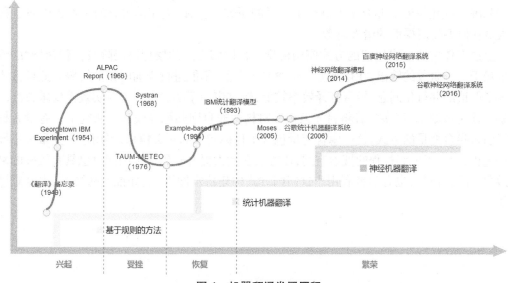

图 1　机器翻译发展历程

近年来，随着深度学习的使用，自然语言处理技术得到了进一步的发展。2013 年后，基于深度神经网络的机器翻译方法（神经机器翻译模型）异军突起，促进了翻译质量的快速提升。神经机器翻译基于数据驱动方式训练模型，不再需要进行词对齐、短语抽取和短语概率计算等统计机器翻译的处理步骤，完全采用神经网络即可完成从源语言到目标语言的映射。从翻译效果来看，神经机器翻译在翻译准确性、流畅性上均优于统计机器翻译，是目前主流的机器翻译方式。

2. 机器翻译研究进展

神经机器翻译因其所取得的优异性能和强大的数据表征能力，已经成为机器翻译领域的主要研究方法。本节力图以抛砖引玉的方式将机器翻译领域的前沿技术呈现给读者，因此侧重于对神经机器翻译中的关键技术研究进展进行分析、对比和总结。

2.1 翻译模型

自从进入神经机器翻译主导时代，新的神经网络翻译模型层出不穷。代表性的有早期的循环神经网络（RNN）及其变种（LSTM、GRU 等），以及稍后出现的 Transformer 模型等。

以上模型在解决长距离依赖、梯度问题和自我关注等问题方面具有优异的效果。以上述模型为基础，研究者们从不同侧面出发展开了大量的研究工作。其中关注度较高的有：（1）模型架构：从词嵌入构成、模型深度以及解码方向和方式利用等方面对模型结构进行改进和探讨。（2）注意力机制：注意力机制取得了令人瞩目的成功，然而神经网络的"黑盒"特性使得注意力机制的可解释性欠佳。针对注意力机制的可解释性，有学者提出了不同的看法。尽管看法相左，但无疑为神经网络可解释性工作注入了新的思考。此外，针对自注意力机制和位置嵌入等方向，也均有学者开展相应的工作。（3）开放词表（集外词）：从构词模拟、细粒度、术语挖掘等方面对开放词表（集外词）问题进行改进和讨论。除此以外，在训练目标和解码优化等方面亦有学者进行了大量的研究工作，以上充满灵感的工作也引发了科研人员在模型发展层面的诸多思考。

上述工作主要以自回归的方式使用模型。自回归方式的模型解码阶段，当前时刻的输出依赖于上一阶段的输出，在得到上一阶段输出之前，不能进行当前时刻的解码。此种方式带来了严重的并行化问题，导致翻译效率较低，较难应用于实时翻译等对实效性要求较高的场景。针对该缺陷，很多学者将目光聚焦在对构建非自回归翻译模型的研究上。有学者提出了引入隐含变量的方式，这个隐含变量包含了目标句子的语义信息，再用这个变量来指导解码过程，减小了解码过程的搜索空间，该方法在大大提升解码速度的同时也具有较好的翻译效果。除此以外，也有学者利用非自回归方式构建特定网络（例如推敲网络）来提升翻译性能。

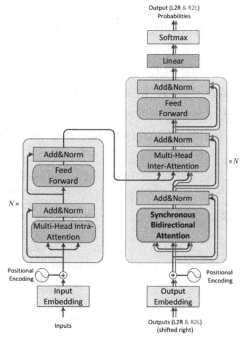

图 2   基于 Transformer 的同步双向解码

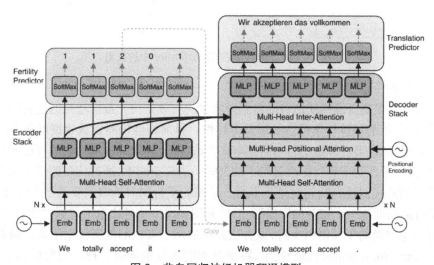

图 3   非自回归神经机器翻译模型

2.2   低资源翻译

机器翻译在大规模平行语料条件下取得了显著的效果。但是,在一些低资源型语言对的翻译任务上,平行语料规模和质量严重受限,造成的数据稀疏问题会严重影响翻译效果。因此,研究低资源条件下的机器翻译具有很高的实用价值。

（1）先验知识融合

先验知识融合是统计机器翻译用以提高低资源语言翻译效果的有效方法之一。然而对于神经机器翻译而言，由于其完全采用神经网络完成从源语言到目标语言的映射，不再使用统计机器翻译所依赖的词对齐、短语抽取、短语概率计算等词和短语处理步骤，产生的结果具有逻辑性强、流畅度好的特点。但神经网络的结构特点也同时造成了先验知识融合的困难。为克服此困难，学者们提出了诸多面向神经网络的先验知识融合方法，比如，融合词向量、融合句子结构信息、融合原型序列（prototype）和融和双语（术语）词典。

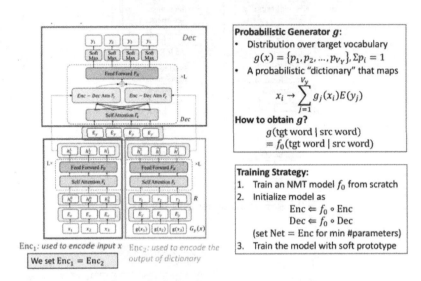

图 4　soft 原型序列在 Transformer 中的应用

（2）数据增强

数据增强是提高资源稀缺语言机器翻译质量的有效方法。数据增强通过有限的数据产生更多的数据，增加训练样本的数量以及多样性。目前神经机器领域数据增强方法主要集中于以下 4 种方式，第一种是平行句对抽取式方法，平行句对抽取从大量的可比语料中抽取平行句对，将源语言句子和目标语言句子放到同一语言空间下，通过比较源语言句子和目标语言句子之间的相似性判断句对是否平行。早期的平行句对抽取主要基于有监督方式，首先利用平行数据训练一个句对抽取模型，然后利用该模型从可比单语数据中抽取平行句对。由于需要一定规模的平行语料支持，该方法并不适用于多数的低资源型语言。随着双语词嵌入（Bilingual Word Embedding）技术，特别是无监督双语词嵌入技术的发展，无监督平行句对抽取方法也进入了研究视野。Hangya 等人首先提出了基于双语词嵌入的无监督平行句对抽取方法，但该方法仅依靠词的相似性，利用词向量的平均值对句子相似度进行评价，存在大量噪声，常常会挖掘到许多结构相似但语义不平行的句对，抽取的句对很难直接应用于下游的机器翻译任务。Hangya 等人随后又增加了对对齐单词两侧的连续片段相似性的检查，抽取质量获得了较大提升，有效提升了低资源语言神经机器翻译的性能。

伪平行数据生成是另一种重要的数据增强方法。低资源神经机器翻译缺乏训练所需的大规模高质量的平行语料，因此，很多研究者探索利用已有机器翻译模型生成伪平行语料来提升翻译性能。Zhang 等人提出了一种将源语言的单语语料自动翻译生成伪平行语料库的方法。Sennrich 等人提出了回译方法,其基本思想为首先训练一个基础翻译模型,随后利用该模型将目标语言的单语语料自动翻译为源语言,并将获得的伪平行语料作为新的训练数据投入再训练,有效提升了低资源神经机器翻译的性能。然而,在极低资源场景下,由于初始的基础翻译模型一般由小规模平行语料训练得到,或者直接利用双语词嵌入(Bilingual Word Embedding)构建而成,导致生成的伪平行句对中含有较多噪声,翻译效果提升有限,对于一些差异性较大的语言对,甚至会导致翻译性能的下降。针对此问题,Imankulov 等人提出了一种基于迭代的伪平行句对筛选方法,基本思想是首先利用正在训练的翻译系统将回译得到的句子 $S_s^{t'}$ 再翻译为目标语言句子 $S_t^{t'}$,通过对比 $S_t^{t'}$ 与原始目标语言句子 S_t^t 的相似度对回译系统生成的伪平行句对的质量进行评价,并过滤掉质量较差的伪平行句对。同时,该方法通过迭代策略,即反复利用再训练后的翻译系统对伪平行数据进行过滤。

另一种重要的数据增强手段是基于平行句对的数据增强。与平行句对抽取和伪平行数据生成方法不同,基于平行句对的数据增强是利用已有的平行句对自动生成新的平行句对,通过扩展语料的规模和丰富训练数据的多样性来提升低资源神经机器翻译的性能。基于平行句对的数据增强需要考虑两个方面的问题:一是要保证新生成句对的语义一致性,也就是要保证生成的源和目标句子互为翻译,二是要尽可能地提升数据多样性,使新生成的句对含有新的、合理的语义。基于平行句对的数据增强方法的实现方式主要为替换。

替换是增强机器翻译训练数据的一种直接方式,为了保持新生成句对间的互译关系,替换方法一般先从源句中选择一个单词作为替换目标,随后用替换词的译文对目标语言中的对应单词进行替换,同时为了提高数据的多样性,可以同时对一个句子中的多个单词进行替换。Fadaee 等人主要针对句子中的稀有词进行替换,将特定上下文中的一个普通单词替换为稀有词,该方法不仅可以扩展语料库,同时还可以对训练数据进行平滑,通过为稀有词提供更加丰富的上下文,提升模型对稀有词的学习。Wu 和 Wang 等人提出了基于上下文的数据增强方法,首先在原句子中随机选择一个待替换单词,随后使用语言模型对该位置的可替换单词进行预测,最后利用预测结果对单词进行替换。该方法可以更好地保留原句子的上下文信息,减少生成数据的噪声。针对替换方法缺乏变化、多样性不足的问题,Gao 等人提出了一种基于上下文的数据增强方法,将一个词替换为在当前上下文中与该词相近词的线性组合,即使用相近词嵌入的加权组合直接替换该词的词嵌入,使用该方法生成的新句子可以更好地捕获上下文的语义信息。

基于替换的数据增强方法可以有效提高翻译模型对词和上下文信息的学习,且具有时间复杂度较低的特点。其缺陷在于需要平行数据的支持,在低资源场景下,少量的平行语料资源不能覆盖单个语种复杂的语言现象,神经机器翻译模型难以对该语言的句法特征进行全面和有效的学习。

(3)迁移和枢轴

迁移学习和枢轴翻译方法也是解决低资源环境下语料稀缺、效果不佳问题的有效方法。Zoph 等人首次将迁移学习应用于神经机器翻译。其基本思想是先利用资源丰富语言的数据集训练一个翻译模型(父模型),然后将学习到的模型参数传递给作为子模型的低资源语言机器翻译模型。随后通过一定数量的训练数据对子模型参数进行调优。Lakew 等人针对传统迁移模型需预先设定语言对的缺陷,提出了一种自适应迁移学习方法,该方法首先根据给定语言对训练得到一个初始模型,如需加入新的语言,则通过调整模型词汇表的方式来实现新语言引入。针对传统迁移学习模型较少考虑语言相似性的问题,Yu 等人提出了基于语言相似性的迁移学习模型,其基本思想为选择与目标语言相似的枢轴语言,通过简单的模型初始化和微调即可显著提升特定语言对的翻译质量。迁移学习在计算机视觉、语音识别以及情感分类、文本摘要等自然语言处理领域已取得了显著的成效,对低资源神经机器翻译性能的提升也起到了积极的作用,随着新的机器翻译模型的提出以及新的预训练语言模型的发展,迁移学习方法将在低资源场景下的机器翻译任务中发挥更大作用。

另一种重要的低资源翻译方法为枢轴方法。枢轴方法利用枢轴语言连接源语言和目标语言,使用源到枢轴模型将源语言翻译成枢轴语言,然后使用枢轴到目标模型将枢轴语言翻译成目标语言。针对枢轴语言特性,Cheng 等人提出了一种基于枢轴的联合训练神经机器翻译模型。其基本思想是关联源语言-枢轴语言和枢轴语言-目标语言翻译模型,使它们在训练期间进行交互。Leng 等人则针对差异性较大的语言对,提出一种无监督枢轴翻译模型,通过一种路由学习方法(LTR)来路由选择源语言和目标语言之间的翻译路径,进而实现多跳路由,将源语言翻译成目标远程语言。Kim 等人利用三种方法在预训练中增强源语言、轴心语言和目标语言之间的关系。具体来说,这项工作首先对不同语言的单语模型进行训练。随后采用额外的适配器组件平滑地连接预先训练好的编码器和解码器,并通过枢轴语言自编码进行跨语言编码器训练。Li 等人提出了一种基于参考语言的无监督神经机器翻译框架,其中参考语言只与源语言间存在平行语料,通过提出的参考协议机制,将该语料作为枢轴信息协助无监督神经机器翻译模型的训练。Dabre 等人提出了一种多枢轴翻译方法,其基本思想为将源语言同时翻译成多个枢轴语言,然后利用多源神经机器翻译模型将这些枢轴语言同时翻译成同一目标语言,利用权重协调翻译模型间的信息比例。随着新的机器翻译模型的提出以及新的预训练语言模型的发展,枢轴方法将在低资源场景下的机器翻译任务中发挥更大作用,与迁移学习等其他方法的结合方式也将更加多样化。

2.3 领域翻译

机器翻译具有如下特点:在资源丰富领域上训练的翻译模型,往往在其他低资源领域中表现较差。因此利用资源丰富的领域语料来帮助语料稀少的领域提升翻译质量,成为研究者们关心的话题,称为机器翻译的领域适应。资源丰富的领域被称为外领域,资源稀缺的领域被称为内领域。

领域适应方法在统计机器翻译中已经得到大量的研究,在神经机器翻译中,领域适应方法可大致分为基于数据的方法和基于模型的方法。基于数据的方法主要是通过训练模型来对外领域的数据进行打分并挑选出得分高的句子来扩充内领域的语料。有学者提出计算源端词嵌入向量的中心点,通过词嵌入向量来模拟句子的相似性,对比内领域和外领域句子的词嵌入向量挑选出词嵌入向量相似的句子。除此以外,也有学者提出动态数据选择方法,在系统的训练过程中,不同的训练轮数选择不同的训练语料。基于模型的方法主要是在训练过程中改变训练方法从而得到最优的领域训练目标。近期面向该方法的研究有(1)使用调整实例权重和领域权重的方法,在训练过程中将内领域和外领域的数据一起训练,调整每一批次训练数据里内领域句子和外领域句子的比重;(2)词级别的领域特征融入:在词嵌入向量层加入词级别的领域特征,给每个词加上了领域标签;(3)"两步训练"领域适应方法等。除此以外,在领域知识的获取和领域特性学习上,有学者提出了基于领域特征的领域适应方法以提升资源稀缺领域的神经机器翻译质量。具体方案为尝试构建领域敏感网络以获得领域特有特征,构建领域不敏感网络以获得领域间的共有特征。在神经网络结构方面,有研究者通过为内领域和外领域增加私有的编解码器来建模特定于域的信息。

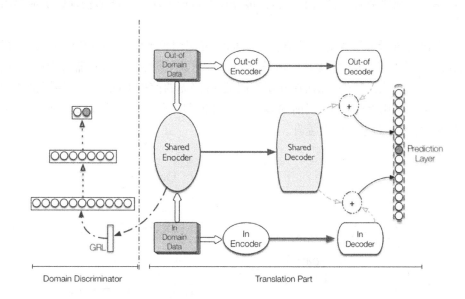

图5 利用领域不变性和特定信息改进领域自适应翻译

以上方法均有效的利用领域特性提升了神经机器翻译,尤其是低资源神经机器翻译的效果。

2.4 多语言翻译

在神经机器翻译模型中,编码器负责将源语言句子映射为分布式语义表示,解码器负责将源端的分布式语义表示转换为目标语言语句,如果不考虑注意力机制的影响,可以发现编码器和解码器都仅依赖于单一语言。直观上看,不同翻译系统中的相同源语言(例如,汉语到越南语和汉语到英语)可以共享相同的编码器,并且相同的目标语言可以共享相同的解码器(例如,汉语到英语和越南到英语)。神经机器翻译模型的这一特点为共享编码器和解码器的多语言机器翻译提供了可能。与传统的一种源语言翻译为一种目标语言的模式不同的是,多语言机器翻译利用一个模型完成多种语言之间翻译。基于神经网络的多语言机器翻译源于序列到序列学习和多任务学习(Multi-task Learning),从类型上可以分为单语到多语翻译、多语到单语翻译以及多语到多语翻译。

单语到多语翻译是源语言单一,而具有多个目标语言的机器翻译方法。比较著名的方法有多任务学习引入等。该种方法通过在编码器解码器上增加了多任务学习模型,源语言采用一个编码器,每个目标语言单独采用一个解码器,每个解码器都有自己的注意力机制,但是共享同一个编码器。

多语到单语翻译是有多个源语言,而目标语言单一的机器翻译方法。典型工作由 Zoph 和 Knight 提出。该方法使用双编码器编码两种源语言,采用改进的注意力机制——多源语言注意力机制进行注意力计算。

多语到多语翻译是源语言和目标语言均有多个的机器翻译方法,其目标为实现多种语言之间互译。初期研究者们提出的多语言神经机器翻译方法已经能够较好地实现多语互译目标。

传统多语言翻译方法为每种源语言和目标语言应用单独的编码器和解码器,忽视了对多语的共同表征,同时也带来参数的成倍增长。针对此问题,共享编码器-解码器的翻译成为热点研究方向。除此以外,如何在共享编码器-解码器的前提下区分语言特性也得到了研究者们的重视。利用上述技术,当前的多语言翻译模型因此不仅在模型参数,而且在翻译性能、翻译流畅性等方面也有较大提升。

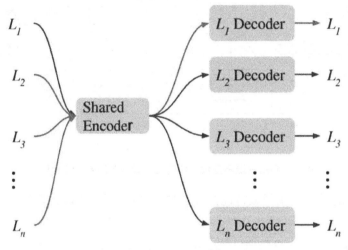

图 6　共享编码器的多语言翻译

2.5　多模态翻译

传统机器翻译过程中,文本翻译过程与翻译场景等信息是相互独立的,因此,导致神经机器翻译的结果往往不够智能,不能自适应的产生适合翻译场景的文本翻译结果。因此,能够考虑外界图像场景信息的神经机器翻译方法——多模态神经机器翻译成为机器翻译领域的研究热点。传统的融入方法中,无论是先验知识还是其他信息,均采用文本方式进行展现,再与源语言输入进行融合。然而在多模态神经机器翻译中,图像、语音和文本信息属于异类信息,彼此之间存在巨大的语义鸿沟,因此多模态特征对齐融合技术成为多模态神经机器翻译研究需解决的首要问题。除此以外,多模态对齐特征与神经机器翻译网络的融合技术、译文反馈再次指导特征对齐和翻译过程等技术,也是多模态神经机器翻译中学者们探讨较多的问题。

多模态神经机器翻译研究热点有:基于注意力机制的多模态神经机器翻译方法,更进一步地,文献使用文本、图像双重注意力机制来指导文本翻译任务;此外,有研究者也对多种图像、文本多模态神经机器翻译问题进行了研究和探索;针对文本资源较为稀缺的机器翻译问题,相关研究有基于主题相似性图像的多模态神经机器翻译方法、基于视觉上下文的多模态神经机器翻译方法等。

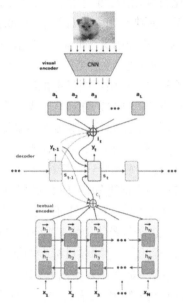

图7　融入图像信息的多模态神经机器翻译框架

2.6　语音翻译

语音翻译是包含语音模态的翻译任务,通常包含语音到文本的翻译和语音到语音的翻译两类,其中语音到文本的翻译研究和应用最为集中。语音数据中包含丰富的情感、内容信息,有助于提高翻译任务的准确性,但语音翻译需要同时实现跨模态和跨语言映射,任务难度较大。

传统的语音到文本的翻译由语音识别和文本翻译两个模块级联组成。在级联的方式中,每个模块有充足的训练数据和大量优化方法来保证独立训练,能方便复用已优化的模型且容易部署,但面临错误累积、高延迟以及信息不匹配等问题。针对错误累积问题,通过将多个最优的语音识别结果的词格作为机器翻译模型的输入、将 ASR 错误引入 NMT 模型以增强翻译结果的鲁棒性、对语音识别的结果进行顺滑纠错等方法来改善和缓解。端到端的语音到本文的翻译可有效避免级联方法的缺陷,但这种方法用于语音翻译任务面临严重的资源稀缺以及映射困难的问题,研究者们分别从数据层面和方法层面缓解两个问题。

数据增强方法通常分为语音端增强和合成伪数据两类,其中语音端增强包括对语音的频谱特征在时域或频域进行掩蔽、速度扰动,是语音类任务普遍使用的方法。合成伪数据分别通过翻译语音识别语料中的文本数据、对机器翻译语料合成音频数据以及对语音翻译语料进行语音转换的方式。但合成大规模语料需耗费大量时间和成本,且由于合成伪数据的单一性等缺点,需要分配合适比例的合成数据与真实数据。

方法层面的探索主要通过不同方法引入额外数据、训练子模块来提高语音翻译的性能,包含预训练-微调方式、多任务学习、知识蒸馏方法和多语言增强的方法。预训练-微调方式基于编码器-解码器模型,使用语音识别数据预训练编码器,或使用文本翻译数据预训练解码器,将经预训练的模块初始化目标模型,再使用语音翻译的数据进行微调,有效利用语音识别和文本翻译的语料,缓解资源稀缺问题。针对跨语言同时跨模态的映射困难问题,有学者进一步将编码器分离为声学编码器和语义编码器,在堆叠的编码器间添加适配器,来解决预训练表征在长度和语义不一致的问题,通过高层表征与低层表征相加来关注可能存在的口音、情感等副语言信息。多任务方法利用不同任务的数据实现任务间的知识迁移,通常包含共享 ASR 和 ST 和编码器、共享 ST 和 MT 的编码器或共享 ST 和 MT 的解码器来实现三种任务间的联合训练。通过共享编码器和解码器实现共享语义空间,在此基础上增加不同模态间的对比训练来缩小语音与文本间的模态差异,并对最优的参数共享、参数初始化策略进行探索。知识蒸馏方法实现从预训练模型到目标模型的知识迁移。有学者在联合训练方法的基础上,通过知识蒸馏策略进一步促进知识迁移,提高语言翻译模型对目标语言文本的建模能力,弥补端到端模型数据不足的缺点,并且证明针对语音翻译的目标文本,词级的知识蒸馏优于句子级的知识蒸馏。也有学者使用多教师知识蒸馏,先预训练的语音识别模型和文本翻译模型作为教师模型,分别用于源端和目标端的知识蒸馏,进一步提高知识蒸馏的有效性。多语言的语音翻译常包括一对多、多对一和多对多三种类型,实现不同语言间的知识迁移,采用共享的编码器-解码器框架,引入语言嵌入来区分不同语言实现多语言的语音翻译。

2.7　其他方面

受限于篇幅和笔者水平,文中仅对机器翻译领域的部分研究热点进行了概述。其他方面的研究工作中,篇章翻译、同声传译等也得到了研究者们的很大关注,均成为机器翻译的热点研究领域并取得了一系列的瞩目成果。

3. 未来研究方向

纵观机器翻译发展历程,方法论和核心技术（及其模型）层面上的创新是机器翻译取得重大进步的重要原因。上述创新使得机器翻译取得了巨大成功。从 2014 年开始,翻译领域产出了大量的科研成果与实际产品。但由于研究时间较短,翻译模型,特别是神经机器翻译模型仍然存在许多值得更加深入探索的问题。作者对未来可能的研究方向进行了讨论,侧重于目前主流的神经机器翻译对机器翻译未来发展策略进行了展望。

（1）提高翻译框架可解释性

目前主流的基于编码器解码器结构的神经翻译技术,在大多数场景下的性能均远远领先统计机器翻译。但是相比统计机器翻译,神经机器翻译过程更类似于在黑盒中运行,难以从语言学的角度对翻译过程进行解释。已有研究证明,可以从可视化、隐含句法结构信息抽取等角度对翻译过程进行分析,以此改正翻译错误。这是神经机器翻译未来值得重点探索的方向。

（2）知识融入

与统计机器翻译相比,神经机器翻译结果在句子的流畅度上有较大提升,但是与语法句法等语言学相关的翻译错误仍会在神经机器翻译中出现,因此,融合语言学知识对于神经机器翻译性能的提升至关重要,这一点在资源稀缺型语言和特定领域的翻译任务中尤为迫切,语言学知识包括词汇、句法、语义等不同粒度的知识,词汇级知识包含词素、词性标注和分词标记等。句法级包括短语树、依存树和谓词框架等。语义级别包含词义推导、语义树等。融合更加丰富的外部知识是神经机器翻译重要研究内容,也是提高翻译性能的重要方法,有待深入研究。

（3）对特定条件下翻译模型进行全新设计

以东南亚语言为例,相对大规模语种,它们几乎都属于所谓的"低资源型语言",双语语料库规模和质量严重受限。此外,它们多为黏着语,都面临着词法、句法分析问题,经典的神经机器翻译模型肯定是不适用的。是否可能在只利用双语词典、小规模双语语料库、较大规模单语语料库、少量图像信息或图像标注以及基于无监督词法分析（甚至不做词法分析）的条件下,设计一个有效的神经机器翻译模型,绝对是对我们模型创新能力的一大考验。

（4）自动学习网络结构

传统神经机器翻译模型训练方式为给定网络结构,根据训练集学习网络结构的参数。如能根据训练集自动学习网络结构和网络结构的参数,模型训练将更加符合神经网络的自学习特性。研究先验知识指导的网络结构生成模型、探究网络结构自动学习方法以及探索基于多源信息的网络结构融合策略,均是值得研究的方向。

机器翻译历经 70 余年的变迁,涌现了大量新的翻译理论和翻译技术,这些理论和技术在指导我们进行学术研究和工业应用的同时,也带给我们关于发展的不断思考。我们相信,机器翻译在未来会获得进一步的发展,通过高质量的翻译服务造福社会大众。

参考文献

[1] 孙茂松,周建设. 从机器翻译历程看自然语言处理研究的发展策略[J]. 语言战略研究, 2016, 1（06）: 12-18.

[2] 刘洋. 神经机器翻译前沿进展[J]. 计算机研究与发展,2017,54（06）:1144-1149.

[3] 李亚超,熊德意,张民. 神经机器翻译综述[J]. 计算机学报, 2018, 41（12）:100-121.

[4] SUTSKEVER I, VINYALS O, LE Q.Sequence to sequence learning with neural networks[C]//Curran Associate Inc. Proceedings of the 28th NIPS, NY, 2014;3014-3112.

[5] CASTANO M, CASACUBERTA F. A connectionist approach to machine translation[C]//Proceedings of Fifth European Conference on Speech Communication and Technology. Rhodes, 1997:1-4.

[6] KALCHBRENNER N, BLUNSOM P. Recurrent continuous translation models[C]. //Proceedings of the ACL Conference on Empirical Methods in Natural Language Processing. Seattle, 2013:1700–1709.

[7] DAVID E, HINTON G, RONALD J. Learning representations by back-propagating errors[M]. Cambridge: MIT Press, 1986.

[8] RONAN C, JASON W, LEON B, et al. Natural language processing from scratch[J]. Journal of Machine Learning Research, 2011, 12（1）: 2493–2537.

[9] 刘涌泉. 机器翻译和文字改革[J]. 语文建设，1963(2): 1-3.

[10] GOODFELLOW I, BENGIO Y, COURVILLE A. Deep learning[J]. Genet Program Evolvable Mach，2018(19): 305–307.

[11] HOCHREITER S, SCHMIDHUBER J. Long short-term memory[J]. Neural Computation，1997，9(8): 1735–1780.

[12] WANG Y, XIA Y, TIAN FEI, et al. Neural machine translation with soft prototype[J]. Advances in Neural Information Processing Systems, 2019(09): 6316—6325.

[13] SENNRICH R, HADDOW B, BIRCH A. Improving neural machine translation models with monolingual data[J]. Computer Science, 2015(9): 26-32.

[14] IMANKULOVA A, SATO T, M K. Filtered pseudo-parallel corpus improves low-resource neural machine translation[J]. ACM Transactions on Asian and Low-Resource Language Information Processing, 2019, 19(2): 1-16.

[15] CHENG Y, YANG Q, LIU Y, et al. Joint Training for Pivot-based Neural Machine Translation[C]//Morgan Kaufmann. Proceedings of the 26th International Joint Conference on Artificial Intelligence. San Francisco, 2017: 3974-3980.

[16] KIM Y, PETROV P, PETRUSHKOV P, et al. Pivot-based Transfer Learning for Neural Machine Translation between Non-English Languages[C]// Proceedings of the 2019 Conference on Empirical Methods in Natural Language Processing and the 9th International Joint Conference on Natural Language Processing, 2019: 866-876.

[17] 谭敏, 段湘煜, 张民. 基于领域特征的神经机器翻译领域适应方法[J]. 中文信息学报, 2019, 33(07): 56-64.

[18] MELVIN JOHNSON, MIKE SCHUSTER, QUOC V LE, et al. Google's multilingual neural machine translation system: enabling zero-shot translation[J]. Transactions of the Association for Computational Linguistics, 2017(5): 339-351.

[19] FITZGERALD E, HALL K, JELINEK F. Reconstructing false start errors in spontaneous speech text[J]. In European Chapter of the Association for Computational Linguistics, 2009(06): 255–263.

[20] LI Z, ZHAO H, WANG R, . Reference Language based Unsupervised Neural Machine Translation[C]// Proceedings of the 2020 Conference on Empirical Methods in Natural Language Processing, 2020: 4151-4162.

[21] RUI WANG, MASAO UTIYAMA, LEMAO LIU, et al. Instance weighting for neural machine translation domain adaptation[C]//Proceedings of EMNLP2018. Copenhagen, 2017: 1482-1488.

文本情感分析研究 ①

佟悦

黑龙江大学文学院

摘要：文本情感分析是语言智能领域的一项经典任务,经过 20 多年的发展,有必要对其研究现状进行总结,对其发展前景进行展望,为文本情感分析研究者提供一定的参考。首先介绍文本情感分析的基本概念与作用,然后以词汇、句子、篇章三个维度作为框架,从情感分析的主要任务、原理机制、采用方法和可用资源等方面进行研究述评,最后从应用需求、基础理论、关键技术、资源建设、人才培养等方面的发展前景进行展望。

关键词：文本情感分析;情感分析的三个维度;情感词典;深度学习;应用前景

Review and Prospects of Text Sentiment Analysis

Tong Yue

ABSTRACT: Text sentiment analysis is a classic task in the field of language intelligence. After more than 20 years of development, it is necessary for us to summarize its research status and look forward to its development prospects, so as to provide some reference for text sentiment analysis researchers. This paper first introduces the basic concepts and functions of text sentiment analysis, and then takes the three dimensions of vocabulary, sentence, and text as the framework to review the research from the main tasks, principles, mechanisms, adoption methods, and available resources of sentiment analysis. Finally, prospects are prospected from the needs, basic theories, key technologies, resources, and personnel training of text sentiment analysis.

Keywords: text sentiment analysis; three dimensions; emotional dictionary; deep learning; prospects of application

0. 引言

研究文本情感分析有三个理由。第一,物质条件已成熟。互联网用户在微博、论坛等平台产生的大量评论数据,催生并发展了文本情感分析技术,是进行文本情感分析任务的物质保障。第二,核心技术需突破。计算机长于客观计算,而情感是人类的主观感受,使用计算机从文本中识别并提取主观情感要素,是一项具有挑战意义的任务;完善情感分析技术将有助于人工智能从感知智能上升为认知智能,情感分析也是最贴近人性、离实现认知智能最近的任务。目前文本情感分析在技术方面还需要进一步研究和提升。第三,应用需求促发展。政治、经济、教育、医疗等各领域都需要文本情感分析作为技术支撑,这促使文本情感分析技术不断深化研究、解决应用需求。由于充足的研究数据和强烈的研究动力,情感分析自2000 年以来迅速成为语言智能领域热门的研究领域之一。经过 20 多年的发展,积累了一

① 本文得到黑龙江省哲学社会科学青年项目(项目编号:21YYC246)、黑龙江省属高校基本科研业务费项目(项目编号:2020-KYYWF-0966)资助。

些成果,也存在一些不足,有必要进行回顾总结,进而展望未来。

本文首先介绍文本情感分析的基本概念和作用,然后以词汇、语法、篇章三个维度为纲,综述文本情感分析的研究现状,最后对文本情感分析的发展趋势进行前景展望。

1. 什么是文本情感分析

文本情感分析也被称为文本情感倾向性分析、文本意见挖掘,是情感分析在文本维度 ①的处理与运用,是语言智能领域的一个基础任务,旨在挖掘文本内部的情感、情绪、观点、态度、评价,以及这些主观情感的发出者、持有者和评价对象等与情感相关的要素(Nasukawa and Yi,2003;Hu and Liu, 2004)。

2. 为什么进行文本情感分析

文本情感分析的产生、发展和强劲的应用前景与近年互联网的发展走势密切相关。随着互联网各类论坛、微博、博客等网络社交平台的兴起,互联网用户逐渐从信息接受者转变为信息创造者,根据感兴趣的话题展开讨论,发表对人物、事物、事件的观点与态度,“人人皆为意见领袖”;随着亚马逊、淘宝等越来越多的平台设置商品评论区,用户可对所购买商品及其属性进行评论。这些评论信息中蕴含着丰富的情感、情绪、观点、态度等主观评论,对于舆情监督、市场营销、用户画像、商品推荐、股票预测、新电影票房预测、线上教学效果评估等具有重要价值,因此,有必要对互联网评论信息进行情感分析。

以舆情分析为例,社会语言学认为,语言能够反映社会当下的政治、经济、文化以及生活方方面面的情况。比如不同时期的问候语可以反映出当时的社会发展情况。早期人类生存环境恶劣,问候语常是“你昨晚碰见蛇了吗?”,这句问候语可理解为“你昨晚睡得好吗?”;粮食不足时期,问候语是“你吃了吗?”;当吃住无忧时,问候语便关照到了自身之外的天气,“今天天气挺好的?”;当人们不需要拉近关系也可以生存时,问候语简洁到“嗨!”,甚至性格内向者不打招呼、无需和人交流也能够生存时,往往会对视而不见。通过对问候语中关键信息的抽取可以了解当时社会的发展情况,而网络信息不只有问候语,各种评论信息使计算机可以从中挖掘出大量、社会方方面面的信息,有利于政府进行舆情分析,了解网民对于热点事件的观点与态度。

对互联网海量数据进行情感分析的可行性在于,人们所发表的信息大多是自由阐述、情感态度真实,并非刻意填写问卷,因此信息具有较高的可信度;样本数量足够多保障了数据分析结果的信度和效度,海量评论数据确保样本的覆盖面与典型性,避免以偏概全。从真实、大量的评论数据中挖掘出情感信息,能够发现目标领域存在的问题,以便进一步解决问题。

---

① 情感分析可从文本、语音、图片与视频等多个维度进行分析与计算。

3. 怎样进行文本情感分析

根据文本情感分析处理的语言维度不同,可将其分为词汇维度的情感分析、句子维度的情感分析和篇章维度的情感分析。下文将以语言的三个维度作为框架,探讨各维度在情感分析中主要任务、原理机制、采用方法和可用资源。

3.1 词汇维度的文本情感分析

词汇维度是进行文本情感分析最基础的维度 ①,词汇内部蕴含着丰富的情感信息。从词性的角度看,形容词最具情感色彩表现力;名词也可以从称谓方式上体现主观情感;副词能够调节情感的强度;否定词能够反转情感的极性(Turney,2002;Wiebe,2000)。

(1)基于形容词的情感分析

早期的文本情感分析比较注重通过形容词获取文本的情感色彩。Hatzivassiloglou 和 Mckeown(1997)发现由"and"连接的两个形容词往往具有相同的情感色彩,一个是正向情感色彩,另一个也是正向情感色彩,如"safe and healthy""tasty and healthy"。由"but"连接的两个形容词往往具有相反的情感色彩,一个是正向情感色彩,则另一个很可能是负向情感色彩,如"tasty but expensive""tasty but protected"。也就是说,由连词连接的两个形容词具有相同或者相反的情感倾向。因此可以使用情感倾向明确的形容词作为种子词 ②,通过连词来确定语料库中此前情感倾向未知的形容词的情感色彩。连词"and、but、or、either…or…neither…nor…"等都可以用来确定形容词的情感倾向,其中由并列连词或者递进连词连接的形容词往往具有相同的情感倾向,由转折连词连接的形容词则具有相反的情感倾向。由于语言在具体应用中极其复杂,并不完全符合这些语言事实,因此 Hatzivassiloglou 和 Mckeown 使用一种机器学习方法来提升情感词获取的效率,具体思路是通过连接关系生成同义或反义连接图,然后使用聚类方法将形容词聚成褒义和贬义两类。Kanayama 和 Nasukawa(2006)发现句际也可以通过连词来确定形容词的情感倾向,例如"however"能够连接情感倾向相反的两个句子,因此将句内获取情感词的方法扩展到句际,进一步提升了获取情感词的效率。

汉语中,连词"而、和、但"等也能够起到识别和抽取情感词的作用,以已知正向情感形容词"美丽"为例,通过连词"而"可以将与"美丽"并列连接的形容词皆收录正向情感词典中。

1)古朴而美丽的城市 ③

2)精致而美丽的花纹

3)秀气而美丽的江南女子

4)威武而美丽的白额吊睛东北虎

---

① 词汇在语法本体领域和语言智能领域的层级位置不同。语法本体注重研究语言本身,分析深度达到语言中最小的音义结合体——语素,语素的上位概念才是词;语言智能注重语言处理的效率,相对于字切分,往往词切分效率更高,因此切分到词汇维度便不再往下切分,词汇是文本情感分析的基础维度。

② 种子词是情感色彩鲜明、情感倾向明确、使用频率高、通用的情感词。

③ 本文例句均来自 CCL、BCC 等语料库。

使用连词连接两个形容词来描写事物的方式比较复杂而正式,较多出现在书面语中,相比之下,在口语语体为主的微博、商品评论中并不多见。

（2）基于名词的情感分析

形容词和动词能够描述事物的性质或者事件动作,往往带有主观情感色彩,由形容词词性语素或者动词性语素构成的名词,通常也带有主观情感色彩。如"名牌、美梦、内行、忠心",这些名词内部具有表达事物性质或者状态的语素,甚至名词本身兼具形容词词性;再如"补品、打手、损失、牺牲",这些名词内部具有表达事件动作的语素,甚至本身兼具动词词性。因此,通过提取名词也能够达到识别情感色彩的作用。Riloff 等(2003)突破了以往较多关注形容词的情感分析局面,通过分析名词性词语来完成情感分类,使名词情感价值得到认可。在现有情感词典中,名词性词语也占有一定比例。

（3）副词和否定词在情感分析中的作用

程度词语① 具有调节情感强度的作用,既可以提升情感强度也可以降低情感强度,佟悦(2020)将程度词语分为高强级、中级和微弱级三个程度等级,通过实例可感知不同等级程度词语的区别:何等、无比;愈发、相当;有点、稍微。程度词语大部分位于情感词之前,通过句法位置分析与情感词典匹配可以获取情感词的情感程度。否定词② 具有反转情感词极性的作用,如"不、没有、很少、缺乏",否定词的位置也处于情感词之前。程度词和否定词在情感句中的作用不同,程度词是量的调节,否定词是质的反转。二者在情感句中的位置也可分为两种,一种是程度词在前,否定词在中间,情感词在后;另一种是否定词在前,程度词在中间,情感词在后,这两种语序所表达的否定情感程度不同,前者是对否定情感的强烈修饰,否定情感程度较高;后者是对强烈情感的否定,否定情感程度较弱。关于这两种语序具体的形成机制与原理阐释请参见佟悦(2020)。

以上论述了形容词、介词、动词、名词、副词、否定词在情感分析中的作用。基于上述词类可以构建情感词典、程度词典和否定词典,可以采用基于情感词典的方法进行情感分析;这些词类也可以作为机器学习的特征,加上位置等特征,采用基于机器学习的方法进行情感分析。为了节省空间③ 和提升效率,在进行机器学习之前往往会清洗掉无效数据,这些数据包括虚词(功能词)、标点符号、数字等,所提供的客观信息极为有限。但在情感分析任务中,有些虚词不需要被清洗停用,理由是这些虚词具有强烈的主观情感,比如"连""可是",可作为机器学习的特征。有些标点符号和表情符号,也承载一定的主观情感信息,可保留下来用作机器学习的数据。因此,情感分析任务往往无需去除停用词。若去除一部分数据,只需去除与情感分析任务关系不大的功能词、符号和数字即可。

（4）基于情感词典的情感分析

在词汇维度的情感分析任务中,主要论述基于情感词典的方法,基于机器学习的方法会

---

① 情感分析用程度词语和语言学程度副词有些不同,语言学研究词语更加严谨,比如在研究表示程度的词语时需要区分词性,主要研究副词的程度表现;而语言智能领域的情感分析是面向用户的应用系统,没有词类、句法结构等限制,不仅包括程度副词,还包括其他能够表示程度的词语或者短语。程度词主要用于调节情感强度,但有些程度词本身可以表达一定的情感倾向。

② 否定词和程度词语的界定相同,语言智能领域的否定词语也没有词类、句法结构的限制,只要具有否定作用就可以算作否定词,因此否定词内部也包括其他可以表示否定意义的词语。

③ 由于空间的扩展,目前节省空间不作为去除停用词的主要原因,但在笔记本上进行训练依然需要考虑空间的问题。

在后文进行论述。基于情感词典的方法首先需要构建或者选用情感词典,但情感词典类型多样,文本情感分析目标任务的不同,所构建或者采用的情感词典的类型也不同。目前大部分情感词典采用褒、贬二分类维度,即构建褒义词词典和贬义词词典,这种褒贬二分类词典主用于无需细粒度区分的任务,比如商品评论,分析出用户的情感倾向即可。对于商品评论中评价对象的提取,则需要构建领域词典或者使用命名实体识别等机器学习方法。另外,一种面向具体情绪的情感词典,词典类型更加细化,比如面向喜、怒、哀、乐各情绪分别创建词典,这种多维度情绪词典可用于心理健康状况评估、学生作文情感表达丰富度评测等任务。具体构建何种情绪类型的词典需要依据目标任务自定义设置,目前不同的作文评测系统,在情感丰富度评测方面所分析的情绪类型并不相同,没有统一的标准。通过多种情绪进行情感分析的任务也可用于股市预测,Zhang 等(2010)通过企盼、担忧、恐惧等情绪维度来预测股票市场指数的走势。Bollen 等(2011)通过平静、肯定、高兴、警觉等情绪维度来预测道琼斯工业平均指数的走势。

随着网络评论数据逐年数量翻倍、类型扩展,文本情感分析的类型也随之增多,出现了认同感、安全感、愉悦感、关爱感等新型情感分析维度(佟悦,2020)。以认同感为例,通过构建正向认同词典与负向认同词典,可以判别文本内部的认同感倾向,进而挖掘新闻评论、热点事件评论等内部的情感信息,以及预测舆情的走势。自 2020 年以来,由于工作和生活沟通方式转为线上、线上线下相结合,互联网评论数据进一步增长,面向特定目的的情感分析的类型也会随之扩展。

构建情感词典的方法,一种是人工选取情感词然后录入词典,另一种是使用种子词扩展情感词典。根据规模大小种子词可以分为两类,一类是每个情感倾向分别选取一个色彩鲜明的种子词,如正向情感词"excellent"和负向情感词"poor",另一类是每个情感倾向分别选取多个色彩鲜明的种子词构成种子词集。构建种子词集方面,可以使用人工选取的方法;可以采用手工制作的模板来获取种子情感词;可以通过搜索引擎(比如谷歌)返回的结果数确定种子词;可以使用自动选取种子词技术(Zagibalov 等,2008)。种子词可以用来构建情感词典,也可以直接进行文本情感计算。总之,构建情感词典的方法多种多样,大部分采用自动构建与人工选取、人工核查相结合的方法。

目前已经存在几款比较成熟的情感词典,大部分为褒贬词典,如果是褒贬分类任务,则无需重新构建词典,可在现有情感词典的基础上,根据具体任务改良词典即可。目前比较成熟的英文情感词典有普林斯顿大学 Kamps 等提供的 WordNet,Wilson 等提供的 MPQA subjectivity lexicon,意大利信息科技研究所 Esuli 等提供的 SentiWordNet,Mohammad 等提供的 Emotion lexicon。常用的中文情感典有董振东教授提供的 HowNet,大连理工徐琳宏等提供的情感词汇本体库,台湾大学提供的情感词典 NTUSD,有些互联网提供的中文情感词典也比较好用,如哈尔滨工业大学邓旭东博士提供的情感词典,苏剑林提供的情感词典。在进行褒贬情感分类任务或者构建面向特定任务的自定义情感词典时,可参考以上情感词典。

有些情感词典中收录了一些错别字,这并非词典出现纰漏,而是由于真实的语言运用中,这些错别字出现频率较高,不将其作为情感词录入会影响到最终情感分析的结果,此种做法在构建情感词典时可借鉴。

基于情感词典的情感分析方法,首先需要根据不同目的构建不同类型的情感词典,然后根据情感词典内词语和文本中词语的匹配程度,辅以程度词典和否定词典,依据所设定的规则,计算文本内部的情感倾向及情感强度。此种方法适合文本内部有情感词的情况,也就是文本内部存在能够与情感词典匹配上的词语,进而计算情感色彩。但此种方法不适用于以下两种情况,一种是有情感词的客观句,另一种是无情感词的主观句(赵妍妍等,2010)。

5)这位英雄名叫张三丰。

6)这兜土豆在买回来的第二天长出了芽。

7)A:我大概想好了要怎么做了。

B:可以说一下吗。

A:过几天的吧,等教学内容安排下来了以后吧。

8)让他们上市医院那边问问。

文本情感分析的方法之一是先进行主观文本与客观文本分类的底层任务,然后对主观文本实施上层的情感分析任务,情感分析任务只针对主观文本,不分析客观文本。在进行主、客观文本分类时,方法之一是搜索文本内部是否含有情感词,假设无情感词则为客观句,有情感词则为主观句。这种方法是将主、客观句与情感词关联起来,但实际上存在有情感词的客观文本和无情感词的主观文本①,因此主、客观文本很难区分清楚。

赵文认为第一个例句是有情感词的客观句,虽然存在情感词,但例句所表达的含义是客观性人物介绍,因此不是主观文本,不能进行情感分析。但辩证地分析,名词在称谓人物、事物时本身就载有一定的情感,“这位英雄/这个无赖是 xxx”,在介绍人物时选用的词语暗含了发话者对其所介绍人物的态度,因此也可以被看作是情感句。本文认为,无论是人物介绍还是其他客观描写,既然存在情感词,往往带有发话者的情感倾向,可用作情感分析。另外,还存在一种情况比较难识别,即无情感词的客观句却暗含了主观情感,如上文第二个例句,往往所描述的客观情况都是人们所不期望发生的事情。

另外一种情况是无情感词的主观句,如“连”字句“这道题连小孩子都会”,对于这种特殊句式,可以根据句法结构制定规则,然后获取情感倾向。例句中“过几天的吧”“以后”,以及“一会儿的”“下次吧”“再说吧”,是一种时间上推迟、距离上推远的表达方式,能够反映出说话者的拒绝态度,或者不认同、委婉的拒绝,或者不喜欢。例句中“他、他们”能够反映发话者与第三人称代词所指代的人心理距离较远②。单看这些成分所表达的情感倾向,只是一种概率上的趋势,并非全部都如上文所分析的情感倾向那样,文本的情感倾向是内部全部要素综合的结果,不能仅依据上述单一要素制定情感分析规则③,否则计算机将会严格按照规则计算情感分值,将所有的情况都判别为情感分析设置的情感倾向,显然这与事实不符。比如使用“他”虽然反映出发话者与第三人称所指代的人心理距离较远,但除了厌烦导致的心理距离远,还有一种是敬仰导致的心理距离远,高山景行,自身无法超越,只能远距离仰望。因此,“他”不仅可以表现为负面情感倾向,也可以表现为正面情感倾向,甚至只因单纯

---

① 情感句和主、客观句是两个范畴,有些主观句可以表达情感,有些主观句则不表达情感。此处只讨论由于句子内部没有情感词而不能被识别出来主观句,对于情感分析任务来说漏掉的主观句。对于无情感词、也不表达情感的主观句,不在讨论之列,如“我认为太阳从西边升起来”。

② 例证:为了拉近关系,推销员往往会使用第一人称“咱们”,而不使用对立的第二人称“你们”或者第三人称“他们”。

③ 如“他就那样”“他总是乐于帮助别人”,前一句情感倾向大概率为负,后一句情感倾向为正,仅凭“他”不能设置情感规则。

地表达物理距离远而使用第三人称代词,此时为中性情感倾向。因此对于无情感词的主观句,无法使用情感词典设置确定的情感规则,推荐使用有监督的机器学习方法,为无情感词的主观句标注情感标签,然后算法通过优化手段从各种特征中自动学到有效的分类模型。

词汇维度是文本情感分析最基础的层面,基于词汇维度的情感分析原理也相对简单,主要是将文本内部的词汇与情感词典进行匹配,不同情感极性与情感强度被赋予不同的分值和权重,根据分值规则进行计算,最终获得情感极性与强度。这种处理办法没有考虑到对谁/什么进行的情感评价,谁发出的情感评价,而评价对象和观点持有者是与情感倾向密切相关的要素。而且,在复杂的情感句或者情感语篇中,并非只有一个情感评价对象或者一种情感倾向,如下文示例。

9)这件毛衣很漂亮就是价格太贵了。

10)某某手机像素很高但耗电太快。

这两个例句内部都包含了两种情感倾向和评价对象的两种属性,不能通过简单的情感词识别与提取来完成情感分析任务,因此,句子维度和篇章维度的情感分析有必要对评价对象、评价对象的属性、观点持有者、评价话题等与情感倾向相关的要素进行提取,并且将这些要素与情感倾向及强度关联起来。虽然以上任务相较于词汇维度情感分析任务复杂一些,但由于句子和篇章是人类语言产出的自然片段,更符合人类会话的习惯,因此句子维度和篇章维度的情感分析具有较大的研究价值和应用价值。

3.2 句子维度的文本情感分析

句子维度情感分析的典型任务主要是识别与提取评价对象和观点持有者(Pang 等,2008)。评价对象是指情感词语所指向的对象①,观点持有者是指发表情感的主体。评价对象和观点持有者虽然也是词汇,但与情感词不同,情感词自带情感倾向和情感程度,而这两者不带有情感色彩,只是情感词指向的要素。二者往往无法通过自身判断是情感发出的主体还是情感指向的对象,需要在句子语境下,通过与情感词的关系才能确定是评价对象还是观点持有者。在文本情感分析任务中,评价对象和观点持有者的作用与价值不同:提取情感倾向与情感强度等信息后,有必要了解对何种客体进行了这种情感评价,因此评价对象与情感倾向关联更为密切;而有些任务只需要识别出情感评价对象即可,不需要识别观点持有者,比如面向商品评论的情感分析,只需要提取购买者对于商品的评价态度,不需要了解具体是哪位购买者发表的观点评价,因此评价对象的识别与提取比观点持有者的识别与提取需求更多、应用更广。基于此,下文将首先谈一谈评价对象的识别与提取方法,再谈一谈观点持有者的识别与提取方法。

(1)评价对象

提取评价对象的方法有多种。第一种方法是基于模板的方法,例如"sb.+喜欢+slot""slot+很不错",通过正则表达式将处于模板 slot 位置的成分提取出来获得评价对象。基于模板的方法比较精准,但制作模板需要人工编写,工作量较大、效率低,而且可扩展性较差。

①　例如,在"孩子的英语成绩不好"中,"孩子的英语成绩"是评价对象。

第二种提取评价对象的方法是基于规则的方法，词性规则方面可以提取名词性成分；句法规则方面可以提取宾语；语义角色规则方面可以提取受事；位置规则方面将句末的名词性成分设置更高的权重。这些规则可以单独使用，也可以层级叠加使用，比如通过模板规则提取出成分后，使用词性规则判断是否为体词性成分；将语序规则与词性规则结合，提取动词之后的名词性成分。通过层级设置使规则更加严密，提升获取评价对象的准确性。

第三种方法是基于机器学习的方法。主题提取方面，一般情况下，评价对象往往也是所谈论的主题，因此可以采用 PCA、LDA 等提取主题的方法来提取评价对象。词性方面，可以将名词性成分作为候选评价对象或者观点持有者，然后使用 ME 进行计算。命名实体识别方面，由于评价对象往往都是名词性成分 ①，因此可以采用命名实体识别的方法来提取评价对象，首先对文本中施事和受事的语义角色进行标注，然后基于有监督的机器学习方法，训练出提取评价对象或者观点持有者的模型 Kim 等（2004，2006）。在命名实体识别任务中，需要注意嵌套式命名实体识别问题，例如"雅诗兰黛小棕瓶能够修护皮肤、提亮肤色"中"雅诗兰黛"是一个实体，"雅诗兰黛小棕瓶"也是一个实体，嵌套式命名实体识别的任务是识别出"修护皮肤、提亮肤色"所对应的评价对象。

（2）观点持有者

观点持有者与评价对象存在相似之处，大多是名词性成分，因此用于识别和抽取评价对象的方法也同样适用于识别和提取观点持有者。首先，可以采用基于模板的方法，例如"slot+认为+clause"" slot+支持+sth." "slot+喜欢+sth."；其次，可以采用基于规则的方法，基于词性规则提取名词，基于句法规则提取主语，基于语义角色规则提取施事，基于位置规则提取句首的成分，基于语序规则提取动词之前的成分，为提升识别观点持有者的准确性，往往同时使用多条规则逐层限制。最后，可以采用基于机器学习的方法，通过标注语义角色进行有监督的命名实体识别训练，提取观点持有者。

句子维度也可以处理词汇维度不能处理的情感倾向识别问题。通过对主观性文本进行统计分析，发现一些没有情感色彩的词语组合起来之后也会产生情感色彩，如"连…都…""你以为……呢"，句中并没有情感词，但却能够表达一定的情感倾向与情感强度，因此可以统计收集用于识别句子维度情感倾向的模板，进而提升识别效率。

3.3　篇章维度的文本情感分析

句子维度以上的情感分析任务便是篇章维度的情感分析。根据篇幅长度的不同可将篇章分为短文本和长文本。一般情况下，短文本篇幅短，主题单一，评价对象唯一，无需考虑多个主题或者多个评价对象的问题；长文本由于篇幅长、容量大，往往同一主题内部包含若干不同的小主题，因此文本中不同句群的主题、评价对象、评价对象的属性、观点持有者甚至情感倾向都不尽相同，需要对这些信息进行识别与提取，并将情感倾向、情感强度与相关要素链接起来构成元组。长文本的聚类问题和消歧问题是有待进一步研究的两个问题。

总体上，篇章层面情感分析涉及情感词的位置分布、位置权值，程度修饰、否定修饰、语义倾向，主、客观文本分类，句法结构、层次关系、整体架构、上下文语义理解以及领域知识、

---

① 形容词对于情感倾向贡献较大，名词对于评价对象和观点持有者贡献较大。

领域词典等问题,通常使用点互信息法、信息检索法、动态权值计算、n-gram 项、褒贬词汇统计、回归模型、序列标注等算法处理篇章层面的情感分析问题。位置系数、TF-IDF 词频、情感特征项自身的极值是篇章层面文本情感分析的重要参数。

篇章维度情感分析与词汇维度、句子维度情感分析的主要区别在于篇章维度往往需要借助上下文语义理解来完成情感分析任务。同一个词或者短语,在不同的上下文中,表达的情感倾向可能是不同的(Ding 等,2008)。

11)[某企业]一直在做虚假宣传,……,它能坚持到现在,大家都是有责任的。

12)咱们的[某企业]筚路蓝缕、披荆斩棘,……,大家都有责任让咱们的企业更好地发展下去。

以上两个例句具有相同的观点持有者所发表的情感信息——"有责任"。但"有责任"既可以表达正向情感,也可以表达负向情感,只分析"有责任"单句不能确定观点持有者的情感倾向,需要借助上下文语义信息来判断"有责任"的情感倾向。第一个例句的上下文含有"虚假宣传"等负面情感信息,因此第一个文本的"有责任"句为负面情感评价;第二个例句的上下文含有"更好地"等正面情感信息,因此第二个文本的"有责任"句为正面情感倾向评价。由此可见,虽然都含有"有责任",但所表达的情感倾向却大相径庭。

需要上下文信息辅助篇章情感分析主要表现为两种情况,一种情况为,同一个词语,在不同的领域所表达的情感倾向不同;另一种情况,即使在同一个领域,由于所指向的事物的属性不同,也会产生不同情感倾向的问题。

13)[某企业]的平台高。

14)[某小区]的物业费高。

15)[某小区]房子的举架高。

例句中,平台高则有利于自身的发展,例句(13)中"高"为正向情感评价;物业费高则需要缴纳更多的钱,例句(14)中"高"为负向情感评价,"高"在不同领域所表达的情感倾向不同。例句(15)举架高则噪声少、更凉爽,所以即使同在房地产领域,物业费高和举架高所表达的情感倾向也不同。

由此可见,情感词在不同领域所表现的情感倾向可能不同,在处理篇章维度的情感分析任务时,需要构建面向目标领域的情感词典;对于情感词面向同一领域不同属性表现出不同的情感倾向这一情况,需要确定情感词与具体属性之间的关系。领域词典的构建可以基于一个目标情感分析领域的语料库和一个通用的情感词典;识别属性词与情感词之间的关系可以采用"(context_sentiment_word, aspect)"方法(Ding 等, 2008),也可以采用网页搜索的方法(Turney,2002;Zhao,2012),也可以采用句法模板(Wu and Wen,2010)等方法。

情感分析领域很多任务都可以采用基于语料库的方法,比如扩充种子词、构建情感词典、构建新领域词典、基于深度学习的情感分析任务,语料库对于情感分析任务尤为重要。目前可用的语料库包括北京大学计算语言所 2000 年推出的 2000 万字《人民日报》标注语料库(PFR),北京师范大学 1983 年提供的 106 万 8 千字的中学语文教材语料库,原国家语言文字工作委员会提供的国家现代汉语语料库,香港城市大学语言资讯科学研究中心提供的 LIVAC 语料库, ChnSentiCrop 语料库,清华大学孙茂松教授等提供的 THUCNews 多类型中文文本数据集。由于褒贬情感分析比较成熟,很多情感分析任务比赛都有标注好的语料数据集,可直接用于模型训练与模型效率评估。

以上主要从词汇、句子和篇章三个维度论述文本情感分析的操作原理和研究现状。词汇维度论述了形容词、连词、动词、名词、副词和否定词对于文本情感分析的作用,基于情感词典进行情感分析的原理;句子维度论述了评价对象、观点持有者的识别与提取,情感词与二者的对应元组;篇章维度论述了上下文语义理解对情感分析的重要作用,领域词典的构建,情感词与属性的对应关系。以上三个维度的情感分析任务都可以采用基于情感词典的方法和基于机器学习的方法,基于词典的方法具有领域独立性,更加鲁棒,但在构建知识库方面比如词典、模板和规则需要耗费大量人力物力;基于机器学习的方法主要采用有监督的学习方法,面对目标领域需要人工标注训练数据,很难应用于多领域的情感分析应用场景。目前很多落地的情感分析系统使用的都是基于词典的方法,但随着机器学习技术的发展,从传统的机器学习到深度学习,从早期的 RNN、LSTM 到如今的 Bert,在海量数据的支撑下,深度学习算法逐渐彰显其优越性,基于深度学习的情感分析方法具有广阔的应用前景。

4. 文本情感分析的前景展望

"语言智能是人工智能皇冠上的明珠",而文本情感分析是语言智能这颗明珠上的璀璨之光。通过情感分析任务,政府可以了解互联网民众对于热点问题的态度与看法进而宏观调控,企业营销可以了解消费者的购买体验进而改良产品,教育机构可以挖掘学生对于线上教学的态度和评价进而提升教学质量,医疗机构可以分析患者的情感态度进而诊断心理健康问题。不只是政治、经济、教育、医疗领域,几乎各行各业都具有与本行业相关的情感分析需求。后疫情时期,随着线上办公互联网文本数据增多,加之心理问题患者增多,情感分析任务的需求更加强烈,情感分析技术亟待发展以解决当下的问题。那么,哪些领域需要文本情感分析技术的支撑,文本情感分析技术将如何发展,下文从应用需求、基础理论、关键技术、资源建设、人才培养等方面展望文本情感分析的发展前景,为文本情感分析的发展路径提供参考。

4.1 应用前景普及化

(1)国防安全领域的文本情感分析

社会各方面对情感分析的需求使其应用领域将会越来越宽广。首先,军事、国防、刑侦等领域对智能技术需求最为强烈,汇集了雄厚的研发资金与研发力量,情感分析技术在上述领域最先发展。国防科技大学文理学院梁晓波教授(2020)阐述了语言与情感分析对国家安全的重要性,信息时代的战争主要表现为信息战形式,语言在其中的作用形式、作用领域与作用主体都更加开阔,通过语言向对方参战人员以及后方群众实施心理攻击,可以实现大规模的覆盖、产出和影响,智能化语言技术将催生战场的新边疆、新模式、新战士。语言维度的情感分析也将会在信息战中发挥重要作用,通过挖掘某地区对于特定事件的情感与认知、观点与态度,可预测该社会群体的行为趋势,进而做出应对性部署。也就是说,通过收集文本言域数据,分析计算情感与观点的知域表示,以达到预测行域的目的。面向网络安全方面的情感分析,首先可挖掘潜在罪犯的信息。罪犯在实施犯罪前往往会在网络平台流露出危险信号,通过刑侦监测与情感分析网络发布的异常信息,可以挖掘出反社会行为人甚至潜在的罪犯。其次可以检测网络环境。针对造谣传谣、散播垃圾短信、水军造势等乱象,通过情感分析技术检测出谎言、谣言等不实信息,肃清网络环境,将网络媒体建设成可信赖的数据源。

（2）政治领域的文本情感分析

舆情监督是政治领域进行情感分析的主要目的。主要基于各大新闻平台以及微博、微信平台的网民评论,收集网民关于政府、某项政策或者某位政府职员的态度,公众态度是支持还是否定,公众评价是赞扬还是贬损;挖掘网民讨论的话题、了解社会舆论的热点,了解网民对这些热点的观点态度。通过分析这些数据可以掌握民众舆论动态,及时了解民众对已有政策或者将要推出政策的态度与看法,政府依据民众评价信息做出反应及调整,以协调评论走向、维持社会秩序。文本情感分析技术还可以根据网民的情感画像为其推送特定信息,主动引导网络社会舆情,使网络氛围趋于道德、文明、积极、健康。情感分析在国内与国际政治方面都扮演着重要角色,国家之间会对别国社会媒体进行信息挖掘,分析民众对于重大事件的评价与态度。不论是国内政治环境还是国际政治环境,不论是舆情监督还是舆情引导,文本情感分析技术都具有广阔的应用前景。

（3）经贸领域的文本情感分析

随着电子商务的蓬勃发展与不断完善,用户可以在产品评论区发布自己的购买体验,也可以分享购物满意程度。评论信息囊括了方方面面,用户对其所购买的食品、用品、影视、旅游等产品及服务都可以进行评论(Nasukawa 等,2003)。庞大的商品评价信息拓宽了文本情感分析应用前景,对用户所购买的产品及服务产生的反馈意见进行情感分析,可为生产商提供产品设计与改良的依据,提升产品的质量;为销售商提供销售策略、价格定位、服务参考以及同行业竞争情报,提升企业竞争力,完成产业升级,最终提升国家的竞争力;潜在客户也可通过查看产品评价信息制定购买决策,选择评价数量多、评价信息倾向于正面的商品进行购买。

（4）其他领域的文本情感分析

教育、医疗等领域对情感分析也有着极大的应用需求,情感分析将融入社会生活各个领域。教育教学方面,由于2020年以来线上教学增多,文本评论数据增多,可通过分析学生对于线上教学的态度评价改良教学方式方法、提升教学效果。另外,可根据学生在论坛、微博、微信等平台发表的信息进行精神健康数据分析,识别学生短期内的情绪表现以及长期内的情感趋向,读懂学生、服务学生。根据短期情绪特征推送精准、个性、灵活的教育服务系统,根据长期情感发展趋势掌握学生的心理健康状态,尽早发现心理问题与心理疾病,检测出抑郁倾向甚至自杀征兆,避免心理健康问题造成严重的后果。一些老人与儿童也容易存在心理问题,根据情感分析数据对独自生活的老人与患有自闭症的儿童进行情感调节,可缓解病患的情绪问题。还有众多领域,旅游、金融领域,社会事件分析、股市分析、广告效果检测、网络影响力检测等,都需要情感分析技术的支持。信息时代很多学科也关注到情感分析的重要性,营销学、社会学、交际学等相继引进了情感分析技术。

随着人工智能与生产生活的紧密结合,未来的情感分析将不再局限于某个特定领域,而是面向生活场景的开放型情感分析,最典型的应用是人机对话。随着聊天机器人逐渐走进生活场景，人机交互任务对机器人提出了更加自然、更加友好、更加智能的要求。能够识别、理解、表达以及适应人类的情感，是人机交互更加和谐智慧的前提，是新一代智能设备的共性技术，是人工智能从感知智能上升为认知智能的关键技术支撑。语言智能作为人工智能的分支领域，主从语言维度处理情感分析任务，助力人工智能在人机互动中产出更自然、更得体的文本。

4.2 情感维度多样化

（1）褒贬维度与情绪维度

自然状态下人类的情感丰富饱满，愉悦、感激、信任、嫉妒、愤怒、绝望等，这些情感可以从语言维度识别出来，用于构建用户画像、制定人机对话回复策略以及预测用户行动。目前人工智能领域引入的情感分析维度还比较单薄，主要局限于褒贬维度和几类情绪维度。经济驱力带动了情感分析的应用，应用领域决定了情感分析的维度。商品评价情感分析带来的丰厚利润使经济领域成为情感分析的主要应用领域，褒贬维度成为情感分析的主要维度。褒贬维度天然适合商品评价分析，通过获取用户对购买商品的褒贬态度与评价信息，使商家制定下一步营销策略。通过"高兴、愤怒、看好、厌恶"等情绪维度主要探测用户即时内心动态，以期获取用户具体时刻的心情状态，如对特定事件的情绪，或每天的心情、每周的心情，根据用户不同的心情推送不同的音乐、电影、餐饮、娱乐等产品及服务。基于褒贬维度和情绪维度情感分析所得数据可以用于政府监管与商业科技。

（2）其他情感分析维度

除政治领域和经济领域外，其他领域也需要情感分析，面向不同领域、不同任务将会推出不同的情感分析维度。比如教育教学领域，需要使用能够反映学生学习状态以及心理健康状况的情感维度，还需要能够检测校园论坛网络环境以及校园霸凌行为的情感维度；面向社会价值取向的情感分析可以采用认同感维度，针对特定话题分析民众的世界观、人生观与价值观取向；面向网络暴力监测的情感分析可以采用安全感维度，预测主体在身体方面或心理方面可能遭遇的危险；面向民生幸福指数评估可以采用愉悦感维度以及关爱感维度等，分析主体对外界事物及其变化所表现出来的快然、满意、舒心与幸福感受，分析主体是否关心他人、爱护他人，主动站在他人角度想问题。主体向外辐射正面情感的同时，自身更容易获得幸福感。综合多种维度共同进行情感分析将会获取更加精准、全面的评估信息，综合型情感分类方法虽然使计算机处理起来更加复杂，增加了数据分析与算法的复杂度，但能够攫取更多情感线索，获得更多价值信息，提升情感分析的效果与作用。

4.3 分析模态多元化

（1）溯源人类情感解码机制

人工智能情感分析源于对人类情感处理的模拟，人类在表现情感时可以使用多种表达方式，"情动于中而行于言，言之不足，故嗟叹之，嗟叹之不足，故永（咏）歌之，永歌之不足，不知手之舞之，足之蹈之也。"（引自《毛诗正义》毛亨）。表情、感叹、动作，都可以传达丰富的情感。人类在解码情感时也并非使用单一手段，而是通过视觉、听觉、触觉、嗅觉、味觉等多渠道进行综合分析。因此人工智能在处理情感识别问题时,不能单纯地采取语音识别、表情识别、图像识别、神经触感识别、文字识别等生理信号或第二性符号中的某一种形式来做识别,应注重每一个可能表达情感的细节,注重多种模态的综合处理,提升对非语言信息如表情、身势等、文化语境信息的计算能力,模拟人类多元解码方式,注重挖掘编码者的性别、年龄、性格、爱好,以及文本交流时使用的表情包、文本长度等数据中隐含的情感信息。

(2)情感分析的模态拓展

文本维度的情感分析将会结合语音维度和图像维度进行综合性情感分析。语音和表情是自然状态下情感交流的主要方式,相比于文字更加直接方便,在情感传递方面有着天然的优越性。传统时代由于时空限制,文字成为信息沟通的主要方式。随着科技的发展,互联网时代语音和视频打破了时空界限,5G 网络时代到来之后,视频通话更是成为远程沟通的主要方式。"4G 改变生活,5G 改变社会",智能时代语音与视频取代文字成为社会沟通交流的主要方式,这预示着自然语言处理领域的情感分析对象也将从文字向语音和图像倾斜,同时也需要解决之前出现过的难题。比如面向语音的情感分析,以往语言范畴的情感分析对象主要以文本和书面语为主,没有语音环境下背景噪声和方言口音的干扰,而面向语音维度的情感分析任务需要处理混杂着背景音与方言腔儿的口语信息,任务更具挑战性(李宇明,2017)。目前很多电子通信公司已具备剥离背景噪声技术,即使处在嘈杂的市场手机通话也听不到杂音。至于方言口音的识别与分析效果只能取决于方言口语语料的收集程度,这种方言口音识别类似于光学字符识别(OCR),虽然表现形式各异但分析的方法类似,只有积累大量数据才能提升识别效率,构建全面、均衡的情感分析用口语数据库,做好基础性工作是保证语音情感分析效率的关键。

(3)情感分析的多模态特征叠加

微软全球执行副总裁、微软人工智能及微软研究事业部负责人沈向洋(2017)表示,5 年之内机器语音可以超过人类,10 年之内机器视觉可以超过人类。大数据、算法与算力支撑了人工智能强大的运算能力,使基于语音的情感分析和基于图像的情感分析成为可能,甚至可以综合多模态来分析主体的情感,最终实现挖掘人在自然状态下通过不同体征表现出的各种情感。未来情感分析技术在注重广泛性与深刻性的同时,将会越来越注重整体性与融合性,语言措辞、语音语调、面部表情、身势动作,甚至心率、脉搏、血压、体温,都将成为情感分析的处理对象,使多种元素综合堆叠起来,相互协调、验证,识别同一时间内语言、表情、动作等共同表达的情感信息,进而提升模型的鲁棒性、确定性。构建面部表情数据库及其他对象数据库是进行多模态情感计算的基础性工作,未来综合性多模态情感分析将启动全面性情感感知技术,搭建更加完整的情感分析系统,跨领域、综合性、深度情感分析将越来越贴近真实的情感表示,提升人机情感互动的流畅性。

4.4 算法技术复杂化

(1)基于深度学习算法的文本情感分析

基于深度学习的情感分析法将会深化算法模型,降低训练时间与能耗,进一步提升情感分析的准确率。普遍认为基于语言学理论规则的方法是处理自然语言最正统的方法,但该方法的准确率往往达不到人类可接受的范围,这是由于现代汉语普通话使用时间相对来讲较短,加之受到古代汉语、方言以及"欧化"句式的影响,所以还不太稳定,从不太稳定的语料中总结出稳定的、恰当的、全面的语言规律与和语言理论比较困难,再将这些总结出来的理论应用到语言信息处理中更加困难,所以准确率很难保证。基于语言学理论规则的方法也不是进行语言处理的唯一方法,随着时代的发展,总是会结合新出现的、更加丰富的研究材料,交叉渗透可融合的学科,出现新的研究方法。基于深度学习的方法也可以进行自然语言处理,该方法得出的准确率和F1值优于基于规则的方法,所得结果也在人类可接受的范围内。基于深度学习的方法能够受到重视并得到推广,是模拟人类认知机制和学习机制、顺应习得规律的结果。人类能够习得语言不是因为懂得语言理论,不懂语言理论也可以熟练地使用语言。人类能够习得语言是由于脑部语言处理机制和语言经验积累共同作用的结果,也就是人类语言天赋和后天积累语言经验的结果,这两项分别对应计算机维度的神经网络模型算法与经验数据,所以通过计算机模拟人类习得语言与使用语言的方式,使用算法与大数据处理自然语言是可行的。历史学家尤瓦尔·赫拉利在《今日简史:人类命运大议题》中也认为通过深度学习算法可以计算人类的情感,文中论述了情感与情绪是生化程序反应的结果,可以通过强大的深度学习算法来分析情感表征,进而判断人类的性格、情感及情绪变化。目前情感分析产品应用也说明基于深度学习算法的情感分析的确取得了不错的成果。

(2)基于后深度学习算法的文本情感分析

计算机处理语言的策略在不断演化与发展,从20世纪50年代出现语言处理技术到90年代初,属于理性主义阶段,主要采用模板和规则、符号逻辑处理语言问题;从90年代初到2013年前后,属于经验主义阶段,主要采用统计机器学习的方法处理语言问题;自2013年至今,属于连结主义时期,主要采用多层神经网络的方法处理语言问题。目前神经网络模型的神经元数量远远没有人脑860亿个神经元那么多,模型内部神经元的组织协调、功能控制和模块分区也处于初级阶段,所以处理语言没有人类准确灵活,但已经取得了很好的成绩,算法结果已经能够应用到产业领域。并且,大数据可以为算法提供经验优势,人类经验只是基于过去几十年的积累,而算法可以在短时间内学习到相当于人类几百年的知识经验。大数据的思想通俗来讲就是历史经验,"凡事预则立不预则废",决策前要需要进行全方位、多角度的细致考虑,将所有历史经验综合分析后采取最优策略。大数据时代为决策提供了数据经验保障,将数据资源输入深度学习算法模型,得出预测或者分类的结果准确性往往高于人类直觉甚至人类推理。当下通过神经网络模型处理情感分析任务的效果已经达到了人类可接受的程度,并且分析效果还在不断改良与精进,今后使用计算机算法分析人类情感将会成为人工智能的必备技能之一,使人机交互环境更加和谐智慧。中国科学院院士、清华大学计算机系张钹教授(2019)认为,脑科学是人工智能的重点研究学科。人类大脑的连接模式特别复杂,计算机神经网络相对于人类大脑只是简单的模拟,这已取得了值得肯定的成绩。结合神经科学、脑科学的后深度学习算法,由于神经网络更加复杂,因此会降低对大数据的依赖。相比于如今深度学习算法所需的"大数据怪兽",后深度学习算法会在较少数据量的条件下训练出更加良好的模型。基于后深度学习算法的情感分析任务也将在使用较少情感数据的同时获得更好的情感分析效果。

（3）基于情商因素的文本情感分析

情商因素将会被纳入情感分析技术的考虑范围。认知能力分为智商型认知能力与情商型认知能力，人机情感交互倾向于使用情商型认知能力。目前情感分析任务主要是通过智商与逻辑来判断人类的情感，基于数据驱动对情感信息做理性分析，但只有理性分析还不能深入地解析人类情感，智商再高也未必能准确识别出情感信息。情感属于人类主观性意识范畴，相比于真正理解文本的语义和情感，再复杂的基于词典的匹配也只是简单的表象处理，解析主观情感更需要情商方面的知识。一方面，将情商因素考虑进来能够更加精准地识别人类情感；另一方面，通过学习情感分析结果也会进一步提升人工智能的情商。融入情商因素的情感分析将更加敏锐地察觉到用户的情感变化，照顾到用户的心情，根据用户的情感与情绪特征做出更人性化的回复，在提升了情感技术的同时也进一步提升了情商，人工智能情商与情感分析技术二者是相互促进的关系。

人工智能提升情商需要进行大量感性人文知识学习，语义词典和知识图谱内部包含丰富的人类感性知识，传统礼节、风俗习惯等地域文化，隐喻、讽刺等表达手法，各种情感语义特征可以通过语义词典和知识图谱来获取。计算机提升情商并不容易，相比于人脑，计算机缺乏基于小数据的学习能力和对于未知事件举一反三的推理能力，面向认知学和心理学的研究有助于厘清人类的学习行为、构建知识系统的原理、产生情感以及情感交流的机制。尤其是关于语言认知的研究，有助于探索语言习得规律及语言习得过程中人脑的神经运行机制（周建设，2012）。厘清上述原理和机制将进一步提升计算机的思维能力、表示能力、处理能力，并提升计算机的情商水平。提升情商后的人工智能情感分析系统将更加深刻、真实地探索与靠近人类情感，从表层的情感分析上升为深层的心理识别，最终抵达人类情感元维度解开人类情感的密码。

4.5 跨学科人才培养

情感分析技术有着广阔的应用前景，在应用需求刺激下将会进一步开发与拓展情感分析类型、综合处理情感分析对象、加深算法复杂度、引入情商分析方法，这些问题以及面临的难题与挑战归根结底都需要人才来解决。学科建设是人才培养的先决条件，情感分析具有明确的研究对象、丰富的研究内容、相对独立的研究理论，使其能够成为语言智能学科体系下一个独立的研究方向，与语音识别、机器翻译、问答系统、信息检索、文本摘要、实体识别等并列开展理论与技术研究。语言智能学科及其内部研究方向需要大力培养语言学与计算机学科交叉融合的语言智能综合型人才，加快传统语言学与计算机深度融合，使语言学研究者综合考虑深度学习算法与语言学知识，具备使用深度学习算法处理大数据的能力，使语言学理论以可量化、可操作、可计算的形式处理自然语言问题，解释深度学习算法在处理自然语言过程及结果中出现的语言现象，描写心理活动与情感轨迹如何在语言维度表现出来。据不完全统计，目前国内已设置人工智能专业的高校有百余所，其中不乏语言智能相关专业，情感分析研究方向也初具规模。一项技术从实验到落地应用需要 3 至 5 年，接下来经过语言智能研究者不断钻研，多轮 5 年后情感分析技术将会呈现突飞猛进发展之势。

4.6　余论

如果说自然语言处理是人工智能发展中遇到的难以逾越的山峰,那么情感分析就是自然语言处理中的珠穆朗玛峰(李飞飞, 2018)。人工智能领域其他任务都是基于客观数据,而情感分析任务的对象是主观意识,这使该任务具有一定的难度与挑战。目前情感分析还处于初级阶段,会逐渐呈现出上文提到的五大发展趋势,在发展过程中也会遇到一些疑难问题需要语言智能学者去研究与探索。

理论方面,文本情感分析技术还没有将语言学特征很好地融入计算规则,缺乏可解释的语义表征和计算方法,在篇章、句子和属性维度都存在尚未解决的问题,并且很多问题没有统一的标准。解决情感分析难题需要将语言学理论与计算机科学技术做进一步沟通与融合,还需要考察脑科学、认知学、心理学等学科,探索人脑内部的学习能力与情感表达动机,计算机不能像人脑那样在小规模数据上进行归纳与推理,是还没有认清人脑的学习机理,计算机不能完全识别各种情感,是还没有认清人类自身情感交流的机制。

技术方面,智能时代计算机是人类智能的延伸,需要增强网络模型内部神经元之间的组织协调能力,将网络模型区分为不同的模块以实现不同的功能,构建更加复杂的后深度学习算法,通过外部表征精准计算内部情感状态,降低情感分析的时间消耗,提升情感分析的计算效率。技术的更新与升级是情感分析应用与推广的有力保障。

资源方面,语料数据是模型训练的基础,需要搜集现实生活场景下的口语资料,构建口语数据库;构建大规模综合性情感分析用知识图谱,使计算机能够从表层的情感分析走向深层的情感理解。在数据的收集、存储与使用过程中会面临诸多问题,比如虚假数据给算法模型带来的噪声干扰,影响到算法模型的情感分析效率。隐私泄露对用户造成的安全问题,利用情感分析技术做不法行为,这些问题都需要制定配套的法律法规。语料资源与算法技术是情感分析不可或缺的两大要素,随着数据获取成本逐渐降低与深度算法越发精进,情感分析在数据库、算法技术等方面的投资与研发力度将会得到加强与改善,使其有能力充分学习和认识人类情感,最终学习出丰富的情感类型,进而满足各领域各产业的情感分析应用需求。

应用方面,目前情感分析任务比较成熟的应用领域还局限在商品评论、舆情分析、股市预测等个别领域,教育、医疗、交通等其他众多领域还没有比较成熟的情感分析产品,并且情感分析的最终目标是构建面向生活化、开放型情感分析,使人机交互更加自然、更加和谐。

当一切疑难问题被解决之后,计算机能够精准地识别人类的情感,并且能够说出有感情的话语,做出有情感的动作时,又出现了计算机自主意识问题以及计算机威胁论。对于计算机是否将会具有自主意识问题,通过听取李德毅院士、孙茂松院士等在教育部国家语委中国语言智能研究中心的多次会议发言得知,没有必要对人工智能产生自主意识与自主情感问题而担忧,人工智能没有生理基础,无法感受世界与存在,不会产生自主意识。即使将来的情况不可预测,但目前以及在很长一段时期内,人工智能仍将处于弱人工智能时代,不会形成自主意识。对于人工智能自主意识威胁论,大部分学者认为,生存竞争的本质是获取食物,而人工智能不需要人类食物甚至不需要休息,所以不会与人类竞争也不会威胁人类的命运。对于人工智能自主情感问题,情感同样产生于主体对外界的感受,包括感官获取的感受与心理生发的感受,人类能够感受到舒适或者疼痛,以及由于血缘关系或社会关系导致的心理感受,进而影响到情感与情绪,或者高兴或者悲伤,进而产生反应性行为。人工智能并没有感官感受也没有心理感受,所以在获得感官感受与心理感受之前,人工智能不会产生自主情感。但是,人工智能的确影响到了社会分工与社会生产,人工智能超越了人类生理极限并且能够更加高效地完成任务,导致人类的身份构建与自我认同受到威胁。

事物具有两面性,在接受人工智能带来高效便利的同时也需要积极应对其所带来的各种问题,人类需要终生学习并不断提升自我能力,不断开发自我、实现自我价值。总体来讲,从刀耕火种到现代科技,人类一直在借用工具来延伸体力与智力,科技作为一种工具,虽然偶尔出现意外,但大体上保证了人们吃饱穿暖、安居乐业,使人类社会向好发展。并且,科技是一种力量,向善是一种选择,问题不在工具而在于使用工具的人,人工智能研究者一定要有责任担当,一定要将科技掌握在正义与光明之手,使科技服务于人类的和平与进步。综上所述,虽然在开发与使用过程中存在诸多问题与困难,但应看到情感分析的价值与潜力,各种挑战与强烈的应用需求使情感分析研究充满生命力,使其在发现问题与解决问题不断迭代的过程中进一步向前发展。

参考文献

[1] 曹宇,李瑞天,贾真,等. BGRU:中文文本情感分类的新方法[J]. 计算机科学与探索,2018,07(24):1-11.
[2] 陈强,何炎祥,刘续乐,等. 基于句法分析的跨语言情感分析[J]. 北京大学学报:自然科学版,2014,50(1):55-60.
[3] 丁蔚. 基于词典和深度学习组合的情感分析[D]. 西安:西安邮电大学,2017.
[4] 杜慧,徐学可,伍大勇,等. 基于情感词向量的微博情感分类[J]. 中文信息学报,2017,31(3):170-176.
[5] 关鹏飞,李宝安,吕学强,等. 注意力增强的双向 LSTM 情感分析[J]. 中文信息学报,2019,33(2):105-111.
[6] 胡熠,陆汝占,李学宁,等. 基于语言建模的文本情感分类研究[J]. 计算机研究与发展,2007,44(9):1469-1575.
[7] 黄仁,张卫. 基于 Word2vec 的互联网商品评论情感倾向研究[J]. 计算机科学,2016,43(6A):387-389.
[8] 李荣军,王小捷,周延泉.PageRank 模型在中文情感词极性判别中的应用[J]. 北京邮电大学学报,2010,33(5):141-144.
[9] 李宇明. 迎接与机器人共处的时代[N]. 光明日报,2017-08-06(12).
[10] 梁晓波. 智能时代:催生未来语言站新边疆、新模式、新战士[J]. 语言战略研究,2020,5(1):5-9.
[11] 刘兵,刘康,赵军译. 情感分析:挖掘观点、情感和情绪[M]. 北京:机械工业出版社,2017.
[12] 柳位平,朱艳辉,栗春亮,等. 中文基础情感词词典构建方法研究[J]. 计算机应用,2009,29(10):2875-2877.
[13] 宋继华,杨尔弘,王强军,等. 中文信息处理教程[M]. 北京:高等教育出版社,2011.
[14] 佟悦. 汉语文本认同感分析与计算研究[D]. 北京:首都师范大学,2020.
[15] 阳爱民,林江豪,周咏梅. 中文文本情感词典构建方法[J]. 计算机科学与探索,2013.7(11),1033-1039.
[16] 姚天昉,程希文,徐飞玉,等. 文本意见挖掘综述[J]. 中文信息学报,2008,22(3):71-80.
[17] 张钹. 人工智能进入后深度学习时代[J]. 智能科学与技术学报,2019,1(1):4-6.
[18] 赵妍妍,秦兵,刘挺. 文本情感分析[J]. 软件学报,2010,21(8):1834-1848.
[19] 周建设. 语言理论研究的拓展与语言应用的强化[J]. 语言文字应用,2012,(2):31-33.
[20] BING LIU. Sentiment analysis and opinion mining. In synthesis lectures on human language thechnolo-

gies[M]. San Francisco: Morgan & Claypool Publishers, 2012.

[21] BING LIU. Sentiment analysis: Mining sentiments, opinions, and emotions[M]. London: Cambridge University Press, 2015.

[22] BOLLEN, JOHAN, HUNIA MAO, XIAO-JUN ZENG. Twitter mood predicts the stock market[J]. Journal of Computational Science, 2011, 2(1): 1-8.

[23] KIM J, KIM M H. An evaluation of passage-based text categorization[J].Journal of Intelligent Information Systems, 2004, 23(1): 47-65.

[24] MAITE TABOADA, JULIAN BROOKE, MILAN TOFILOSKI, et al.lexicon-based methods for sentiment analysis[J]. Computational Linguistics, 2011 ,37(2): 267-307.

[25] P D TURNEY, M L LITTMAN. Measuring praise and criticism: Inference of semantic orientation from association[J]. ACM Transactions on Information Systems, 2003, 21(4): 315-346.

[26] YAO TIANFANG, LOU DECHENG.Research on semantic orientation analysis for topics in chinese sentences[J]. Journal of Chinese Information Proceeding, 2007, 21(5): 73-79.

[27] NASUKAWA T, YI J. Sentiment analysis: Capturing favorability using natural language processing [C]// ACM. Proceedings of the 2nd international conference on knowledge capture.Washington, DC, 2003: 70-77.

[28] HU M, LIU B. Mining and summarizing customer reviews [C]// ACM. Proceedings of ACM SIGKDD International Conference on Knowledge Discovery and Data Mining. Washington, DC, 2004: 168-177.

[29] TURNEY P D. Thumbs up or thumbs down? Semantic orientation applied to unsupervised classification of reviews [C]// Association for Computational Linguistics. Proceedings of Annual Meeting of the Association for Computational Linguistics. PA, 2002: 417-424.

[30] WIEBE J. Learning subjective adjectives from corpora [C]//Menlo Park. Proceedings of National Conference on Artificial Intelligence. CA, 2000: 735-741.

[31] HATZIVASSILOGLOU V, MCKEOWN K. Predicting the semantic orientation of adjectives [C]//Association for Computational Linguistics. Proceedings of the 8th Conference on European Chapter of the Association for Computational Linguistics, NJ, 1997: 174-181.

[32] KANAYAMA H AND TETSUYA N. Fully automatic lexicon expansion for domain-oriented sentiment analysis [C]//Proceedings of conference on empirical methods in natural language processing,2006.

[33] RILOFF E, WIEBE J.Wilson T. Learning subjective nouns using extraction pattern bootstrapping [C]//Proceedings of the seventh conference on computationall natural learning, 2003: 25-32.

[34] TARAS ZAGIBALOV, JOHN CARROLL. Automatic seed word selection for unsupervised sentiment classification of Chinese text [C]// Proceedings of International Conference on Computational Linguistics. Manchester,2008: 1073-1080.

[35] PANG B, LEE L. Using very simple statistics for review search: An exploration [C] //Coling 2008 Organizing Committee. Proceedings of International Conference on Computational Linguistics. Manchester, 2008: 75-78.

[36] KIM S. M., HOVY E. Determining the sentiment of opinions[C]// Association for Computational Linguistics. Proceedings of the 20th International Conference on Computational Linguistics. PA,2004: 1367-1373.

[37] KIM S M, HOVY E. Identifying and analyzing judgment opinions[C]// Association for Computational Linguistics. Proceedings of the joint Human Language Technology/North American Chapter of the ACL Conference. PA, 2006: 200-207.

[38] XIAOWEN D, BING L, PHILIP S. A Holistic Lexicon-Based Approach to Opinion Mining[C]// Proceedings of the Conference on Web Search and Web Data Mining, 2008.

[39] ZHAO, YANYAN, BING QIN, TING LIU. Collecation Polarity Disambiguation Using Web-Based Pseu-

do Contexts[C]// Proceedings of the 2012 Conference on Empirical Methods in Natural Language Proceeding, 2012.

[40]   YUNFANG W, MIAOMIAO W. Disambiguating Dynamic Sentiment Ambiguous Adjectives [C]// Proceedings of the 23rd International Conference on Computational Linguistics, 2010.

基于生成词库理论的情感词释义研究 ①

王伟丽 [1,2],周建设 [1,2],张凯 [1,2]

1. 首都师范大学;2. 中国语言智能研究中心

摘要:本文在生成词库理论的基础上对情感词的释义进行了研究,并对其释义内容进行了调查和评测。总体而言,当基于生成词库理论的情感词释义更加简短、用语更易懂时,这种释义模式接受程度更高。在自然语言理解中,基于生成词库理论的情感词释义标注论元结构、事件结构、形式角色等的释义方法是可以被接受的,但这种释义方式看起来更为烦琐,似乎也因成分烦琐而不够简单易懂,且重点不够突出。在"人脑"和"计算机"对话的过程中,找到二者共同的语义识解模式,是未来情感词的词汇释义和情感词典的释义模式研究要进一步探索的重要问题。

关键词:生成词库理论;情感词典;情感词释义;释义接受度调查

Research on the Interpretation of Emotional Lexicon Based on the Generative Lexicon Theory

Wang Weili, Zhou Jianshe, Zhang Kai

ABSTRACT: According to the Generative Lexicon Theory, which is Semantic Generation Mcchanisms proposed by Pustejovsky, this research attempts to interpret emotional words. And in the followings, this research makes some investigates and evaluates. In general, the evaluation results show that the interpretations are more shorter and the terms are more easier to be understood. And the people have more higher construing for the interpretation modes based on the Generative Lexicon Theory. The modes of the interpretations including argument structure, event structure, form role can be accepted. But the interpretation modes seem to be more tedious, and then they are not very easy to be understood, and the focus interpretations are not to be enough emphasized. Whether this tedious interpretation modes based on Generative Lexicon Theory are more suitable for the semantic processing of the computer is a question which we need to make some further researches in the future.

Keywords: Generative Lexicon Theory; emotional lexicon; emotional word interpretation; interpretation acceptance survey

1. 引言

1.1 关于情感词释义的相关问题

随着计算机和网络技术的飞速发展,计算机要理解人类的自然语言,计算机对文本进行情感理解和情感分析,成为当前自然语言处理要面临的重要问题。当前自然语言处理中文

---

① 本文获以下项目资助:国家社科基金一般项目(17BYY211),国家语委重点项目(ZDI145-17),科技创新2030重大项目(2020AAA0109700),教育部科技司项目(MCM2020_4_2),国家语委科研项目(YB135-163),北京市社科基金重点项目(22YYA002)。

本的情感信息有很多隐蔽性、多义性和歧义性,因此对于自然语言情感信息重要载体的情感词的词汇语义进行进一步的深入研究,是自然语言处理的关键。当前为解决情感词的语义问题,学界建立了情感词典,现有的影响力比较大的情感语义词典主要有 WordNet 和 Hownet,这两部词典常作为构建其他情感词典的基础词典,都没有对情感词的词汇语义进行微观的释义,因此对情感词的释义进行研究是进一步发展完善情感词典的关键。

针对情感词的词典释义的研究相对较少,目前大多情感词的语义研究是聚焦在计算机领域的情感计算,从释义的角度来对情感词进行有针对性的更加微观的研究,是情感词以及情感词典研究需要进一步面对的重要问题。

1.2 关于生成词库理论的相关问题

生成词库理论(Generative Lexicon Theory)是美国布兰迪斯大学(Brandeis University)计算机系教授 Pustejovsky 提出的,用于解决语义生成的相关问题。生成词库理论首次把生成方法引入到词义和其他的领域中,是基于计算和认知的自然语言意义模型。这一理论把词义形式化进行计算,试图解释词义的不同用法以及生成性的问题,主要研究各语言中的逻辑性多义、语境调节性意义模糊和意义变化等等问题。生成词库理论关注词语的指谓及如何指谓的问题,希望通过对词语的语义结构作多层面的详尽描写和建构数量有限的语义运作机制,解释词义的语境实现,为实现这一目标,生成词库论尝试将部分百科知识和逻辑推理关系写入词义或词法。这一理论本身的特性使其能够被有效运用于词汇的释义与语境理解中去。

情感词的释义以及情感词典的建设推进与发展需要理论基础,而生成词库理论本身的出发点与理论特点使其能够被有效运用于词汇的释义与语境理解中去。近些年来,有学者开始尝试将生成词库论与词典释义相结合,探寻更科学的释义方式,例如李强、袁毓林(2016)以名词语义类型和物性结构为基础,探讨了名词的用法特点和词典释义问题,并引发了讨论。目前学者们已从生成词库理论出发对汉语研究及词典释义中的一些问题进行了许多研究,我们将生成词库理论引入情感词释义以及情感词典的建设中是具有一定可行性的。

生成词库理论建立的初衷是在计算和认知的基础上对自然语言的意义分析建立模型,这种基于生成词库理论的释义模式,是不是也适用于人类对自然语言意义的认知和理解呢? 在情感词典的建设中,我们需要对计算机和人类共同认知和理解的自然语言的相关问题进行进一步的研究。在"人脑"和"计算机"对话的过程中,找到二者共同的语义识解模式,也是未来情感词的词汇释义和情感词典的释义模式研究要进一步探索的重要问题。

2. 以生成词库理论为基础进行情感词释义的尝试

情感(emotion)一词来源于希腊文"pathos",最早用来表达人们对悲剧的感伤之情。《辞海》对情感的释义为"指人的喜、怒、哀、乐等心理表现。"《现代汉语》中对情感定义为:"对外界刺激肯定或否定的心理反应,如喜欢、愤怒、悲伤、恐惧、爱慕、厌恶等。"《心理学大辞典》将情感定义为"情感是人对客观事物是否满足自己需要而产生的态度体验,是态度的一部分,是态度在生理上一种较复杂而又稳定的生理评价和体验"。情感词有一部分是具有明显情感标记和情感指向的词,这部分情感词在词典释义中情感被很明确地标注出来,是情感词中典型的部分,例如开心、快乐、高兴等等。还有一部分情感词是隐性情感词,这部分情感词含有情感态度和情感评价的词,例如,我们下文要进一步研究的一系列喜爱义心理动词等等。

我们以生成词库理论为基础进行喜爱义心理动词的释义尝试,要以物性结构与论元结构为释义重点,在科学理论基础上,用规范的语言和示例解释规范语义、展现规范用法,准确地描述词义,以浅显易懂的语言进行词汇语义的分析。

如根据喜爱义心理动词"爱"的语义表征:

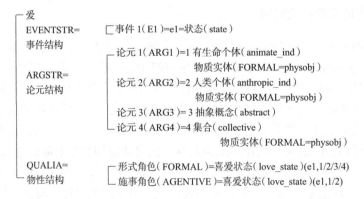

"爱"表喜爱义的动词用法中,事件结构包含表状态的子事件,事件同时发生。论元包含四个论元,分别是有生命的物质实体1、个体的物质实体2、抽象概念3、物质集合4。"爱"是一个表状态的概念聚合,形式角色是物质实体或抽象概念被爱的这一状态,施事格是有生命的物质实体1"爱"的心理状态。就可以在释义中以浅显的语言凸显出喜爱义心理动词"爱"的这些语义特点:"人或动物对人、动物或事物有很深的感情"

在这里将在爱、爱好、宠、宠爱、敬爱、酷爱、怜爱、溺爱、热爱、喜爱、喜欢、心疼、钟爱等13个常用的、汉语学习者接触较多的喜爱义心理动词的词汇表征特点基础上总结出释义要素,并用更浅显的语言将词汇表征整合起来,进行释义尝试。

（1）爱

影响"爱"的词义的词汇表征直观来看如下表:

爱	
事件结构	
表状态,事件同时发生	
论元结构	
论元	有生命的物质实体、个体的物质实体、抽象概念、物质集合
物性结构	
形式角色	人类实体、物质实体、抽象概念或物质集合被爱的状态
施事格	有生命的物质实体

若将这些元素编入释义,需要用更简洁易懂的语言进行呈现:

具体释义条目如下:

【爱】(爱)ài [动] 人或动物对人、动物或事物有很深的好的感情:~祖国 | ~人民 | 一般人觉得,我们要~人,不要恨人。| 他~上了一个姑娘。

(2)爱好

爱好	
事件结构	
e1 表状态,e2 表过程,事件同时发生	
核心事件	e2
论元结构	
论元	人类实体、个体物质实体、抽象概念
物性结构	
合成类概念聚合	
形式角色	习惯行为这一状态
施事格	人类实体(有兴趣的心理状态)

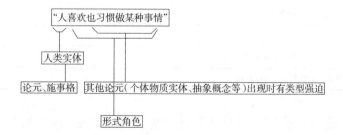

具体释义条目如下:

【爱好】(爱好)ài hào [动] 人喜欢也习惯做某种事情:~体育 | ~音乐 | 他有许多~科学的朋友。

(3)宠

宠	
事件结构	
表状态	

续表

宠	
论元结构	
论元	人类实体、个体物质实体
物性结构	
形式角色	小辈、被关爱的人类实体或物质实体
施事格	人类实体(地位较高、力量更强)

具体释义条目如下:

【宠】(寵)chǒng[动] 年龄更大或地位更高的人更喜欢年龄更小或地位比较低的人,可以原谅他们做的很多事情(后面常加补语:"这样会宠坏孩子的"):~孩子 | ~狗 | 她如同一个小公主,总是被人们~着。

(4)宠爱

宠爱	
事件结构	
表状态	
论元结构	
论元	人类实体、个体物质实体
物性结构	
形式角色	小辈、被关爱的人类实体或物质实体
施事格	人类实体(地位较高、力量更强)

"宠爱"与"宠"的词汇表征大致相同,但"宠"后常加补语"坏",如"宠坏孩子"。另外,"宠爱"与"宠"常搭配的受事名词不同。除"宠孩子"这一搭配外,"宠"与单音节自然类受事词搭配,如"宠狗"、"宠猫";"宠爱"多与双音节受事名词搭配,如"宠爱妻子"、"宠爱动物"。故而在此次释义尝试中,"宠爱"与"宠"的释义用语并无太大差别,差别主要体现在用例上。以下是"宠爱"的具体释义条目:

【宠爱】(寵愛)chǒng ài [动] 年龄更大或地位更高的人很喜欢年龄更小或地位比较低的人,可以原谅他们做的很多事情:~孩子 | ~小动物 | 她是母亲最~的女儿。

（5）敬爱

敬爱	
事件结构	
表状态	
论元结构	
论元	人类实体
物性结构	
形式角色	受尊敬的、有声望的人类实体
施事格	人类实体（有尊敬及喜爱的状态）

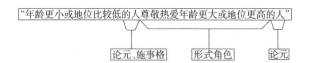

具体释义条目如下：

【敬爱】(敬爱)jìng ài [动] 年龄更小或地位比较低的人尊敬热爱年龄更大或地位更高的人：~父母｜~老师｜这些孩子都很~长辈。

（6）酷爱

酷爱	
事件结构	
表状态	
论元结构	
论元	人类实体、物质实体、抽象概念
核心论元	人类实体
物性结构	
合成类概念聚合	
形式角色	与物质实体或抽象概念有关的行为习惯、很深的兴趣状态
施事格	人类实体（有感兴趣的状态）

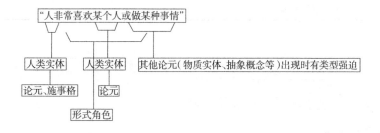

具体释义条目如下：

【酷爱】(酷爱)kù ài [动] 人非常喜欢某个人或做某种事情：~书法｜~音乐｜中华民族~和平。｜他~文学,写过很多小说作品。

（7）怜爱

怜爱	
事件结构	
表状态	
论元结构	
论元	人类实体、物质实体
核心论元	人类实体
物性结构	
形式角色	人类实体或物质实体喜欢、想要保护的状态
施事格	人类实体(地位较高或力量更强)

具体释义条目如下：

【怜爱】(憐愛)lián ài [动] 地位较高或力量更强的人喜欢、想保护某人：~女儿｜~太太｜这孩子个子小小的,眼睛大大的,真惹人~。

（8）溺爱

溺爱	
事件结构	
表状态	
论元结构	
论元	人类实体
物性结构	
形式角色	进行溺爱的、被溺爱的人类实体
施事格	人类实体(长辈)

具体释义条目如下：

【溺爱】(溺愛)nì ài [动] 年龄更大的人太喜欢年龄更小的人,可以原谅他们犯的很多错误:~孩子丨~儿女丨外祖母一直很~外孙。

（9）热爱

热爱	
事件结构	
表状态,事件同时发生	
论元结构	
论元	有生命的物质实体、个体的物质实体、抽象概念、物质集合
物性结构	
形式角色	物质实体、抽象概念或物质集合很深的被爱的状态
施事格	有生命的物质实体

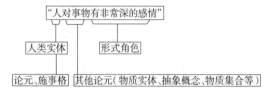

具体释义条目如下:

【热爱】(熱愛)rè ài [动] 人对事物有非常深的感情:~工作丨~祖国丨因为家庭文化的影响,她从小也~艺术。

（10）喜爱

喜爱	
事件结构	
表状态,事件同时发生	
论元结构	
论元	有生命的物质实体、个体的物质实体
物性结构	
形式角色	物质实体、有生命的物质实体、抽象概念很深的被喜欢的状态
施事格	有生命的物质实体(有很深的喜欢的状态)

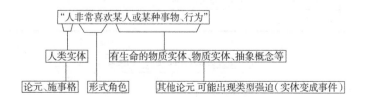

具体释义条目如下：

【喜爱】(喜愛)xǐ ài [动] 人非常喜欢某人或某种事物、行为：~游泳丨~书法丨巴西和墨西哥人民~可可树丨这小孩子真惹人~。

（11）喜欢

喜欢	
事件结构	
表状态,事件同时发生	
论元结构	
论元	有生命的物质实体、个体的物质实体
物性结构	
形式角色	喜欢物质实体、有生命的物质实体、抽象概念的状态
施事格	有生命的物质实体(有喜欢的状态)

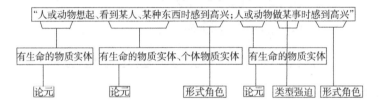

具体释义条目如下：

【喜欢】(喜歡)xǐ huān [动] 人或动物想起、看到某人、某种东西时感到高兴；人或动物做某事时感到高兴：~祖父丨~兔子丨~戏剧丨他~文学,我~数学。

（12）心疼

怜爱	
事件结构	
表状态	
论元结构	
论元	人类实体、物质实体
核心论元	人类实体
物性结构	
形式角色	担心人类实体受损的或被担心受损的状态
施事格	人类实体

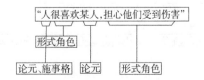

具体释义条目如下：

【心疼】xīn téng[动] 人很喜欢某人，担心他们受到伤害：~妈妈｜~老人｜老太太最~小孙子。

（13）钟爱

钟爱	
事件结构	
e1 表状态，e2 表过程，事件同时发生	
核心事件	e2
论元结构	
论元	人类实体、个体物质实体、抽象概念
物性结构	
合成类概念聚合	
形式角色	有针对性的习惯行为的状态
施事格	人类实体（有兴趣的心理状态）

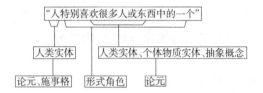

具体释义条目如下：

【钟爱】(鐘愛)zhōng ài [动] 人特别喜欢很多人或东西中的一个：~大自然｜~中国菜｜祖母~最小的孙子。

3. 生成词库释义与权威词典情感词释义对比

为了解各类词典对喜爱义心理动词的释义方式，我们选取了当前各类权威工具书《现代汉语词典》、《现代汉语学习词典》、《商务馆学汉语词典》与《当代汉语学习词典》等等四本词典进行了参照。《现代汉语词典》与《现代汉语学习词典》的释义方式很相似，但《现代汉语学习词典》相较于《现代汉语词典》多了对词性的标注。如两本词典对"爱"、"宠爱"、"溺爱"的释义：

	现代汉语词典	现代汉语学习词典
爱	对人或事物有很深的感情	（动）对人或事物有深厚的感情
宠爱	（上对下）喜爱；骄纵偏爱	（动）（上对下）偏爱；骄纵
溺爱	过分宠爱（自己的孩子）	（动）过分宠爱

《当代汉语学习词典》的释义方式比较特别,将词放在语境中,以语境解释来解释词汇:

	当代汉语学习词典
爱	他~妻子,对妻子很好。→他对妻子有很深的感情。
爱好	我~运动。→我喜欢运动。
敬爱	人们~这位伟大的总统。→人们尊敬他、热爱他。

《商务馆学汉语词典》的释义方式与《现代汉语词典》和《现代汉语学习词典》两本词典较为类似,但对一些喜爱义心理动词的释义用词用句更为浅显:

	商务馆学汉语词典
宠爱	(动)(上对下)因喜欢而过分偏爱
溺爱	(动)(对孩子)过分地爱

与前面提到的这些词典对喜爱义心理动词的释义相比较,本文的释义尝试站在生成词库理论的基础上,对这些心理动词进行了分析,进而进行释义,在释义中显示了这些心理动词最常用的施成角色、受事角色、形式角色及主要论元,但相较于这些词典对喜爱义心理动词的释义,本文的释义方式看起来更为烦琐,似乎也因成分烦琐而不够简单易懂,且重点不够突出。

如《商务馆学汉语词典》对"宠爱"的释义:

【宠爱】(动)(上对下)因喜欢而过分偏爱

本文对"宠爱"的释义尝试:

【宠爱】(寵愛)chǒng ài [动] 年龄更大或地位更高的人很喜欢年龄更小或地位比较低的人,可以原谅他们做的很多事情:~孩子 | ~小动物 | 她是母亲最~的女儿。

为将"宠爱"表状态的事件结构、与人类实体及个体物质实体有关的论元结构、与被关爱小辈的人类实体或物质实体相关的形式角色、地位高力量强的人类实体施事格纳入释义,本文对"宠爱"的释义显然不如《商务馆学汉语词典》中对"宠爱"的释义简洁易懂、重点突出。

4. 情感词释义接受度调查

为了验证本文中释义尝试的效果,我们以《现代汉语词典》、《现代汉语学习词典》、《商务馆学汉语词典》与《当代汉语学习词典》这四本词典的释义及为基础,以爱、爱好、宠、宠爱、敬爱、酷爱、怜爱、溺爱、热爱、喜爱、喜欢、心疼、钟爱等13个常用的、汉语学习者接触机会较多的喜爱义心理动词的不同释义接受程度为调查内容,以汉语中级水平学习者为调查对象,进行了调查①。

这次调查邀请了 43 位汉语中级水平学习者,这些学习者包括 9 位已于黑龙江大学国际文化教育学院留学生、24 位首都师范大学国际文化学院留学生、6 位美国明德大学北京中文学校 2018 年秋季学期学生及 4 位于北京语桥文化交流中心学习的留学生。其中,大多为韩国国籍汉语学习者,有 17 位;美国留学生 6 位;俄国留学生 5 位;日本留学生 4 位。另外也有阿根廷、意大利、德国、泰国等国留学生。

调查时,请他们在调查表中勾选自己更喜欢、更认同的释义方式,调查结果如下:

	一		二		三		四	
	商务馆学汉语词典		当代汉语学习词典		现代汉语学习词典		本文	
	人数	占比	人数	占比	人数	占比	人数	占比
爱	29	67.44%	2	4.65%	0	0	12	27.90%
爱好	19	44.18%	4	9.3.%	0	0	20	46.51%
宠	12	27.90%	-		5	11.63%	16	37.21%
宠爱	17	39.53%	-		2	4.65%	24	55.81%
敬爱	17	39.53%	3	6.98%	0	0	13	30.23%
酷爱	28	65.12%	-		4	9.3.%	11	25.58%
怜爱	19	44.18%	2	4.65%	0	0	24	55.81%
溺爱	27	62.79%	-		13	30.23%	3	6.98%
热爱	7	16.28%	13	30.23%	0	0	23	53.49%
喜爱	14	32.56%	-		13	30.23%	16	37.21%
喜欢	11	25.58%	6	13.95%	13	30.23%	13	30.23%
心疼	20	46.51%	-		1	2.32%	22	51.16%
钟爱	16	37.21%	-		14	32.56%	23	53.49%

由统计结果来看,或许是因为使用习惯,中级水平汉语学习者较少接受《当代汉语学习词典》中引导句和解说句结合、在语境中释义的方法,如:

【爱好】我~运动。→我喜欢运动。

在这一释义中,"我爱好运动"为引导句,是包含被解释词语"爱好"的基本句;"我喜欢运动"为解说句,用词典中有的其他词语显化引导句意义。

相较于没有列出词性的释义,中级水平汉语学习者更喜欢列出词性的释义。外向型学习词典《商务馆学汉语词典》与内向型学习词典《现代汉语学习词典》的释义用语大多类似,但《商务馆学汉语词典》会在词目后列出词性。如《商务馆学汉语词典》对"敬爱"的释义:

【敬爱】(动)尊敬热爱

《现代汉语学习词典》中对"敬爱"的释义:

---

① 附注:以留学生中的中级水平的汉语学习者为调查对象,而不是以汉语为母语的学习者为调查对象,主要是因为留学生对汉语的认知和理解是不受背景语言知识影响的,更容易测评出释义的可理解度。

【敬爱】尊敬热爱

有 39.53%的受调查者选择了标出词性的《商务馆学汉语词典》中的释义,但没有受调查者选择未标出词性的《现代汉语学习词典》。

总体而言,我们的中级水平汉语学习者调查对象可以接受本文在生成词库理论基础上进行的以较浅显的语言在释义中标注论元结构、事件结构、形式角色等的释义方法。接受程度似乎会受到释义用语长短及语言烦琐程度的影响。

如本文对"溺爱"的释义尝试:

【溺爱】(动)年龄更大的人太喜欢年龄更小的人,可以原谅他们犯的很多错误。

这一释义中,包含了"溺爱"表状态的事件结构、与人类实体相关的论元结构、与被溺爱的人类实体相关的形式角色及一般为长辈人类实体的施事格,释义内容多、语句长。

仅有 6.98%的受调查者更喜欢这条释义,而有 62.79%的受调查者选择了《商务馆学汉语词典》中对"溺爱"的释义:

【溺爱】(动)(对孩子)过分地爱。

再如本文对"钟爱"的释义尝试:

【钟爱】(动)人特别喜欢很多人或东西中的一个。

这一释义中,将"人"这一人类实体施事格放在最前,包含了与人类实体、个体物质实体、抽象概念相关的论元"人、很多人、东西",以"……中的一个"来点出表有针对性的习惯行为的状态的形式角色。

有 53.49%的受调查者选择了这条释义,有 37.21%选择了《商务馆学汉语词典》中对"钟爱"的释义:

【钟爱】(动)特别喜爱(用于长辈对子女或其他晚辈中的某一个)。

可见,中级水平汉语学习者更喜欢长度较短、用语简洁的释义。当本文的释义尝试中的释义用语较简短时,受调查者更能接受本文的释义尝试。

但也有例外情况,如有 55.81%的受调查者选择了本文对"宠爱"的释义尝试:

【宠爱】(动)年龄更大或地位更高的人很喜欢年龄更小或地位比较低的人,可以原谅他们做的很多事情。

为将"宠爱"表状态的事件结构、与人类实体及个体物质实体有关的论元结构、与被关爱小辈的人类实体或物质实体相关的形式角色、地位高力量强的人类实体施事格纳入释义,本文对"宠爱"的释义不够简洁易懂、重点突出。

有 39.53%的受调查者选择了《商务馆学汉语词典》对"宠爱"的释义:

【宠爱】(动)(上对下)因喜欢而过分偏爱。

出现这种情况的原因似乎是《商务馆学汉语词典》的释义中出现了并不常用的"偏爱"一词对"宠爱"进行了释义。

总体而言,中级水平汉语学习者是可以接受本文所尝试的在释义中标注论元结构、事件结构、形式角色等的释义方法的,但本文的释义方式看起来更为烦琐,似乎也因成分烦琐而不够简单易懂,且重点不够突出。当用这种方法进行的释义更加简短、用语更易懂时,中级水平汉语学习者对本文的释义接受程度更高。

5. 结语

在生成词库理论的基础上,本文尝试着对选出的 13 个情感词进行了释义,并就释义内容以中级水平汉语学习者为调查对象进行了调查。调查结果显示,总体而言,当基于生成词库理论进行的释义更加简短、用语更易懂时,中级水平汉语学习者对这种释义模式接受程度更高。中级水平汉语学习者是可以接受本文所尝试的基于生成词库理论的释义中标注论元结构、事件结构、形式角色等的释义方法的,但这种释义方式看起来更为烦琐,似乎也因成分烦琐而不够简单易懂,且重点不够突出。当然,基于生成词库理论的这种烦琐的释义模式是否更加适用于计算机的语义理解,是我们未来需要进一步研究的问题。在"人脑"和"计算机"语义交流的过程中,探寻一种能够适合二者共同的语义识解模式,使计算机和人脑都能够读懂自然语义,是未来情感词释义和情感词典的释义研究要进一步探索的重要问题。

参考文献

[1] 李强,袁毓琳. 从生成词库论看名词的词典释义[J]. 辞书研究,2016(4):19-21。

[2] 李强.《从生成词库论看名词的词典释义》补议——对尚简(2017)的回应[J]. 辞书研究, 2018(01): 34-41+93-94.

[3] 鲁健骥,吕文华. 商务馆学汉语词典[M]. 北京:商务印书馆,2006.

[4] 商务印书馆辞书研究中心. 现代汉语学习词典[M]. 北京:商务印书馆,2010.

[5] 宋作艳. 汉语复合名词语义信息标注词库:基于生成词库理论[J]. 中文信息学报,2015(3):37-42.

[6] 张志毅. 当代汉语学习词典[M]. 北京:商务印书馆,2020.

[7] 中国社会科学院语言研究所词典编辑室. 现代汉语词典[M]. 北京:商务印书馆,2016.

[8] FELLBAUM C. Wordne:An electronic lexical database[M]. Cambridge:MIT Press, 1998.

[9] JAMES PUSTEJOVSKY. The generative lexicon[M]. Cambridge:MIT Press, 1996.

[10] JAMES PUSTEJOVSKY. Advances in generative lexicon theory[M]. Berlin:Springer Science Business Media Dordrecht, 2012.

现代汉语书面语体基础类型
差异性的计量分析 ①

罗茵

北京联合大学

摘要：了解现代汉语书面语体的语言规律对汉语研究有重要价值。基于写作表达法可以将现代汉语书面语体的基础类型分为记叙体、说明体和议论体，本文结合认知语言学理论和计量语言学的方法，尝试通过考察计量指标区分力，对比得出三类基础语体最基本的差异。具体是：首先收集内容覆盖广泛的三大类基础语体共955个样本，在选择指标的4个原则的指导下，进一步以4个步骤检测10个内容指标，5个非内容指标，得到书面基础语体指标显隐区分力分布的矩阵图，并结合典型例文进行了指标区分力实际表现的解释。以此为依据，最终得出书面语体基础类型的3方面主要差异：语体原型模式差异、凸显认知主体属性差异、句法塑造差异，并结合认知语言学的理论对其产生机制进行解释。

关键词：书面语体；基础类型；认知语言学；计量指标；对比；产生机制

On the Differences of Basic Types of Modern Chinese Written Style Based on Quantitative Analysis

Luo Yin

ABSTRACT: Understanding the language rules of Mandarin Chinese written style is of great value to Chinese research. Based on the expression method, this paper divides the basic types of modern Chinese written style into narrative style, explanatory style and argumentative style. Combined with the theory of cognitive linguistics and the method of econometric linguistics, this paper tries to find out the most basic differences among the three types of basic styles by confirming the differentiation of quantitative indicators. Firstly, this paper collects 955 samples of three types of styles covering a wide range of content. Under the guidance of the four principles of selecting indicators, the paper further tests 10 content indicators, 5non content indicators follow through with four steps to obtain a matrix chart of the distribution of explicit and implicit discrimination of written basic style indexes. Furthermore, it shows the discrimination matching of indicators with typical examples. Based on this, the paper concludes that there are three main differences in the basic types of written style: the differences in highlighting subject attributes, the differences in shaping syntactic details, and the differences in pattern opposition, and explain the mechanism of each difference in combination with the theory of cognitive linguistics.

Keywords: Chinese written style; basic types; cognitive linguistics; quantitative indicators compare; mechanism

---

　　① 本文系国家语委"十三五"科研规划2019年度一般项目"基于计量指标的汉语语体模式智能识别及实证研究"（编号为YB135-124）的阶段性成果；同时还得到科技创新2030重大项目--复杂版面手写图文识别及理解关键技术研究（2020AAA0109700）支持（Key Projects of Science and Technology Innovation 2030-Research on Key Technologies of Recognition and Understanding of Handwritten Text and Text in Complex Layout (2020AAA0109700)）

1. 现代汉语书面语体基础类型概念的提出

不同语体间的对比毫无疑问是语体研究中最重要的课题。现有关于语体的对比的研究,一方面是了解语体间的差异,另一方面也往往隐含了研究者对语体分类的观点。冯胜利(2010,2014,2018)先后提出了语体可以分为"正式-非正式""典雅-通俗"两对范畴;崔希亮(2020)则进一步用计量的方式对比说明典型正式语体的属性特征。在 Douglas Biber(1985,1998)多维度、多特征方法对比语体理论指导下,黄伟等(2009)、刘艳春等(2016,2019)、宫春辉、赵雪(2018)等均主要关注新闻语体,借鉴、设计了丰富多样的计量指标对不同品种的新闻语体进行了对比;方梅(2007,2013,2019)的系列研究主要关注了叙事语体、兼顾其他语体对句子塑造、篇章组织的变化等方面深入的分析。这些研究表明有新的方法、新的语体类型进入研究视野,促进语体研究科学化进程。但仍然存在语体类型覆盖率不够,语体的差异仍然限于例举性或局部说明等问题。

本文以现代汉语共时层面的书面语体为主要研究对象。金立鑫等(2012)、刘大为(2013)认为(书面语)语体在语篇中是一种"语言的规则"而不是"语言的艺术",是普遍存在的,并且在很大程度上制约要求了篇章写作的完成。当语体的外涵扩大后,其分类需要更可执行的标准。德国篇章语言学家 E. Werlich(1976)给出了 5 种语体分类方法——指南(instruction)、描述(description)、叙事(narration)、说明(exposition)和论证(argumentation)。类似的分类在汉语研究中也有零星的提及,如"操作语体"(陶红印 2007)、"叙述语体"(方梅 2013)、"说明语体"(陈禹 2019)等。

书面语体是写作的产物,因此可以用汉语写作的三种最主要的基本表达法——记叙、说明、议论为依据划分语体①。即以记叙表达为主构成的记叙体、以说明表达法为主构成的说明体和以议论表达法为主构成的议论体,记叙体、说明体和议论体可以作为书面语体的三种基础类型。书面语体基础类型则由若干的语体品种构成。语体品种是约定俗成的或根据职业习惯划分的书面语体的次类型,同属于一个基础语体的各种品种具有该语体的语言共性特征。

记叙体是指以人物经历、事件发展为主要内容的语体,常见的记叙语体品种有小说故事、事件类新闻、叙事类散文等;说明体指以事物的属性、构成、原理等为主要内容的语体,常见的说明体品种有各种讲解介绍、条款条例、操作指南、会议类新闻、科普文、自然科学研究等;议论体指以发表观点、表达评价为主要内容的语体,常见的议论体品种有议论类散文、演讲稿、新闻评论、人文科学研究等。由此,书面语体类型的基本可以涵盖绝大部分现代汉语共时语篇范围。

书面语言所形成的语体类型的分化,体现了人类对记录精神领域不同内容和不同层次思考的客观要求。认知语言学把人类认知从客观世界到形成语言两端之间的过程视为"认知过程"。语篇的形成过程,就是帮助读者在心智中不断建构和整合一个逐步完整的认知世界的过程。具体语篇所呈现的语境,都由若干个基本认知域(basic domain)和抽象认知域(abstract domain)语义单位的搭配组合而成,形成所谓的"域阵"(matrix)(兰盖克,2013)。虽然具体的写作对象可能千差万别,但由于三种基础语体在写作目的上各有明确分工,在长期的实践中,写作目的与对写作对象的认知方式互为作用,逐渐形成汉语写作的一定之法,

---

① 本文认为指南可以看作说明的一种,抒情可以看作议论的一种,描写仅作为辅助手段局部使用。

即成为"（语）体"，其所形成的语言范畴是原型模型。如果确实如此，这三类原型模型是可以"得到统计学意义上的预测"的（兰盖克，2013）。

语体研究的难点在于其语篇构成中呈现的语言关系复杂多变，想要描写并归纳基础语体的构成特点，其语言特征需要更为抽象、宏观和普遍性存在。随着计算机技术的发展，文本表层的形式特征，如词频、词长等语言手段的归纳和提取为汉语书面语体基础类型的描写提供了可实现的思路。

多项研究（Douglas Biber, 1998; Michael P. Oakes, 1998; 黄伟, 2009）显示基于文本表层的形式特征，如词频、词长、时态类型、从句类型等，就能够反映其所在文本的构成规律。而计量语言学研究则进一步明确其基本原理，即"文本单位所有属性都是随机变量，在文本中遵循'合适的'分布（频率分布）。"（刘海涛，2017）。其所形成的语言项目频次和序列都不是孤立的，其属性能促成文本中某种特定性质的产生。记叙、议论和说明需要用不同的语言手段塑造基于不同认知方式的对象，根据计量语言学理论，从三类不同语体类型的文本表层形式特征指标分布的对比中将能获得基础语体类型的差异规律。

2. 书面语体基础类型语料的收集

建设语料库时对语料的选择应该遵循的原则是：真实性、可靠性、科学性、代表性、权威性、分布性和流通性；同时还应该考虑语料的科学领域分布，地域分布、时间分布等（宗成庆，2013）。本研究语料的收集工作基本在上述原则指导下进行的。由于记叙体、说明体、议论体是不以特定行业或品种为限的语体分类法，因此所调查的样本所属的品种所覆盖领域和涉及内容应该尽可能多样，数量应该具有一定的规模，三类语体样本量应较为均衡。

本文的语料主要来源于各类权威专业网站。以文本为单位，人工收集了记叙体 3 个品种共 310 个文本；说明体 7 个品种 334 个文本，议论体 3 个品种共 311 个文本。合计一共 955 个文本，共计 241 万余字。

语料采用哈尔滨工业大学的"语言云"的开源软件（以下简称"LTP"）进行分词和词性标注，并对结果进行了人工校对，再用自编软件进行了相关数据的统计和计算。其语料基本数据和覆盖领域说明如下：

表 1　三种基础语体类型及所含品种语料的基本情况说明（单位均为：个）

基础语体类型	语体品种	文本数量	总字数	平均字数	总词数	覆盖领域
记叙体	小说	111	712433	6418	712435	作家作品（部分为节选，2-3 篇/人）:包括现当代著名作品、网络小说 20 篇，汉译名著 30 篇
	事件性新闻	149	315661	2119	195983	主要为社会、政治、娱乐、体育，少量经济、法律
	民间故事	50	54157	1083	36789	民间故事，其中外国故事 10 篇
	合计	310	1082271	3491	711683	/

续表

基础语体 类型	语体 品种	文本 数量	总字数	平均 字数	总词数	覆盖领域
说明体	人文 地理	40	35795	895	20990	风景、特产、历史、建筑、戏曲、工艺、人物等
	菜谱	50	21761	435	14830	中西餐的热菜、糕点、汤等
	说明书	46	39007	848	22686	各类售后服务、酒店行程介绍、单位简介等
	会议类 新闻	51	89024	1746	48539	政治、经济、学术等各领域
	自然科学 研究	58	65880	1136	36935	医学、化学、信息、数理、生命科学、工程材料、地球科学、管理综合
	法律 法规	31	82656	2666	44262	行政法规、规章、司法解释、规范性文件、地方性法规规章等
	科普	58	99590	1717	58215	健康、生物、生理、地理、环境等,含少量编译文章
	合计	334	433798	1299	246504	/
议论体	艺术财经 评论	106	231610	2185	140170	话剧、展览、艺术人物、电影、电视剧、音乐、经济等
	演讲	73	173928	2383	106855	毕业致辞、名人演讲、普通人演讲
	评论类 新闻	81	101229	1250	60307	民生、政治、时事等
	人文科学 研究	51	117827	2310	67009	语言学、文学、马哲、政治、宏观经济、政法、少量文化、传播学等
	合计	311	624634	2008	374370	/
	总计	955	2140703	2266	1332557	/

3. 体现书面语体基础类型差异的指标提取和确认

由于现代汉语书面语体的语言结构特征复杂,不同语体在文本长度、语言单位使用频率等都存在较大差异,本文吸取前人经验和设计思路,设计和筛选出对语体间的差异最具有解释力的计量指标。

3.1 指标提取的原则

为了能让数据较好地展示出三种基础语体差异的代表性和广泛性,每个指标的获取和确认应该满足以下四个原则:

广泛性原则。所选取的指标应该广泛分布于所研究的语体中的每一个文本中,或至少分布在绝大部分文本中,才能反映基础语体较普遍的面貌。

可操作性原则。根据广泛性原则,待检测的语体数量将比较大,因此提取的数据必须基于可操作性。而如果某种指标没有形式标记(比如修辞格),无法通过目前的技术化手段识别,该指标就暂时不能成为遴选对象。

可验证原则。本原则包括两方面,即指标数据提取可反复验证,以及具有区分力指标认定的方法可反复验证。这样才能保障所得到的结果是较为合理、科学的。

系统性原则。书面语体是一个复杂的系统,其所提取的指标之间也应成系统,能互为支撑互为补充。系统性原则也是语体类型差异归纳的重要原则,是对结果合理可信检验的必要监督。

3.2　指标的设计

金立鑫(2012)提出特定语体所采用的语言要素以及这些语言要素在不同语体中的不同配置规则是语体学研究的核心课题,并给出了语体蕴含的四个必要条件是"语言要素、语言要素的比配、强制格式和韵律"。现有语体差异研究成果主要集中在第一个条件上,即某些特定词或词的小类使用存在较为明显的语体差异,比如在不同语体中"把/将"可能达到25.17 次/万字,比"被"出现频率高出 3 倍(陶红印等, 2010);再如外来词中的字母词如"DNA, BBC、QQ、S"在本文说明体样本中的平均词频达到 68 次/万字,是记叙体的近 7 倍。但这些要素数量在整体语体样本中的出现率都仍然过低。而据本文计算估计,满足广泛性原则的特定词汇/词类频率应达到至少 200 次/万字以上才有可供参考的价值,否则样本统计就会出现过多空值,影响结论的适用度。

在指标设计中,除了考虑语言要素频率数量的达标率外,还应该兼顾语言要素的比配、强制格式和韵律等条件的满足。本文在定量统计的基础上,对可以使用的各类计量指标进行了反复测试对比,以期指标既能充分反映三类基础语体差异,也便于理解和解释,最终得到以下两大类指标备选。

(1)内容性指标(10 个)

指一个文本中出现的某种词类的词总数与某一文本词总数之比指标。当一个文本词总数确定的前提下,各种词类使用占比是此消彼长的。在一定程度上回答了语言要素比配的问题。不同词类的词汇使用量是词汇意义和句法结构的间接体现,可以在一定程度上反映语体内容。因此归入内容性指标。(后文为了表述方便,均以"名词占比指标"的方式简称)

首先排除词频过低的叹词、拟声词和区别词,主要考察名词、动词、形容词、代词、副词、量词、数词、介词、连词、助词[①]共 10 种词类占比指标分布情况。

(2)非内容性指标(5 个)

非内容性指标指不直接反映语体文本的语义和语法的指标。本文主要包括平均句长指标、平均词长指标和标点符号占比指标三类。

平均句长和平均词长两类指标一般用于检验口语体和书面语体的差异(黄伟 2009)。而三种基础类型书面语体形成过程中存在书面化强弱程度的差异,因此这两个指标也适用本研究对象。

本文考察整句均长[②]、平均词长两个非内容性语言单位:整句均长是某文本中总字数与

---

① 　LTP 把语气词计入助词,不影响本文的主要结论。

② 　平均句长一般可以计算小句均长和整句均长,主要是引入的标点符号的种类和数量的差异。二者经检验在本文中后续筛选的效果近似。这里选用整句均长指标。

句末停顿的 3 种标号和之比得到的值;词长选择数量最多的名词和动词计算,即某文本中名词/动词的字数总和与名词或动词总数之比为平均名词或动词长。名词和动词是单音节词还是双音节词,其词长在一定程度上说明了语体的韵律要求。

标点符号是现代汉语书面语体不可分割的重要部分,能间接提示读者理解语义信息和语篇结构。基于标点符号标注内容的共性,经反复测试,本文选择了两种标点符号组合分布情况:一种是顿号、分号之和占比,是指某文本中顿号和分号数量之和与标点符号总量之比;第二种是冒号、引号之和占比,是指某文本中冒号和引号(包括单引号和双引号)数量之和与标点符号总量之比。标点符号指标在一定程度上回答了强制格式的问题。

3.3　指标区分力的计算和筛选

前述 15 个指标均以文本为单位进行统计计算。在三类基础语体中同一指标数值的消长规律将反映出语体间的差异。具体来说,当把所有样本中的同一指标值进行对比时,如果某个指标值在一类语体中整体都比较高而在另一类语体中整体都比较低,呈现明显分化,该指标就可以作为描述语体差异的指标。由于指标值对比只分"高-低"两级,因此一个指标一般只能对两类语体加以区分。对语体差异有区分力的指标具体计算和筛选步骤如下:

步骤一:将三类基础语体 955 个样本的某个指标值从高到低排序,并均分排序样本为三段,即得到占比值最高的前三分之一区间(含 319 个样本),称为"值高区间";居中的称为"值中区间"(含 318 个样本);占比值最低的后三分之一区间,称为"值低区间",(含 318 个样本)。

步骤二:以步骤一排序为参照,分别计算三类基础语体全体样本在值高、值中和值低三个区间分布的百分比,这个百分比叫做值集中度,即指标数值高或低在三个区间集中的情况,分别记为:$u_高$、$u_中$、$u_低$。将上述 15 个指标分别重复步骤一和步骤二。下图 1—图 6 反映了在三类语体中 15 个指标各自的值集中度分布情况。

步骤三:考察 15 个指标值集中度是否为有效分布,即每一个指标值集中度在三个区间的分布需要满足条件:$u_高 > u_中 > u_低$,或,$u_高 < u_中 < u_低$。

上述式子表示该类语体的指标值在三个区间中集中度呈递增或递减,即值集中度分布是呈规律性的,就可以确认该指标能反映出语体的差异。如果满足此条件进入步骤四,如果不满足此条件,表示该待检验指标在该种语体中不具有区分力,则记为"/"(无效),操作停止,不进入下一步骤。

步骤四:判断值集中度的语体区分力。当某一语体的最高值 u_{max} 位于高区间时,记为"显性"区分力,意为该指标在该语体类型中具有优势数量;当最高值 u_{max} 位于低区间时,记为"隐性"区分力,意为该指标在该语体类型中是劣势数量。当 $u_{max值} > 0.5$ 时,标明该指标区间值集中度具有绝对优势,其语体区分力非常明显,因而记为"强显"或"强隐"。

至此,作为支撑语体差异性归纳的指标筛选和区分力判断程序结束。

下面以名词占比指标为例进行说明。

根据步骤一,将 955 个文本中的名词占比指标数据进行从高到低排序,均分为高、中、低三个区间。

　　根据步骤二,分别计算三类语体样本中名词占比指标值在这三个区间中的值集中度。可见图 1、图 2、图 3 中的名词占比指标的柱状比例就表示了该指标集中度在三个区间的分布数量。

　　根据步骤三,可以发现记叙体和说明体中的名词占比集中度在三个区间分别呈现递增或递减情况,表示这两类语体的名词占比指标值分布是有明显规律的,可以进入步骤四。而议论体各区间集中度值较为均衡,分布没有明显规律,是无效指标,判断停止,名词占比指标对议论体的区分力记为“/”（无效）。

　　根据步骤四,可以很明显地看出,记叙体的名词占比指标集中度最大值 u_{max} 位于值低区间,且大于 0.5,其语体区分力为“强隐”;而说明体的名词占比指标集中度最大值 u_{max} 位于值高区间,且大于 0.5,语体区分力为“强显”。

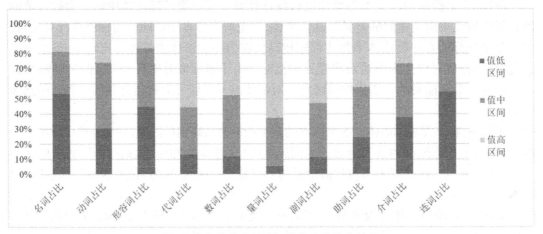

图 1　记叙体内容性指标值集中度分布情况

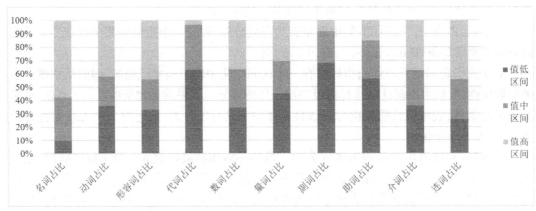

图 2　说明体内容性指标值集中度分布情况

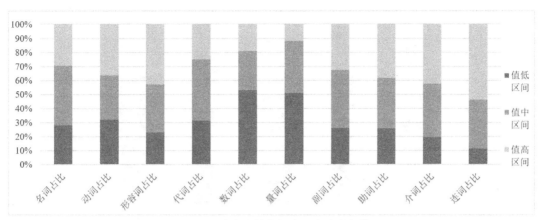

图3　议论体内容性指标值集中度分布情况

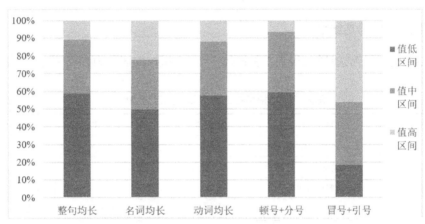

图4　记叙体非内容指标值集中度分布情况

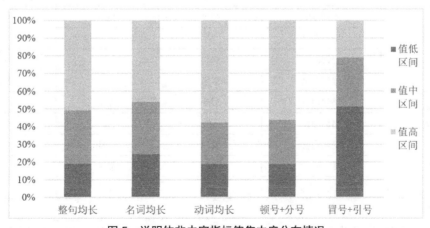

图5　说明体非内容指标值集中度分布情况

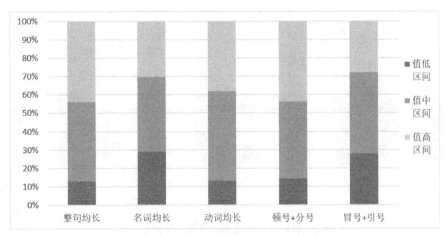

图 6   议论体非内容指标值集中度分布情况

3.4   指标区分力的筛选结果

根据 3.3 指标的筛选计算,得到三种语体中 15 个指标的区分力判断情况,如表 2 所示:

表 2   15 项指标在三种语体中的区分力情况

指标类型	指标项目	记叙体	说明体	议论体
内容性指标	名词占比	强隐	强显	/
	动词占比	/	/	/
	形容词占比	隐	/	显
	代词占比	强显	强隐	/
	数词占比	显	/	强隐
	量词占比	强显	/	强隐
	副词占比	强显	强隐	/
	助词占比	显	强隐	/
	介词占比	强隐	/	显
	连词占比	强隐	显	强显
非内容性指标	整句均长	强隐	强显	显
	名词均长	隐	显	/
	动词均长	强隐	强显	/
	顿号+分号	强隐	强显	显
	冒号+引号	显	强隐	/

从表 2 看出,除了动词占比指标无效外,其余 14 个指标都能表示出程度不同的语体区

分力,而罗茵(2019)的同类独立研究得到了大致相同的结果 ①。因此说明该指标筛选方法是可验证的,同时也说明基础语体的语言构成规律较为稳定,基本不受所包含品种的具体内容和领域多样化的干扰。同时,这两大类 14 个的指标区分力呈矩阵分布,具有系统性。

3.5 三类语体的典型样本的指标区分力示例

由于 14 个指标值较为宏观,本文分别选出了三种基础语体中 1-2 个典型例子进行展示。表 3 显示了这些例子的指标值具体表现与表 2 三种语体指标区分力的吻合情况 ②。

表 3 三种基础语体指标区分力在典型样例中的符合情况示例

指标类型	指标项目	记叙体样例	说明体样例	议论体样例 1	议论体样例 2
内容性指标	名词占总比	基本符合	符合	/	/
	形容占总比	基本符合	/	符合	符合
	代词占总比	符合	符合	/	/
	数词占总比	基本符合	/	符合	基本符合
	量词占总比	符合	/	符合	不符
	副词占总比	符合	符合	/	/
	助词占总比	符合	符合	/	/
	介词占总比	符合	/	符合	不符
	连词占总比	符合	不符	符合	基本符合
非内容性指标	整句均长	符合	/	符合	基本符合
	名词均长	符合	符合	/	/
	动词均长	符合	符合	/	/
	顿分号之和占比	符合	符合	符合	不符
	冒引号之和占比	符合	符合	/	/

表 3 典型样本的指标区分力符合情况判断是基于该样本全文数据进行的,受篇幅所限,下面只展示这些典型样本的片段:

例(1)记叙体样例:小说类莫言《爱情故事》(节选部分共 152 字,92 个词)

　　小弟不紧张了,不流汗了,也敢偷偷看何丽萍的脸了。他甚至闻到了何丽萍身上的味道。

　　何丽萍说:"你这个小混蛋,看我干什么?"

　　小弟脸顿时红了,但他大着胆子说:"看你的衣裳!"

---

① 罗茵(2019)的独立研究以这三种基础语体为范围,共 991 个样本,涉及 12 个品种。其中动词占比指标在记叙体中无效,在说明体和议论体中有微弱区分力。据此推测书面语体中的动词是词类中最为多变不易呈现规律的一个指标。动词占比指标的区分力有待进一步检验。而其他指标的区分力与本文结论基本相同。

② 典型样例匹配语体指标的方法是:如果该样本指标值位于高/低值区间,且对应语体指标在矩阵表里也是显/隐,则记为"符合";反之如果矩阵表是"隐/显"时,则记为"不符";如果该样本指标位于中值区间,则表示"基本符合";如果指标区分力表示为无效的"/",则不检查,仍然记为"/"。

她说:"我有一件红裙子,跟那柿子叶一样颜色。"

他和她都把目光集中到河堤半腰那棵柿子树上。已经下了几场霜,柿子叶在阳光照耀下,红成了一团火。

例(2)说明体样例:会议类新闻《湖南召开古代理学伦理思想研究座谈会》(节选部分共174字,85个词)

会议由肖永明、邓洪波主持,邓卫、张劲松、雷鸣分别致辞,现年86岁的岳麓书院原院长陈谷嘉作《清代理学伦理思想研究》出版发行的主题报告。他着重介绍了自己从2002年起,费时18年,撰写《宋代理学伦理思想研究》《元代理学伦理思想研究》《明代理学伦理思想研究》《清代理学伦理思想研究》的历程,对理学伦理思想在不同时代的发展特征作了梳理,揭示出理学伦理思想的发展规律。

记叙体例(1)和说明体例(2)在多个指标区分力上有明显的"隐-显"对立。代词指标对立,例(1)的代词有"我、你、他、她、那、这、什么"数量达13次,而例(2)则仅有2个"他,自己";副词指标对立,在例(1)中出现达8次"不、也、偷偷、甚至、顿时、都、已经",而例(2)没有副词;量词指标对立,例(1)中量词有3个,而例(2)没有量词;助词指标对立,例(1)中有"了、的"一共10次;例(2)中则仅为7次;另外仅从例文展示的局部来看,例(1)的名词占总词比为31.5%;整句均长为21.7字/句;例(2)的名占总词比为52.9%,整句均长为87字/句。

由表3可知,例(1)记叙体总体符合各项指标;例(2)说明体的"连词占比"一项不符,主要是由于该文是展示性的内容,不需要太多表示逻辑关系的连词。总体来说,记叙体和说明体的例子与指标矩阵匹配度较高。其原因阐释见下节第四部分。

例(3)议论体样例1:艺评类《在纸媒凋零的时代,办一份逆时间而行的文化副刊》(节选部分共168字,91个词)

因而,在我们的刊物上,总是能看到那些最富洞察力与表现力的思想者的名字,他们生活于不同时代、不同国度、不同文化背景中,但无不视野开阔、底蕴深厚,并有所精专,他们是我们的作者、访谈对象或评述对象,他们的精神气质共同熔铸在这份刊物里,成为其不可分割的一部分。我们的选题总是以问题和价值为导向,既不盲目跟风追随热点,也绝不错过真正有价值的新闻。

例(4)议论体样例2:演讲类《爱因斯坦欺骗了世界》(节选部分共202字,115个词)

世界上很多非常聪明并且受过高等教育的人,无法成功。就是因为他们从小就受到了错误的教育,他们养成了勤劳的恶习。很多人可能认为我是在胡说八道,好,让我用100个例子来证实你们的错误吧!事实胜于雄辩。世界上最富有的人,比尔盖茨,他是个程序员,懒得读书,他就退学了。他又懒得记那些复杂的dos命令,于是,他就编了个图形的界面程序,叫什么来着?我忘了,懒得记这些东西。于是,全世界的电脑都长着相同的脸,而他也成了世界首富。

议论体提供了两个品种的例子,二者指标区分力的符合度有明显差异。其中例(3)是发表在《新京报》上的艺评,是议论体指标区分力符合较好的典型例子。把议论体例(3)和记叙体例(1)对比,可以看到指标在两类语体分布的明显差异,其中议论体呈现显性而记叙体呈现隐性的指标有5个,分别是例(3)的形容词有"富、不同、开阔、深厚、盲目、真正"等

11个,而例(1)仅有"小、大、红、紧张"等7个;例(3)连词有7个,而例(1)仅为3个;例(3)的介词有5个,而例(1)仅有2个;例(3)的"顿号+分号"指标有4个顿号,例(1)没有。

例(4)是议论体的另一个典型文本,但其仅有4个指标符合或基本符合,其他3个不符合的指标,分别是量词多、介词少、"顿号+分号"少,从数量占比上反而更贴近记叙体(1)的指标分布情况。这种情况与例(4)是一篇需要用举例和较为口语化的语言展开的演讲稿有关。具体见下节第四部分分析。

通过上述考察分析,指标显隐区分力矩阵图的完成,能够初步展示出基于文本表层特征的14个指标能较好反映不同基础语体的类型差异。同时,由于指标区分力在每一个具体语体文本中符合度的差异,恰好说明了书面语体类型范畴是原型范畴,同一类语体类型的内部语篇之间具有程度不等的家族相似性。

4. 书面语体三种基础类型的差异及其产生机制

书面语言不仅是对口头语言的简单记录和摹写,更是对口头语言的深加工,是人类高级思维活动——包括感性思维和理性思维,尤其是后者——的体现。为了适应社会发展的需要,现代汉语记叙体、说明体和议论体形成了各自的较为稳定语体原型模式,从其所凸显的语言规律中又可以反观汉族人认知与语言要素选用的对应情况。

以指标区分力分布为导向,三种基础语体类型间普遍存在的差异可以进一步归纳为:语体原型模式的差异,凸显主体对象属性的差异,句法塑造的差异。下文结合差异产生的机制进行具体说明。

4.1 语体类型原型模式差异及产生机制

14个指标值的显隐区分力矩阵搭建出三种语体语言使用的不同模式。从宏观上比较,可以发现语体模式内部匀质情况的差异。

记叙体、说明体原型模式内部较为匀质。全部14个指标对记叙体反映都较为敏感,表明了记叙语体内部较为匀质、语言规律较为一致,即使语体内部包括3个品种,每个品种涉及作品内容、题材、风格、长短等均存在很多不同;说明体虽然较记叙体满足的指标略少,只有10个指标,但考虑到说明体一共由7个品种构成,涉及领域也非常多样,可见说明体内部总体也是比较匀质的。而议论体只有7个指标满足,其中只有3个指标是强区分力,表明了议论体模式呈现不匀质的特点。

如果把三种书面语体原型模式看作对人类认知反映的连续统,则记叙体与说明体分别位于该连续统对立的两端。记叙体和说明体在名词占比等10个指标上都形成明显地对立分布,这显示出在书面语体基础类型中,二者对事物的认知和表达所调动的语言手段的两种对立倾向。

一种倾向是对写作对象认识视角的对立。记叙体主要是以具体的"个体"为写作对象,与之相关的其他人物、环境均因这个个体而处于特定的时间和空间中,主要配合手段包括使用代词、数词、量词、(动态)助词、(时间)副词、直接引语等;说明体则主要以抽象的"类别"为写作对象,目的在于阐释其构成、状态、变化的普遍规律,为了实现这个目的,刻意让"类别"失去定指的个性,而只具有抽象的共性,所以相应手段数量降到最低。

另一种倾向是读者认知距离的对立。记叙体中展示的特定个体不论身份、经历和所处的世界有何截然的差异,其本质仍需要沟通读者日常体验才能被接受。记叙体作品几乎都可以看作"讲故事",因而口语化较强,目的在于能让老少咸宜,休闲娱乐,其认知距离较短。说明体则以阐释抽象的"类别"为主旨,目的在于展示其专业性、科学性、思辨性,因此使用更长音节(因而更准确)的术语来代替口语词(如名词、动词均长占比显强区分力),大量堆砌名词概念(名词占比指标强显区分力),用更大容量的句子来表达复杂的关系(连词占比指标显强区分力,顿分号之和占比显强区分力)等手段,读者需要专门训练才能理解其内容,因此在客观上拉大了认知的距离,其"语距"造成了"正式严肃感"(冯胜利 2010)。换句话说,在书面语体中,也存在口语化加工和更深层次的书面语化加工两种不同倾向,可以预测各种语体内部的不同品种能够形成一个书面化程度由低向高过渡的连续统,比如说明体中科普类文章的书面化程度就要低于发表在学术权威刊物上的文章,本文限于篇幅不再展开讨论。

在记叙体和说明体对立的中间地带,议论体则指标表现出较多的"无效"。其实议论体所阐释抽象的观点本质上也属于永恒时空,所以在表示书面化的若干指标——连词、顿分号、整句均长 3 个指标上与说明体一致,在数词、量词指标上也与记叙体对立;但由于议论体往往希望起到宣传教化的作用,特别是某些品种,如演讲稿、新闻评论等又要求口语化的语言和通俗易懂的例子(这些例子往往使用记叙体语言)来辅助讲解,且其使用情况会因不同的作品有较大差异,干扰了部分指标的倾向性显现,这很可能是造成议论体在多个指标判断失效的原因。

4.2 语体凸显的认知主体属性差异及产生机制

由于三种语体的写作目的不同,凸显的主体对象属性也有差异。区分力指标的"显-隐"显示出,记叙体凸显的是代词,说明体凸显的是名词,而议论体凸显的是形容词。记叙体以人物为主,常使用代词指称;说明体的主体是事物和概念,修饰词往往也是名词,且只能用重复名词的方式指称,从而增加了名词的使用量;议论体以价值判断为写作目的,而形容词类最能体现情感态度,因此议论体的形容词占比比重较另二者更突出。

4.3 语体塑造句法细节差异及产生机制

由于认知方式的差异,造成三种语体在塑造句法上有各自的倾向性,可以从量词、数词、副词、介词、连词、助词占比指标和顿号分号占比指标区分力看出。

量词和数词在记叙体中占比优势非常明显。稍微留意就会发现,凡关于研究量词和副词所选用的语料,几乎都来源于记叙体品种。由于记叙体是以具体人物为着眼点的,使用数量词的根本功能是使名词实体化、个体化,让名词有定(张赪 2012)以达到让人物和所处环境真实可触可感的效果。

同样是修饰动词,记叙体与议论体偏爱的语法手段有较大的不同。记叙体喜欢用副词做状语以调整谓词表意的微妙的差异,尤其注意记叙体谓词性占比是三种语体中最低的,这意味着记叙体中多个副词做状语是常见手段;而议论体是介词占优势,显示出议论体常用介词添加对象、目的、方式、手段等,扩展其动词牵涉的语义格,为其观点的展开提供助力。这是副词占比和介词占比差异的原因。

在使用连词上,记叙体的人物事件线性发展,其逻辑关系往往可以为读者预知或能够自行补充的,可以靠"意合法"来连接;而说明体和议论体的对象和事件一般是抽象的、不被读者熟悉的,对象和事件的发展变化的逻辑关系往往需要借助连词提示读者。这是连词占比分布有差异的原因。

助词在不同语体类型中使用量也有明显差异。以"了"为例,在记叙体中都高于其他两类语体,尤其是明显高于说明体,起到了标记强化特定时间的作用。由于助词成员的个性都很强烈,其在三种语体间的使用差异和各自规律值得另文讨论。

顿号分号指标的使用也反映不同语体对小句塑造的偏好。此处仅以顿号使用为例。说明体和某些议论体品种都喜欢用顿号铺陈若干并列结构来表示同一层面内容的丰富性,常见罗列的内容除了名词外,还可以包括动词、形容词以及更复杂的短语结构,甚至连续罗列多达十多项的也不少见(比如菜谱中的原料说明),而记叙体中的顿号使用较少,使用时一般以列举两三个人名、地名的较为常见。

5. 结语

本文创新性地提出了汉语书面语体的三种基础类型概念,选取 14 个不同语体品种和涉及多样领域的书面语体样本为对象,设计了一共 15 种指标进行了基础语体间较全面的数据对比,用计量指标值的显、隐区分力证明了不同的语体模式在选择语言要素和搭配上有各自的明显倾向规律,并尝试结合认知语言学和写作学理论,解释指标区分力造成语体差异的机制,拓展了语体的研究视野和语体差异对比的着眼点。

本文的研究目的在于通过较全面的观察和归纳书面语体语言基本分布规律,所采用的方法和结论因而也较为宏观。从中反映出汉语不同词类在不同语体中的整体使用偏好,有助于进一步认识词类形成和划分的理据。同时基于此研究框架,对基础类型之下语体诸多品种之间的语言规律的对比,以及词类小类、特定词汇、句式等在不同语体的隐现使用规律,其脉络将更为清晰,结论将更成系统。这也是有待继续深入的研究内容。

总之,本文为语体的研究探索了新的思路和方法,以期能够推动汉语语体研究科学化进程,从而揭示现代汉语更多的规律。

参考文献

[1] 冯胜利. 论语体的机制及其语法属性[J]. 中国语文,2010(5):400-410.
[2] 冯胜利,施春宏. 论语体语法的基本原理、单位层级和语体系统[J]. 世界汉语教学,2018(3):302-325.
[3] 崔希亮. 正式语体和非正式语体的分野[J]. 汉语学报.2020(2):16-27.
[4] DOUGLAS BIBER. Investigating macroscopic textual variation through multi-feature/multi- dimensional analyses[J]. Linguistics. 1985(23):337-360.
[5] DOUGLAS BIBER, SUSAN CONRAD, RANDI REPPEN. Corpus Linguistics:Investigating Language Structure and Use[M]. Cambridge:Cambridge University Press. 1998:106-132.

[6]　黄伟,刘海涛. 汉语语体的计量特征在文本聚类中的应用[J]. 计算机工程与应用,2009(45):25-27.

[7]　方梅. 话本小说的叙事传统对现代汉语语法的影响[J]. 当代修辞学,2019(1):1-13.

[8]　陈禹. 说明语体中事件的句法配置[J]. 语言教学与研究,2019(4):94-103.

[9]　金立鑫,白水振. 语体学在语言学中的地位及其研究方法[J]. 当代修辞学,2012(6):23-33.

[10]　刘大为. 论语体与语体变量[J]. 当代修辞学,2013(3):1-22.

[11]　E. WERLICH. A text grammar of English[M]. Heidelberg: Quelle & Meyer,1976:39.

[12]　陶红印,刘娅琼. 从语体差异到语法差异(上)——以自然会话与影视对白中的把字句、被动结构、光杆动词句、否定反问句为例[J]. 当代修辞学,2010(1):40-41.

[13]　兰盖克. 认知语法基础[M]. 牛保义,王义娜,席留生,等译. 北京:北京大学出版社,2013.

[14]　MICHAEL P OAKES. Statistics for corpus linguistics[M]. Edinburgh: Edinburgh University Press, 1998:24-29.

[15]　刘海涛. 计量语言学导论[M]. 北京:商务印书馆,2017:34.

高校校歌的语言智能分析 ①

徐庆树[1] 宋建[2]

1. 山东交通学院；2. 山东社会科学院

摘要：校歌是校园文化的集中体现，校歌的歌词更是校歌的重要组成部分。梳理文献发现，过往研究中追溯民国时期高校校歌的研究较多，而针对当前大陆地区高校校歌的研究比较少。为进一步挖掘高校校歌中的关键元素、结构化特点和主题内涵，选定大陆地区 31 所高等院校校歌建立校歌语料库，并采用自然语言处理的方法进行分析，发现高校校歌重点描述了学生、学校、何以为学等内容，呈现了"追求真理""胸怀祖国""自强不息"等多个主题，并且发现高校校歌呈现出了较强的地缘一致性。

关键词：校歌；文本分析；词频分析；LDA 主题；TF-IDF；文本聚类

A Study of the Lyrics of University Anthems from the Perspectives of Digital Humanities

Xu Qingshu, Song Jian

ABSTRACT: School anthems are the centralized embodiment of campus culture, and the lyrics of the school anthem are also an important part of campus culture. At present, China actively promotes the strategy of strengthening the country with talents, and it is worth exploring how the school anthems of colleges and universities support the strategy of strengthening the country with talents. This paper combs through the research literature and finds that there are more studies tracing the school anthems of colleges and universities in the Republic of China period, while there are fewer studies for the current school anthems of colleges and universities in mainland China. In order to further explore the key elements, structured features and thematic connotations of college songs, this paper selects 31 college anthems in mainland China to establish a school anthem corpus, and analyzes them by natural language processing method. It is found that university anthems focus on students, schools, and what is learning, and present various themes such as "pursuing truth", "bearing the motherland in mind", and "self-improvement". It is also found that university anthems show a strong geographical consistency.

Keywords: school anthem; text analysis; term frequency; LDA topic; TF-IDF; text clustering

1. 引言

校歌是校园文化的典型代表，也是校园文化的重要符号。校歌代表着高校的办学理念，也代表着高校师生的理想追求。中国大陆地区高校众多，高校校园文化百花齐放。为进一步探寻各所高校校园文化中的共性所在，挖掘当前各所高校校园文化中的精、气、神，本文采用大陆地区 31 省区 31 所大学的校歌构建语料库，采用自然语言处理的方法进行文本分析和文本数据挖掘，总结提炼出了高校校歌歌词中的关键要素和特点。

① 本文系山东省艺术科学重点课题"新媒体时代学生身份认同建构视域下山东高校校园文化研究"(21QZ06070018)和山东交通学院思想政治教育课题"基于会话分析的课程思政教学话语体系创新研究"(21SZY09)研究成果。

2. 文献综述

2.1 有关校歌的研究

有关校歌的研究很多,从校歌的定义角度说:一般认为,校歌是高校通过官方文件确定的,代表着学校教育宗旨和特有精神的歌曲。有研究者更进一步解释说,校歌是把校训和校风的内容与精神通过旋律、和声、节奏等表达出来,使其能够更加形象化和艺术化地走进师生生活的一种富有美感的艺术形式。也有研究者认为一所学校的精神都表现在校歌之中,校歌承载了一所学校的办学理念、育人宗旨,是校园文化外化的表现载体。邵帅更是指出校歌代表了大学的听觉形象,是一所学校听觉形象的核心和最高境界,不仅实现了歌以咏志的效果,更是与学校的精神和志向息息相关。

从校歌的功用和意义的角度说:有研究者认为校歌具有陶冶作用、规范作用、凝聚作用、激励作用和辐射作用。也有研究者指出,从校歌中,我们可以领悟近代社会的调动脉搏和知识阶层的主流意识,校歌承载着民族和高校的文化底蕴,传达教育理念也彰显了时代精神。黎新军提出,诗以传情、歌以咏志,他认为校歌具有艺术性、激发性和凝聚性,校歌既可表达对理想的坚持、对真理的追求,也可表达宽广的胸怀和进取的精神。

从研究对象的角度讲,在以往对校歌的研究中,很多研究者关注了民国时期的校歌,其中多数研究者重点关注了民国时期高校的校歌,也有研究者对民国时期中小学的校歌开展研究。当然,也有研究者选取了某一类高校进行校歌研究,如有研究者着重探索了当代中国高职院校的校歌建设情况,也有研究者重点关注了民国时期艺术类院校校歌中的美育精神。从研究方法的角度来讲,多数研究者采用了质性分析中文本分析的研究方法进行文本解读,也有研究者对校歌歌词进行词频分析,并生成了词云图进行数据可视化。

2.2 自然语言处理方法的研究实践

随着自然语言处理技术的日益成熟,自然语言处理的文本分析工具和方法越来越多地被研究者用以开展人文社科类的文本研究。如,从政策类文本讲,有研究者采用了文本分析的研究方法研究了政策对科研选题的影响,具体而言:将政策文本表征为词向量,并通过LDA 模型提取论文主题来表征科研选题,然后将二者对比进而分析政策对科研选题的影响;从新闻类文本讲,有研究者对多个指定报纸有关京津冀协同发展的新闻报道建立语料库,进而开展文本分析,进行 LDA 主题提取,实现了对海量文本信息的宏观解读;从评论类文本讲,有研究者对“中国大学 MOOC”网的在线评论文本进行了文本的情感分析,基于情感词典对文本进行情感赋值,进而进行课程质量评估,取得了较好的效果。

2.3 研究问题

综合以上文献,我们发现:研究者对现代高校的校歌研究较少,尤其是鲜有研究者对当代高校的校歌开展研究;研究者对于校歌歌词的研究主要采用了质性的分析方法,用自然语言处理的方法进行文本分析、主题提取、文本聚类等进行校歌分析的研究也比较少。本文以当代高校校歌为研究对象,创新性地采用自然语言处理的研究方法开展研究,并提出以下三个研究问题:

1)校歌歌词中哪些词的词频最多,这些词是否能反应校歌选词的结构化特点?

2)校歌歌词中是否存在典型主题,典型主题有多少,每个典型主题主要含有哪些关键词汇?

3)校歌歌词是否可以使用自然语言处理的方法进行文本聚类,文本聚类会呈现何种结果和特点?

3. 研究方法与研究数据

本文分别需要采用数字人文中自然语言处理的三种方法进行回答前述三个研究问题:针对第一个问题,主要需要进行文本分词和词频统计;针对第二个问题,本文主要采用 LDA 主题提取的方法对校歌歌词语料库进行主题提取;针对第三个问题,本文主要采用 TF-IDF 算法进行文档数据化表征进而进行文本聚类,研究聚类结果。

3.1 词频分析

本文首先对选定校歌语料库进行分词,分词采用 python 中的 jieba 分词模块进行文本分词,并根据哈工大的停用词表删除停用词。在此基础上,我们再对校歌的歌词进行词频分析,制作词云图,进而查看校歌歌词中词频最多的词,以及这些词所代表的意义。

3.2 LDA 主题提取

本文对已分词的语料进行了 LDA 主题提取,查看校歌歌词中的典型主题,以及每个典型主题中包含的关键词汇。所谓 LDA 主题提取,指的是 Latent Dirichlet Allocation,这种算法主要采用 Gibbs sampling(吉布斯采样)和 Dirichlet Distribution(狄利克雷分布)进行对文档、主题和分词进行数据建模。简单来说,LDA 主题提取就是把所有已经分词的文档视为原始语料,在此基础上对文档的词汇进行主题建模。LDA 所建构的主题可以被理解成一个个"包",经过 LDA 运算,我们可以发现某一个"包"里面出现概率最高的词,与这个"包"具有最强相关性的词,这些词语共同填充了这个"包",也就是定义了这个主题。再从文本的角度来说,某一段文本中有些词语属于这个主题,有些词语属于另一个主题,所以文本往往是不同主题的集合体。Blei, Ng and Jordan 进一步指出, LDA 主题模型是三层贝叶斯概率模型,这个模型认为文档是主题概率的分布,而主题是词汇的概率分布。如图 1 所示。

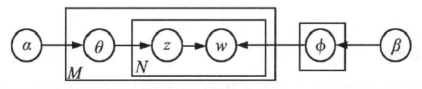

图 1 LDA 主题模型

其中 M 代表语料库中校歌歌词文本的数量, N 表示每首校歌歌词的词汇量, α, β 分布服从狄利克雷分布。LDA 主题模型是文档生成的逆过程, 对于指定的一首校歌歌词 L 而言, LDA 主题提取首先是从先验概率分布抽样产生校歌 L 在主题上的概率分布 θ, 然后根据文档—主题分布采样获得校歌 L 中第 n 个词的主题 z; 对于主题 z, 我们从先验概率分布 β 抽样产生其词汇分布 φ, 然后根据主题—词汇分布 φ 抽样生成词汇 w。

Blei, Ng and Jordan 进一步指出了 LDA 主题模型的应用好坏的评价标准——Perplexity, 在不确定语料库内主题个数的情况下, 可以通过 Perplexity 计算最优的主题模型, 其计算公式如下:

$$\text{Perplexity}(D) = \exp\left[-\frac{\sum_{d=1}^{M} \log_2 p(w_d)}{\sum_{d=1}^{M} N_d} \right] \quad (1)$$

公式（1）中: 测试集语料库 D 中有 M 篇文档; N_d 为文档 d 中的单词个数; $p(w_d)$ 为文档 d 中词 w_d 产生的概率。Perplexity 值一般随着潜在主题数的增加而逐渐变小, 这个取值越小代表模型的泛化能力越强, 但是也代表着主题数量越多, 这样也会导致主题的辨识度不高。为了在主题数量和 Perplexity 取值中间做出平衡, 有研究者采用基于困惑度和主题相似度相结合, 建立了新的评价指标 Perplexity-Var。Perplexity-Var 在 LDA 主题模型的基础上提出了主题方差的概念, 主要用来衡量主题间的差异性。如果主题间的差异性太小, 相似度过大, 则可以减少主题数量, 主题方差的计算公式为:

$$\text{Var}(T) = \frac{\sum_{i=1}^{K}\left[D_{JS}\left(T_i, \bar{\varphi} \right) \right]^2}{K} \quad (2)$$

公式（2）中: K 代表了文档中实际存在的主题个数; T 指的是 LDA 抽取的主题个数, $\bar{\varphi}$ 指的是主题词概率分布的均值, D_{JS} 指的是主题 T_i 与均值 $\bar{\varphi}$ 的 JS（Jensen-Shannon）散度。当主题间的方差越大时, 主题之间的差异性越大, 主题之间区分性越好。因此, 将 Perplexity 和 Var(T) 结合起来就可以很好的解决主题数量过大, 辨识度不高的问题。Perplexity-Var 的计算公式如下:

$$\text{Perplexity-Var}(D) = \frac{\text{Perplexity}(D)}{\text{Var}(T)} \quad (3)$$

公式（3）中: 分子 Perplexity(D) 指的是语料库的 Perplexity 值, 这个值越小, LDA 的泛华能力越好; Var(T) 指的是数据集的主题方差, 这个值越大代表了 LDA 提取的主题相似度越低; 分子越小, 分母越大, 则 Perplexity-Var(D) 值班越小, 相对应的 LDA 主题模型效果越好。

3.3 文本聚类

本文采用 TF-IDF 的算法对所选的 31 所高校校歌进行文本聚类, 用以查看所选高校校

歌所呈现出的聚类特点和聚类风格。所谓 TF-IDF 算法包含两个部分,公式如下:

$$TF_{w, D_i} = \frac{\text{count}(w)}{|D_i|} \qquad (4)$$

公式(4)中:词频(Term Frequency, TF)表示关键词 w 在文档 Di 中出现的频率;count(w)为关键词 w 的出现次数,|Di|为文档 Di 中所有词的数量。

$$IDF_w = \log \frac{N}{1 + \sum_{i=1}^{N} I(w, D_i)} \qquad (5)$$

公式(5)中:N 为所有的文档总数,I(w, Di)表示文档 Di 是否包含关键词,若包含则为1,若不包含则为0。若词 w 在所有文档中均未出现,则 IDF 公式中的分母为0,因此需要对 IDF 做平滑(smooth),也就是在分母上增加了'1+'这个部分。

TF-IDF 的总公式如下:

$$TF - IDF_{w, D_i} = TF_{w, D_i} * IDF_w \qquad (6)$$

TF-IDF 算法就是把 tf 部分和 idf 部分相乘计算乘积,计算每个文档中每个词的 TF-IDF 值,进而形成一个矩阵。

(四)样本选取与数据准备

中国大陆地区高校众多,为充分代表大陆地区高校的主要特点,本文从属地在中国大陆31个省级行政区划单位的各高校中,每省选出一所典型高校,并将该高校校歌录入语料库。本文在校歌选取中坚持了如下几项标准:一是优先选择该省的世界一流大学和一流学科建设高校;二是优先选择在该省办学历史更为悠久的高校;三是优先选择已经确定校歌的学校。选取结果如下:

表 1　校歌高校及所在省区

序号	省区	学校	序号	省区	学校
1	北京	清华大学	17	陕西	西安交通大学
2	天津	南开大学	18	重庆	重庆大学
3	河北	河北工业大学	19	贵州	贵州大学
4	山东	山东大学	20	云南	云南大学
5	江苏	南京大学	21	四川	四川大学
6	上海	复旦大学	22	甘肃	兰州大学
7	浙江	浙江大学	23	宁夏	宁夏大学
8	福建	厦门大学	24	新疆	石河子大学
9	广东	中山大学	25	青海	青海民族大学
10	海南	海南大学	26	西藏	西藏大学
11	广西	广西大学	27	黑龙江	哈尔滨工业大学
12	湖南	湖南大学	28	吉林	吉林大学
13	湖北	武汉大学	29	辽宁	东北大学

序号	省区	学校	序号	省区	学校
14	河南	郑州大学	30	安徽	中国科技大学
15	山西	太原理工大学	31	江西	南昌大学
16	内蒙古	内蒙古大学			

本文将 31 所高校校歌汇总后建立语料库,字符数总计 4889。其中字符数最多的为清华大学校歌,含有 453 个字符;字符数最少的为湖南大学校歌,含有字符 58 个;字符数在 100-200 之间的高校有 18 所,字符数在 200 以上的有 5 所,字符数在 100 以内的有 8 所;在各大学校歌平均字符数为 157.71 个。

随后,本文使用 jieba 分词对语料库进行分词处理,使用哈工大的中文停用此表删除停用词,其中复旦大学校歌两次重复"复旦复旦旦复旦"对文本分析中的词频分析、主题分析均会造成一定影响,本文也增加了停用词"复旦",但对分词结果做了修改,保留了一次"复旦"。分词后的语料库词数共计 1813 个:其中词数最多的为清华大学校歌 161 个词;词数最少的为厦门大学校歌 25 个词;校歌词数大于 100 的高校仅有两所:清华大学和兰州大学;校歌词数在 40 以上的高校有 22 所。如图 2 所示。

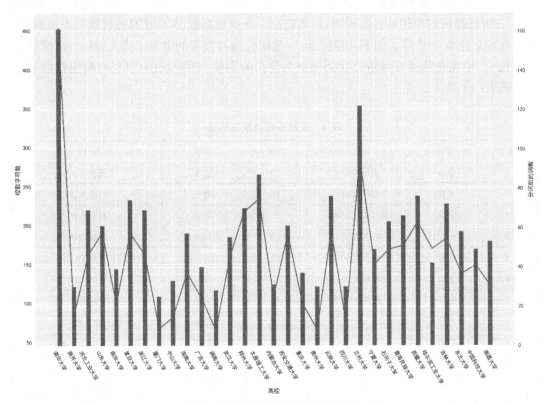

图 2　校歌歌词字符数及词数展示图

图 1 中条形图为分词前的校歌字符数,折线图为分词后的词数。经过对比发现,分词前

后两种数据在每所学校的校歌中都发生了基本同样的变化,字符数基本上是分词后词数的 2.6 倍。

4. 研究结果

4.1 词频分析

对校歌歌词语料库进行分词后,经词频统计,获得了最高词频前 20 个词(如表 1 所示)。这 20 个高频词分别代表了校歌歌词的三个描写类别:第一类是描写求学的主体,也就是学生,激励学生奋进的词汇,如"自强""青春""青年""创新""理想"等;第二类是描写求学的目的,鼓励学生树立远大志向的词汇,如"祖国""世界""民族""文明""光辉"等;第三类是描写求学的所在,书写校园、学校的特点的词汇,如"校园""学府""巍巍"等。

表 2 校歌歌词高频词汇表(前 20)

词频	词汇	频次	词频	词汇	频次
1	自强	17	2	校园	13
3	祖国	12	4	青春	12
5	巍巍	10	6	努力	10
7	民族	10	8	无穷	9
9	创新	9	10	奋斗	9
11	向前	9	12	文明	9
13	世界	9	14	永远	9
15	光辉	8	16	学府	8
17	科学	8	18	之光	8
19	理想	8	20	青年	7

从高频词词性的角度分析,前 20 个高频词中有名词 11 个,动词 5 个,形容词 3 个,副词 1 个,歌词中呈现出了明显的实词多、虚词少的特点。其名词中频次较高的主要有"祖国"、"民族"、"世界"、"光辉"、"科学"、"理想"等,这些词充分代表了当代高校校园文化中的担当精神和使命意识。动词中频次较高的主要有"自强"、"创新"、"向前"、"努力"、"奋斗"等,这些词也指示着当代高校奋勇勃发、昂扬向上的精气神。频次较高的形容词主要有"魏巍"、"青春"、"无穷"等,这 3 个词中"巍巍"是用来形容高校校园和校园文化的气度、风貌的形容词,如"巍巍南开"、复旦大学的"巍巍学府"等;另外两个词中"青春"主要是用来形容高校学生的如郑州大学的"青春时光"、太原理工大学的"青春笑脸";而"无穷"的意思则有很多层,如清华大学校歌中副歌部分的"无穷"更是代表了一种精神,再如南京大学的"吾道无穷""吾愿无穷"则是用来形容知识的海洋浩瀚无穷,学子追求与奋进的方向永无止境。频次最高的副词"永远",则主要用来修饰前面提到的如"自强"、"创新"等动词,为这些动

作加上了一个程度和期限。

图 3　校歌歌词词云图

本文调用 wordcloud 模块中的 WordCloud 函数对前 100 个高频词汇制作词云图（如图 3 所示）。在词云图中，词汇的频率越高，则字体越大。通过词云图，我们也能看到前述三个类别的代表词汇以较大字体显示，如描写求学主体的"自强"、描写求学目的的"祖国"、描写求学所在的"校园"。通过词频分析，我们也能发现当代高校校园文化中都在鼓励学生秉持理想、坚守信念、积极进取、追求真理、铸就宽广的胸怀。

4.2　主题提取

本文首先采用 Perplexity-Var(D) 计算了最优主题个数，最后确认本文所建语料库最优主题个数为 4 个，然后用 python 进行了 LDA 主题提取运算，并进行了可视化呈现。经计算，4 个 LDA 主题的前五个关键词如下表所示，本文在这些关键词的基础上为聚类出来的主题进行了命名。

表 3　LDA 主题信息表

主题	主题命名	型符占比	关键词
主题 1	追求真理	33.4%	无穷 世界 文明 光辉 之光
主题 2	胸怀祖国	33.1%	奋斗 大 青年 祖国 努力
主题 3	自强不息	25%	民族 跨越 科学 袭响
主题 4	成就自我	8.5%	向前 旦 灿烂 前程 远

　　研究发现,高校校歌中主要涵盖了4个大的主题,分别是:"追求理想"、"胸怀祖国"、"自强不息"、"成就自我"。其中第三列"型符占比"是指这一个主题覆盖了语料库中约多少比例的词汇,研究发现前两个主题"追求理想"、"胸怀祖国"这两个主题的型符占比都在全部语料库的三分之一左右,说明所选的各个高校校歌都在鼓励学子朝着这两个方向努力奋斗。第三个主题"自强不息"的型符占比约为全部语料库的四分之一,也说明绝大多数校歌中都涵盖了这一主题。最后一个主题"成就自我"型符占比仅为全部语料库的8.5%,说明高校校歌中对于这个主题的关注度明显低于前三个主题。各主题的型符占比条形图(图4)如下。

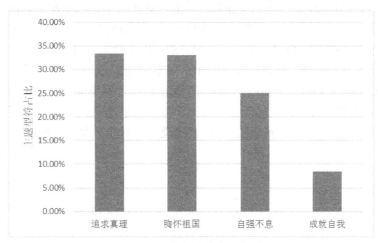

图4　LDA主题型符占比条形图

　　之后,本文通过python中的"pyLDAvis"模块进行了LDA主题的可视化呈现,呈现结果如图5所示。

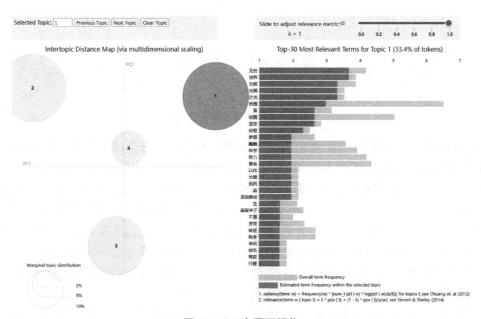

图5　LDA主题可视化

此图右侧部分为各个主题关键词分布的条形图,其中蓝色条形图代表了该关键词在整个语料库的分布频率,而红色部分则代表了该关键词在选定主题中的分布频率。此图左侧部分为主题距离图,这一部分图片是通过数据降维的方式将高维的主题数据降维到了二维平面上,类似主成分分析。这一部分图片显示,各个主题之间的距离较远,没有重叠位置,说明 LDA 主题提取效果较好。

4.3　文本聚类分析

我们采用 TF-IDF 的方法计算了词向量,进而计算了文本的向量矩阵,在此基础上进行了文本聚类研究。本文校歌歌词语料库分词后共有词数 1813 个,去重后有词数 961 个,经调用 scikit-learn 模块中的 TfidfVectorizer 函数计算,得到 31 行 961 列的 TF-IDF 矩阵:其中 31 行代表了 31 个文档, 961 列则代表了 961 个去重的词汇;每一行代表了每个文档在 961 个词上的 TF-IDF 取值。在这个矩阵的基础上,我们通过计算不同文档间的欧式距离,并以文档间的欧式距离作为文本距离进行文本聚类和可视化呈现,图中两所高校的连接点越低,则说明他们之间的文本距离越近;连接点越高,则说明他们的文本距离越远,如图 6 所示。

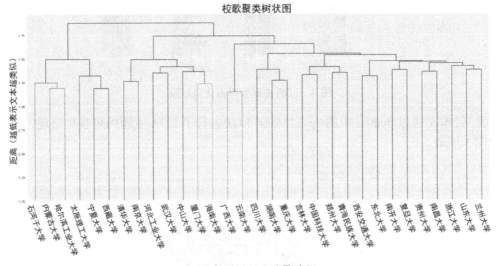

图 6　校歌歌词文本聚类图

经过文本聚类,我们可以发现 31 所高校的校歌基本可以分为两个大类。第一类包含 6 所高校,可以进一步分为两个小类:第一个小类为石河子大学、内蒙古大学和哈尔滨工业大学;第二个小类为太原理工大学、宁夏大学和西藏大学。其余 25 所大学构成了第二类高校,第二类高校也可以进一步分为三个小类:第一小类包含 7 所高校,分别是清华大学、南京大学、河北工业大学、武汉大学、中山大学、厦门大学、海南大学;第二小类包含 2 所高校,分别是广西大学和云南大学;第三小类包含 16 所高校,分别是四川大学、湖南大学、重庆大学、吉林大学、中国科技大学、郑州大学、青海民族大学、西安交通大学、东北大学、南开大学、复旦大学、贵州大学、南昌大学、浙江大学、山东大学、兰州大学。

文本聚类的结果显示出了较强的地缘性,也就是说:地理距离越近的高校,他们的校歌的文本距离也越近。如第一大类中的大部分高校都处于我国的边界省区,其中相似度最高的宁夏大学和西藏大学都位于自治区,同样位于自治区的内蒙古大学和石河子大学相似度也比较高,距离也比较近。又如第二大类中,文本距离最近的是广西大学和云南大学,这两所大学的地理距离也比较近。再如四川大学、湖南大学、重庆大学地理距离较近,文本聚类也比较近。

这是因为,本文所采用的 TF-IDF 计算方法主要的计算单位为词,如果两所高校校歌歌词中采用了较多相同或者相近的词汇,则他们的文本距离就相对更近,也就更容易被聚类到一起。在本文选定的语料库中,具有相同地缘特点的高校在校歌中会采用到相近或者相同的词汇,如四川大学歌词中用到了"天府",重庆大学的校歌中也用到了"天府",这些具有相同地缘特点的高校也就更容易聚类到一起。

5. 结论与展望

本文采用自然语言处理的研究方法,对中国大陆各省区选定的高校的校歌歌词进行了分析,分别回答了前文提到的三个研究问题,研究结果总结如下:

通过词频分析发现,校歌歌词主要描述了三个部分的内容:一是高校的求学主体——学生,二是学生的求学目的,三是求学场所——大学等内容。在描述学生时主要使用了"青春""自强""青年""栋梁"等词汇,盛赞青春、盛赞学子风华。在描述求学目的时主要采用了"祖国""民族""世界""文明"等词汇,鼓励学生要从空间上胸怀祖国、放眼世界,从时间上讲要肩负使命、传续文明。在描述大学的学府气度、学术精神的时候,则有两种方法:一种方法是直接描写,盛赞校园之美主要使用了"巍巍""学府""校园"等词汇;另一种方法则采用了"比兴"的手法,借助学校周边的山川大河烘托、提升学校的文化氛围和胸怀气度,如湖南大学的"湘水泱泱"、四川大学的"江水泱泱"、贵州大学的"溪山如黛"、云南大学的"华巍巍,拔海千寻;滇池森森,万山为襟"等,这些地理风貌既描述了大学的恢宏气势,也彰显了高等学府的师道尊严。同时,通过对高频词汇进行词汇标注,我们也能发现高校校歌中名词动词多、形容词副词等其他词性的词少,实词多、虚词少的特点。

通过 LDA 主题分析发现,选定高校的校歌主要呈现了"追求真理""胸怀祖国""自强不息""成就自我"四个主题。且此四类主题在语料库分布中呈现出了明显的差异性,如"追求真理""胸怀祖国""自强不息"这三个主题分布范围最广,这也呼应了国家兴办大学的办学理念;而第四个主题"成就自我"在选定高校校歌歌词中分布范围就要小很多。

通过聚类分析发现,高校校歌在一定程度上具有地缘一致性:经济地理位置相近的高校,校歌更容易被聚类到一起。这主要是因为高校校歌中经常会采用"比兴"的手法,先描述校园周围的山川大河、风物地产、人文风情等,再来描述学校的宏大气势,具有地缘一致性的高校有可能用到了同样的历史地理关键词,导致了他们的文本距离更近,更容易被聚类在一起。

自然语言处理方法是把文本这种非结构化数据通过各种数学模型转换为结构化的数据或者向量,进而进行数学运算,如计算相似度、开展文本聚类、情感分析等,目前这种研究方法已经越来越多地被使用到人文社科类的科学研究中。本文采用自然语言处理的研究方法对中国大陆地区高校的校歌开展了研究,为校歌研究提供了一种新的路径,也为自然语言处理的研究方法提供了一个新的应用场景。同时,我们也注意到本研究仍然存在一定的局限性问题,一是语料库的规模较小,二是可以适当地开展历时研究,进行文本的历时性比较。在未来的研究中我们将在语料库规模、研究颗粒度、文本历时性比较等方面进一步开展优化、提升。

参考文献

[1] 邹加倪,王文杰.文以载道 歌以咏志:民国时期高校校训及校歌研究[J].北京联合大学学报:人文社会科学版,2021,19(04):39-48.

[2] 祖国华,陈明宏.谈校训、校歌、校标和校风等校本文化元素对大学生成长成才的作用:以吉林师范大学为例[J].现代教育科学,2009,(03):122-125.

[3] 吴叶林,崔延强.歌以载道:大学校歌与战时大学精神论析[J].重庆高教研究,2019,7(04):110-121.

[4] 邵帅.试论大学听觉形象传播的构建[J].新闻爱好者,2017,(10):78-81.

[5] 路畅.巍巍学府 弦歌不辍:略论近代中国大学校歌的内涵和价值[J].山西大学学报:哲学社会科学版,2012,35(06):138-140.

[6] 黎新军.民国时期的高校校歌[J].兰台世界,2008,(11):67-68.

[7] 侯敏.民国艺术院校校歌的美育精神[J].东南大学学报:哲学社会科学版,2012,14(06):67-71,135.

[8] 熊贤君.润物细无声:民国著名中小学纯正校风的追求[J].教育研究与实验,2021(02):42-47.

[9] 翁燕微,王萌萌.高职院校校歌的文化建设与传承[J].职业技术教育,2020,41(08):72-75.

[10] 张涛,马海群.基于文本相似度计算的我国人工智能政策比较研究[J].情报杂志,2021,40(01):39-47,24.

[11] 李海峰.京津冀协同发展报纸新闻主题发现及其关联分析[J].科学技术与工程,2021,21(28):185-193.

[12] 张新香,段燕红.基于学习者在线评论文本的 MOOC 质量评判:以“中国大学 MOOC”网的在线评论文本为例[J].现代教育技术,2020,30(09):56-63.

[13] BLEI D M, NG A Y, JORDAN M I.Latent dirichlet allocation[J]. The Journal of Machine Learning Research,2003(3):993-1022.

[14] 关鹏,王曰芬.科技情报分析中 LDA 主题模型最优主题数确定方法研究[J].现代图书情报技术,2016(09):42-50.

基于深度神经网络模型的作文自动评分 前沿 ①

张经 [1,2] 刘杰 [2,3]

1. 首都师范大学;2. 中国语言智能研究中心;3. 北方工业大学

摘要:作文自动评分(Automated essay scoring , AES)是一种期望使用机器替代人工进行作文评分的技术。传统的 AES 模型通常依赖手工特征,而基于深度神经网络(deep neural networks, DNNs)的 AES 模型从原始文本中自动选择特征。近年来,DNNs-AES 模型取得了许多良好的成果,并引起了越来越多研究者的关注。已有研究表明,在过去的几年中,大量 DNNs-AES 被设计出来,本文将 DNNs-AES 模型分为基于神经网络的 AES 模型和基于预训练的 AES 模型两类,之后根据这种分类介绍现有的具有代表性的 DNNs-AES 模型,并描述了各个模型的主要思想和详细结构。

关键词:作文自动评分;自然语言处理;深度神经网络;预训练语言模型

Deep-neural Automated Essay Scoring: A Review

Zhang Jing, Liu Jie

ABSTRACT: Automated essay scoring(AES)is the task of automatically assigning scores to essays as an alternative to manual scoring. Traditional AES models typically rely on handcrafted features, whereas deep neural networks(DNNs)-based AES models use automatic feature selection from the original texts. Furthermore, DNNs-AES models have recently achieved fantastic results and attracted increased attention. To our knowledge, various DNNs-AES models have been designed over the past few years. In this paper, THE DNS-AES models are divided into AES model based on neural network and AES model based on pre-training. Then, according to this classification, the existing representative DNS-AES models are introduced. The main idea and detailed structure of each model are described.

Keywords: Automated essay scoring; Natural language processing; Deep neural networks; Pre-trained language models

1. 引言

作为语言智能最重要的教育应用之一,AES 在语言学、教育学和人工智能等领域得到了越来越多的跨学科关注。AES 技术根据量化过的评价标准进行评分,在保证评分科学、合理的前提下,不仅能提高评分效率,而且可以降低人工评分的主观性,保证了评分的公平性。

在过去的几十年里,许多 AES 模型被设计出来,一般可以分为特征工程和神经网络两种方法。基于特征工程方法的 AES 模型依赖于人工特征来完成作文打分,人工特征包括语

① 基金项目:国家科技创新-2030 重大项目(2020AAA0109700);国家自然科学基金(62076167);北京市教委-市自然基金联合项目(KZ201910028039)

法拼写错误或文章长度等。可解释性是特征工程方法的优点。然而,为了在各种作文自动评分获得更高的评分精度,特征工程方法需要大量的人力物力来进行有效特征的设计。

基于 DNNs 的自然语言处理技术的发展大大提高了 AES 任务的效率。通过强制 DNNs 模型拟合训练作文的分数,可以使模型从作文中提取有用的特征,并利用它们来预测评分分数。在过去的几年里,大量的 DNNs-AES 模型被提出,具有很高的准确性,并被广泛应用。

本文将 DNNs-AES 模型分为基于神经网络的 AES 模型和基于预训练的 AES 模型两类,并根据这种分类对现有具有代表性的 DNNs-AES 模型的主要思想和详细体系结构进行综述。

2. 基于神经网络的作文自动评分模型

Taghipour 和 Ng（2016）提出了第一个基于循环神经网络（recurrent neural network, RNN）的 DNNs-AES 模型来预测给定论文的分数。该模型在 ASAP 数据集上的平均 QWK 值达到了 0.705,其结构如图 1 所示。

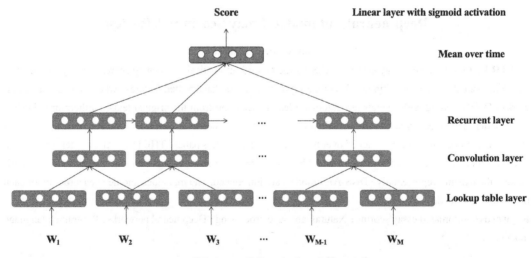

图 1　基于 RNN 的作文自动评分模型结构

在该模型中,每个单词都被查找层转换到 D 维空间。假设 $(W_1, W_2,..., W)$ 是单词 W 的 one-hot 向量表示序列,该层的输出按式 1 计算:

$$LT(W) = (E \cdot W_1, E \cdot W_2,...E \cdot W_M) \tag{1}$$

式中 E 为可训练的词嵌入矩阵。

卷积层利用卷积神经网络（convolution neural networks , CNNs）从每一组嵌入词向量中提取局部文本相关性。循环层处理这一层的输入并生成一个表示,该表示包含了给定文本的所有编码信息。模型中的这一层使用单向长短期记忆循环神经网络（long short-term memory, LSTM）,但通常也使用基本 RNN、门控循环单元（gated recurrent units, GRU）或双向长短期记忆循环神经网络（bidirectional long short-term memory，Bi-LSTM）。循环层将上一层输出的隐藏向量（H_1，H_2，…，H_M）转换为相同长度的平均向量并进行输出。这一层的计算方式如公式 2：

$$Mot(H) = \frac{1}{M} \sum_{t=1}^{M} H_t \tag{2}$$

在计算出该向量后，将其输入到下面的线性层中并预测得分。

Alikaniotis（2016）等人也提出了一个类似的基于 RNN 的 AES 模型。受 Collobert & Weston（C&W）词嵌入的启发，这个模型创造性地使用特定分数的单词嵌入（score-specific word embeddings，SSWEs），通过学习特定单词对文章分数的贡献程度来形成单词表征。接下来，使用两层 Bi-LSTM 形成论文表示。实验结果表明，该模型既能表示局部语境，又能利用信息封装对作文进行评分。

Tay（2018）等人提出了一种新的 SKIPFLOW 机制，这是一种在端到端读取时产生神经一致性特征的统一深度学习框架，实验表明，该框架在 ASAP 数据集上的平均 QWK 值为 0.64，达到了基于非预训练的 AES 模型最先进的性能，其结构如图 2 所示。

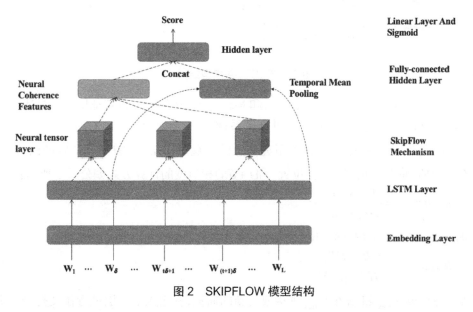

图 2　SKIPFLOW 模型结构

在 SKIPFLOW 模型中，神经张量将 LSTM 层从不同时间步收集的两个位置输出作为输入，并计算每对位置输出之间的相似性。具体来说，对于 LSTM 层的每个输出（H_1，H_2，…H_L），模型选择每对宽度为 δ 的序列，即 $\{(H_i，H_{i+\delta})，(H_{i+\delta}，H_{i+2\delta})，(H_{i+2X}，H_{i+3\delta})，…\}$，然后将每一对隐藏向量输入到下一层计算相似度得分，计算方式如式（3）：

$$sim\left(H_{t\delta+1}，H_{(t+1)\delta}\right) = \sigma\left(W_u \cdot \tanh\left(H_{t\delta+1} \cdot M \cdot H_{(t+1)\delta} + V \cdot \left[H_{t\delta+1}，H_{(t+1)\delta}\right] + b_u\right)\right) \tag{3}$$

其中 W_u，V 为权值向量，b_u 为偏置向量，M 是一个三维向量，它们均为可训练参数。

最后,将所有的相似度得分对拼接起来,并将此拼接后的向量映射到线性层对作文进行评分,该层包括全连接隐藏层和 sigmoid 激活函数。

受 SKIPFLOW 方式的启发,一种孪生双向长短时记忆网络结构（Siamese Bidirectional Long Short-Term Memory Architecture , SBLSTMA）,被提出。这种自信息机制不仅能捕获作文背后的评分标准,还能捕获作文中的语义特征信息。

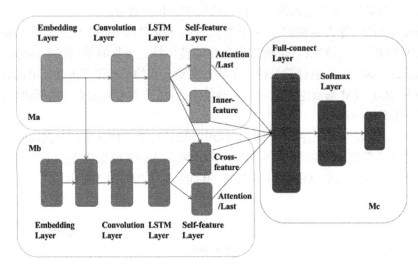

图 3　SBLSTMA 模型结构

如图 3 所示, SBLSTMA 由 Ma, Mb,和 Mc 三个模块组成。自特征层试图描述两种关系:作文向量e_i和距离信息向量$dist_{i, j}$的外部关系;作文中相邻句子之间的内在联系。

假设 HE 为作文的隐藏层, HD 为距离信息的隐藏层, HE_t 为 HE 在 t 位置的向量, HD_t 为 HD 在 t 位置的向量。向量 HE 在位置 t 和 $t+\delta$ 的相似度的计算方式如公式 3 所示:

$$feature_{inner} = \frac{HE_t \cdot HE_{t+\delta}}{|HE_t| \cdot |HE_{t+\delta}|} \tag{3}$$

同时,向量 HE 和 HD 在同一位置 t 的相似度计算方式如公式 4 所示

$$feature_{cross} = \frac{HE_t \cdot HD_t}{|HE_t| \cdot |HD_t|} \tag{4}$$

然后,将 $feature_{inner}$ 和 $feature_{cross}$ 拼接成为新的向量,并送入下一层进行作文打分。实验表明,该模型在 ASAP 数据集上的平均 QWK 值为 0.801,对于处理更长和更复杂的文章有很好的效果。

Li 等人提出了一个使用自注意力机制来捕捉作文中多个点之间关系的模型。自注意力机制由于其能够捕捉序列中单词之间的长距离关系的特点,已经被广泛应用于各种 NLP 任务之中。该模型首先通过具有位置编码的查找层将每个单词转换为嵌入表示,然后将序列输入到一个由多个自注意力模型并行组合的多头自注意模型中。由自注意层输出的序列被依次输入到循环层、池化层和具有 sigmoid 激活的线性层,以生成最终的作文分数。实验表明,该模型在 ASAP 数据集上的平均 QWK 值为 0.776,模型结构如图 4 所示。

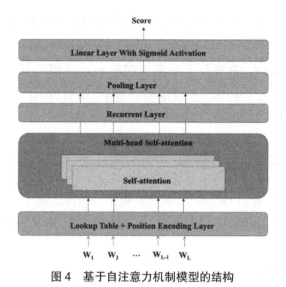

图 4　基于自注意力机制模型的结构

　　上述模型都是将一篇文章处理为一个线性的单词序列,Dong(2019)等人提出对文本层次结构进行建模。具体来说,假设一篇文章是由被定义为单词序列的句子序列构成的,据此,引入了一个由词级 CNN 和句子级 CNN 组成的两级层次表示模型,该模型在 ASAP 数据集上的平均 QWK 值为 0.734,其结构如图 5 所示。

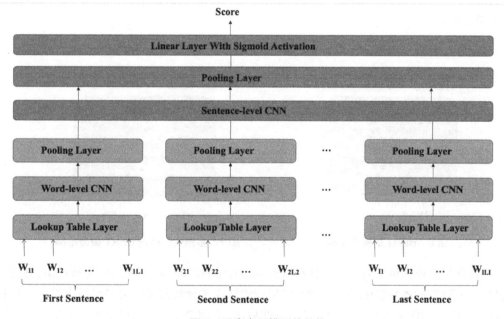

图 5　层次表示模型的结构

　　在该模型中,单词级 CNN 对每个句子的单词序列进行处理并输出聚合向量,作为句子的嵌入表示。假设一篇文章由 I 个句子 $\{S_1, \cdots, S_I\}$ 组成,每个句子都被定义成一个单词序列,如 $S_i = \{W_{i1}, \cdots, W_{iL_i}\}$,其中,$W_{it}$ 是第 i 个句子的第 t 个单词,L_i 是第 i 个句子的单词数。

对于每个句子 S_i,查找层将每个单词转换为一个嵌入表示,然后单词级 CNN 处理单词嵌入向量序列,最后池化层将该序列转化为聚合的固定长度隐藏向量 h_{s_i}。句子级 CNN 将句子序列 $\{h_{s_1},\cdots,h_{s_i}\}$ 作为输入,并在句子序列上提取 n-gram 级特征。然后,池化层将该层 CNN 输出的序列转化为聚合的固定长度隐藏向量 h。最后,具有 sigmoid 激活的线性层将向量 h 映射到最终的作文分数。

3. 基于预训练的作文自动评分模型

BERT 是 2018 年 10 月由 Google AI 研究院提出的一种预训练模型,这种大型预训练语言模型在各种 NLP 任务,包括 AES 中获得了最先进的性能,BERT 的提出成了 NLP 发展史上里程碑式的成就。

3.1 基于 BERT 的单模态作文自动评分模型

受 BERT 等大规模预训练语言模型在具有深度语义的文本表示方面取得巨大成功的启发,利用 BERT 学习文章表示是合理的, BERT 的结构如图 6 所示。然而,在 AES 任务中,由于作文的长度接近 BERT 模型输入的长度限制,很难对输入的作文进行处理。此外,只有分数作为标签的作文数据也使其难以利用多任务学习进行训练。为了解决上述问题,Yang 等人提出了多损失的微调 BERT 模型,该模型在 ASAP 数据集上的平均 QWK 值达到了 0.794,其结构如图 7 所示。

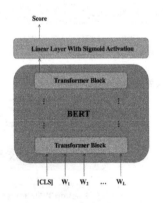

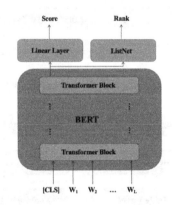

图 6　BERT 的模型结构　　　　　图 7　多损失的微调 BERT 模型结构

在教育和心理测量领域,项目反应理论(item response theory , IRT)模型被提出,并应用于包括作文写作的各种性能测试。IRT 模型在评估作文分数的时候会同时考虑潜在心理特征,以及写作者和作文之间的互动关系。受此启发, Uto(2020)等人提出了一个集成 IRT 模型的 DNNs-AES 框架,用于处理训练数据中的评分偏差。具体来说,该框架是将 IRT 模型堆叠在传统 DNNs-AES 模型上的两阶段架构。首先,将 IRT 模型应用于原始评分数据以消除评分者偏差对分数的影响。然后,使用基于 IRT 的分数对 DNNs-AES 模型进行训练。由于基于 IRT 模型的评分理论上没有评分者偏差, DNNs-AES 模型在训练时不会产生偏差效应。实验表明,在 ASAP 数据集上,集成 IRT 的神经网络 AES 模型的 kappa 值为 0.696,集成 IRT 的 BERT-AES 模型的 kappa 值为 0.790。模型结构如图 8 所示。

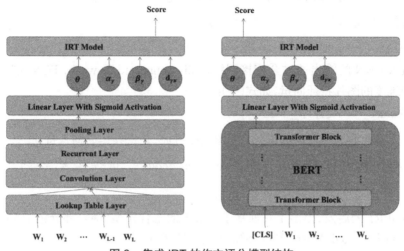

图 8 集成 IRT 的作文评分模型结构

3.2 基于 BERT 的双模态作文自动评分模型

现有的大多数手写作文评分系统只接受单一的文本作为输入,没有考虑光学字符识别(Optical Character Recognition, OCR)可能引入的错误或者误差对最终作文评分带来的影响。为了解决这个问题,Gao(2021)等人在 2021 年提出了 VisualAES,这是一个基于 BERT 的双模态作文自动评分系统,首次为作文自动评分引入了文本和图片等双重特征。实验表明,该模型在 ASAP 数据集上的 kappa 值为 0.983,在文中提出来的多模态数据集 ClmStd 上的 kappa 值为 0.797。

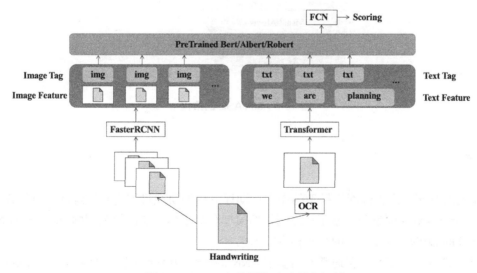

图 9 VisualAES 的图像-文本融合机制

如图 9 所示,原始的手写图像同时提供了文本和图像内容的表示,首先,通过标准的 OCR 模型从图片中提取出纯文本内容,然后通过预训练模型将文本转换为文字嵌入。对于图像的原始特征,使用 Fast R-CNN 来进行提取。设 F_{img} 为整个输入图像,FP_{img} 为图像各部分的局部特征,如式（5）:

$$FP_{img} = FasterR - CNN\left(F_{img}\right) \tag{5}$$

将 Fast R-CNN 的输出通过全连接网络(fully connected network, FCN)层转换为与文本嵌入相同维度的图片特征向量,如式（6）:

$$Feature_{img} = FCN\left(F_{img}, \ FP_{img}\right) \tag{6}$$

其中,$Feature_{img}$ 表示长度为 $Length_{img}$ 的图像最终特征,并将其作为输入特征。

然后,将图像特征 $Feature_{img}$ 和文本特征 $Feature_{txt}$ 拼接起来,得到一个长度为 $\left(Length_{txt} + Length_{img}\right)$、维度为 D_{en} 的新特征。

受 VL-BERT 的启发,提出了一种基于 BERT 的融合模型,融合部分包括 Visual-BERT、Visual-Roberta 和 Visual-Albert,其内部结构如图 10 所示。

最后,将特征输入到该融合模型并通过全连接网络层,得到最终的作文评分,如式（7）:

$$VisualAES = Ensemble\left(Visual_{bert}, \ Visual_{robert}, \ Visual_{albert}\right) \tag{7}$$

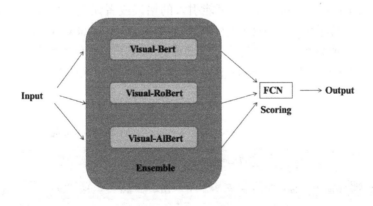

图 10　VisualASE 的结构

4. 结语

本文对基于深度神经网络模型的作文自动评分模型研究进展进行了综述。具体来说,本文将 DNNs-AES 模型分为基于神经网络的模型和基于预训练的模型,并介绍了各类型具有代表性的 DNNs-AES 模型的结构和主要思想。

早期的 DNNs-AES 模型通常使用基于 RNN 的神经网络模型作为基线模型。自 Google

AI 研究院发布大型预训练语言模型 BERT 以来,该模型的各种 NLP 任务中获得了出色的性能,并在应用在各种 AES 任务上得到了广泛应用并得到了出色的成果。随着多模态训练语言模型被提出并应用于各种 NLP 任务,研究人员也尝试将其应用于 AES 任务,取得了最先进的性能。

DNN-AES 模型未来的一个具有挑战性的研究方向是引入更多深层语言分析特征,包括抄袭检测、篇章质量分析、修辞分析、篇章结构分析、语法检错、错别字纠正等。深层语言分析需要多个模块进行处理,特征获取效率较低,如何将多个模块整合,使用通用的底层共享模型来进行深层语言分析值得进一步的探索。

目前,预训练语言模型处理长文本时计算负载较大,如何提高预训练语言模型在实际应用场景下的高效配置,进一步提高多层次、多维度深层语言分析的效果和效率是未来需要进一步研究的内容。如何通过增强预训练模型的语言表示能力、利用知识蒸馏在内的微调优化技术、融合外部知识等方法,进一步提高 AES 模型的效果也是未来亟待突破的一个难点。

此外,作文评分语料库规模的扩充和模型的进一步预训练,也有助于提高作文自动评分的准确性。

参考文献

[1] SHIN J, GIERL M J. More efficient processes for creating automated essay scoring frameworks: A demonstration of two algorithms[J]. Language Testing, 2021, 38(2): 247-272.

[2] BESEISO M, ALZUBI O A, RASHAIDEH H. A novel automated essay scoring approach for reliable higher educational assessments[J]. Journal of Computing in Higher Education, 2021, 33(3): 727-746.

[3] KUMAR V S, BOULANGER D. Automated essay scoring and the deep learning black box: How are rubric scores determined? [J]. International Journal of Artificial Intelligence in Education, 2021, 31(3): 538-584.

[4] BESEISO M, ALZAHRANI S.An empirical analysis of BERT embedding for automated essay scoring[J]. Int. J. Adv. Comput. Sci. Appl., 2020, 11(10): 204-210.

[5] UTO M, UENO M. Empirical comparison of item response theory models with rater's parameters[J]. Heliyon, 2018, 4(5): e00622.

[6] HUSSEIN M A, HASSAN H, NASSEF M. Automated language essay scoring systems: A literature review[J]. PeerJ Computer Science, 2019(5): e208.

[7] SHERMIS M D, BURSTEIN J C. Automated essay scoring: A cross-disciplinary perspective[M]. London: Routledge, 2003.

[8] SHI B, BAI X, YAO C. An end-to-end trainable neural network for image-based sequence recognition and its application to scene text recognition[J]. IEEE transactions on pattern analysis and machine intelligence, 2016, 39(11): 2298-2304.

[9] TAGHIPOUR K, NG H T. A neural approach to automated essay scoring[C]//Proceedings of the 2016 conference on empirical methods in natural language processing. 2016: 1882-1891.

[10] DASGUPTA T, NASKAR A, DEY L, et al. Augmenting textual qualitative features in deep convolution recurrent neural network for automatic essay scoring[C]//Proceedings of the 5th Workshop on Natural Language Processing Techniques for Educational Applications. 2018: 93-102.

[11] JIN C, HE B, HUI K, et al. TDNN: a two-stage deep neural network for prompt-independent automated essay scoring[C]//Proceedings of the 56th Annual Meeting of the Association for Computational Linguis-

tics. 2018：1088-1097.

[12] MESGAR M, STRUBE M. A neural local coherence model for text quality assessment[C]//Proceedings of the 2018 conference on empirical methods in natural language processing. 2018：4328-4339.

[13] WANG Y, WEI Z, ZHOU Y, et al. Automatic Essay Scoring Incorporating Rating Schema via Reinforcement Learning[C]//EMNLP. 2018：791-797.

[14] MIM F S, INOUE N, REISERT P, et al. Unsupervised learning of discourse-aware text representation for essay scoring[C]//Proceedings of the 57th Annual Meeting of the Association for Computational Linguistics：Student Research Workshop. 2019：378-385.

[15] NADEEM F, NGUYEN H, LIU Y, et al. Automated essay scoring with discourse-aware neural models[C]//Proceedings of the fourteenth workshop on innovative use of NLP for building educational applications. 2019：484-493.

[16] UTO M, UCHIDA Y. Automated short-answer grading using deep neural networks and item response theory[C]//International Conference on Artificial Intelligence in Education. Springer, Cham, 2020：334-339.

[17] COLLOBERT R, WESTON J. A unified architecture for natural language processing：Deep neural networks with multitask learning[C]//Proceedings of the 25th international conference on Machine learning. 2008：160-167.

[18] TAY Y, PHAN M, TUAN L A, et al. SkipFlow：Incorporating neural coherence features for end-to-end automatic text scoring[C]//Proceedings of the AAAI conference on artificial intelligence. 2018, 32（1）：376-382.

[19] YANG R, CAO J, WEN Z, et al. Enhancing automated essay scoring performance via fine-tuning pre-trained language models with combination of regression and ranking[C]//Findings of the Association for Computational Linguistics：EMNLP 2020. 2020：1560-1569.

[20] UTO M, OKANO M. Robust neural automated essay scoring using item response theory[C]//Cham.International Conference on Artificial Intelligence in Education. Springer, 2020：549-561.

[21] GAO J, YANG Q, ZHANG Y, et al. A Bi-modal Automated Essay Scoring System for Handwritten Essays[C]//2021 International Joint Conference on Neural Networks. IEEE. 2021：1-8.

[22] RIDLEY R, HE L, DAI X, et al. Automated Cross-prompt Scoring of Essay Traits[C]// Proceedings of the AAAI conference on artificial intelligence. 2021, 35（15）：13745-13753.

面向中文的写作智能评测的现状和挑战 ①

薛嗣媛 [1,2] 陈方瑾 [1,2]

1. 首都师范大学;2. 中国语言智能研究中心

摘要:随着计算机技术的发展,写作智能评测研究有了更加丰富的技术手段和应用场景。该文对写作智能评测的相关研究进行了梳理,首先对写作智能评测系统能评测研究的任务模式、主要方法、评估方式;然后以面向汉语母语者、面向英语学习者、面向汉语学习者三个不同维度展开介绍中文写作智能评测研究的现状;最后提出现阶段中文写作智能评测研究所面临的挑战。

关键字:汉语写作智能评测;研究进展;语言智能

Current Status and Challenges of Chinese Intelligent Assessment

Xue Siyuan

ABSTRACT: With the development of computer technology, writing intelligent assessment research has more abundant technical means and application scenarios. This paper compares the research on writing intelligent assessment, firstly, it compares the development of writing intelligent assessment system; secondly, it introduces the task model, main methods, and assessment methods of writing intelligent assessment research; then it introduces the current situation of Chinese writing intelligent assessment research in three different dimensions: for Chinese native speakers, for English learners, and for Chinese learners; finally, it proposes the challenges of Chinese writing intelligent assessment research at this stage. Finally, we present the challenges of Chinese writing intelligence assessment research at this stage.

Keywords: Chinese automated essay scoring; Research progress; Language intelligence

1. 引言

　　写作是运用书面语言文字为媒介用于文化交流的行为,需要高度综合性的言语能力。写作智能评测系统(AES)是一种重要的教育应用程序,旨在减轻教师评估学生作文的压力,也叫做自动写作评测(Automated essay scoring, AES)。写作智能评测指采用计算机程序对作文进行智能评分,即通过一个整体性分数来评估一篇文章的写作质量。自动评分很好地做到了作文评价的客观化,可以做到在不同的时间地点,在不同的计算机环境里面对于同一篇作文的评价结果完全相同。机器评分相较于人工评分,结果更为可靠。使用这些系统进行作文评分,不仅提高了作文评价效率、降低了人工成本,而且从根本上消除了评分者之间的不一致(Burstein, 2003)。因此,计算机辅助作文测试的教育意义和商业价值吸引了大量语言学和计算机领域的研究者进行研究和开发,逐步实现了在教育领域中的应用。也可以说,使用语言智能评估作文,是语言测试科学化发展的必经之路,是提高评分效率的

　　① 本文得到国家语委科研项目"人工智能技术赋能中文学习研究——中文篇章逻辑结构表征和智能评估"(YB145-16)、中国博士后科学基金"中文叙事语篇的表征和智能测评研究"(2022M722231)支持。

最有效方法,是促进中国教育平等化的有效途径。

写作智能评测研究源于国外,至今已经发展六十年之久。1960-1966 年是写作智能评测的起步阶段, Page(1966)教授开发了第一个写作智能评测系统 PEG(Project Essay Grade),标志着自动写作测评研究的开始。PEG 通过间接测量写作构念分项指标的方法提取文本浅层语言特征对文章进行测评,如文本的长度、介词、代词、词长变化等。PEG 的缺陷在于只关注文本表面结构而忽略了语义等方面,无法给学生作文的内容方面提供有指导意义的反馈,且此类表层文本指标等容易被计算机利用,具有迷惑性。

在 1990-2000 年左右是写作智能评测的快速发展期。各类的写作智能评测系统相继出现并在各类大型语言测试中使用,推动了自动写作测评系统对于教育领域的赋能。比如 E-rater 是由美国教育考试处开发,其目的是评估 GAMT 考试中的作文质量。E-rater 是基于线性回归的评分方法,融合了 PEG 和 IEA 双方的优势,不仅可以评判作文的语言质量,还可以评估作文的内容质量,且增加了对篇章结构的评估功能,评估一致性高达 97%。Intelligence Essay Assessor(1998)弥补了 PEG 语义上的缺陷,利用潜在语义分析技术,将学生作文投射成为能够代表语言内容的数学形式(向量矩阵),在概念相关度和内容相关度两个方面与已标注的写作质量进行比较得出作文评分。

从 2000 年开始写作智能评测研究进入广泛应用期。IntelliMetric(2001)系统由美国 vantage learning 公司开发,其采用启发式方法进行文本特征提取,评估了作文中语义、句法、篇章三个不同维度的 300 多项特征,比如语言正确性、句子结构和篇章结构等,此模型的评估性能逼近人类评分员,一致性达到 99%。

Bayesian Essay Test System(2002)系统采用概率理论作为指导,系统以机器学习中的贝叶斯模型作为基础,将自动作文评分系统视作文本分类任务,整合 PEG 和 E-rater 中的特征,将待测作文文本划分为不同的四个等级(优秀、良好、合格、不合格)。

以上这类系统的开发基于浅层语言文本特征构建回归模型,评估第二语言学习者的写作能力,这可能不足以评估母语者的文本内容。其原因在于,二语学习者的作文特点在于学习者主要是成人,具有较高的认知能力,较低的语言能力。机器评估二语学习者的文章重点关注语法错误、拼写错误等浅层文本特征,但是对深层语义的评估却不够深入。母语者的作文较少出现语法错误、拼写等语言错误,对于母语者的作文评估则需要关注内容。基于此,利用面向二语者的作文评估系统无法有效评估母语者作文。此外,这类系统主要由英语母语者开发,目标语言主要是英语,服务于其他语种的系统则研究较少。

中文的智能评测系统相较于国外起步较晚。Iwriter 是梁茂成教授为大学英语写作教学的深入研究而设计开发,的最早涉足英语作文自动评分的系统。Iwriter 能够实现语言、内容、篇章结构及技术规范四个维度的机器智能评阅,并将机评和人评深度结合,以机评促反馈。句酷批改网是面向中国学生的英语学习者的写作智能评测系统,其核心评分方法是通过算法将映射计算作文文本和标准语料库之间的距离,再通过一个映射将距离转化成作文分数和评语。国家语委语言智能研究中心研发的 IN 课堂是面向汉语母语者的作文批改系统。该产品基于“打分、评级、纠错、范例”四大功能,坚持“规则+统计”,从语料库中挖掘打分细则、评级参数、偏误规则、常用范式,使得作文批改更客观、更科学、更具理据性,2021 年被评为教育部十大双减案例。

近十年研究者对 AES 研究从不同维度进行整理和分析形成多篇综述。例如，Mohamed（2019）主要介绍了自动测评作文系统的现状。Ke 和 Ng（2019）梳理了 50 年来 AES 研究的发展历程，其中重点阐述了面向整体评分的基于特征工程方法和深度网络方法的 AES 研究。但是在这篇文章的发表阶段，预训练语言模型对自然语言处理领域的技术颠覆正在悄然发生，然而这篇文章并没有涉及这部分的内容。Borade 和 Netak（2021）重点关注的是 AES 研究中特征工程的相关工作。Masaki Uto（2021）关注的是深度学习视角下的自动写作测评研究。这三篇文章都是由计算机领域的专家进行撰写，且都是面向英语使用者。在本文中，将更新现有的自动写作测评技术，融合不同领域的研究内容，并且将重点介绍面向中文的写作智能评测发展。

本文的结构组织如下：第二节对写作智能评测中的任务分类、主要技术、验证方法进行梳理；第三节回顾面向汉语文本的写作智能评测；最后梳理现阶段写作智能评测研究所面临的挑战。

2. 写作智能评测任务

2.1 写作智能评测任务分类

本文将依据 Li（2020）和 Ridley（2021）的划分标准，将写作智能评测任务为四种类型，包括基于特定主题的整体评分研究（prompt-specific holistic scoring），基于特定主题的多维度评分研究（prompt-specific traits scoring），基于交叉主题的整体评分研究（cross-prompt holistic scoring）和基于交叉主题的多维度评分研究 cross-prompt traits scoring）。下文将根据四种分类模式对自动作文评测的主要方法进行进一步介绍。

（1）基于特定提示的整体评分

基于特定提示的整体评分（prompt-specific holistic scoring）是 AES 典型的解决方式。提示（prompt）可以理解为论文主题或者写作任务，通常是由阅读材料和任务说明组成。写作智能评测系统利用多元线性回归模型对写作进行评分，其主要的方式可以被分为特征工程或者自动特征提取方式（Hussein *et al.* 2019; Ke & Ng, 2019）。基于特征工程的计算方式是通过语言学专家手工设计的文本特征间接表征作文语义进而进行测评。此种方法从浅层语言学特征来构建模型，这些特征能够一定程度上反映文章评测项的质量，但整体对于语义理解容易造成缺失。基于此，自动化提取语言特征的方法被提出，如浅层语义分析以及基于深度学习的文本表征方法，都是利用机器自动构建"高层"文本表征。

（2）基于特定提示的多属性评分

基于特定提示的多维度评分研究（prompt-specific traits scoring）的出现是因为整体评分进行写作预测无法满足教学应用场景，单个评分提供的反馈信息非常有限，缺乏可解释性。除了对最近的工作通过探索作文的不同属性用来增强分数的可解释性，包括语法错误、组织、论文清晰度、论点说服力、与提示的相关性以及一致性等。基于特定提示的多属性评分的研究意义是模型可以在特定提示范围内的文章同步进行多维度评分研究（Hussein, 2020）。

（3）基于交叉提示的整体评分

大多数现有的 AES 方法都是基于特定提示构建的，即使用限定主题下的数据训练和测试。然而在实际的应用场景中，作文并不会仅限于某一类特定主题。由于很难获得基于特定主题下的足量评分文章，所以跨主题的整体评分和多维度评分引起了人们的关注。因此，每次对新主题下的数据进行训练时，获取训练数据将既昂贵又耗时。所以，基于迁移学习和领域自适应的计算方法能够有效解决此问题（Dong *et al.*, 2017; Cao *et al.*, 2020）。基于交叉提示的整体评分任务大部分将采用两阶段（Two-stage）计算方法，如 Jin（2018）等人构建分阶段学习方法。第一阶段训练一个二分类的分类器来判断作文是否属于目标提示，第二阶段利用第一阶段优化的模型对目标提示范围下未标注的文章进行评分。Cao（2020）等人提出了交叉提示整体评分模型，该模型旨在通过两个自监督学习任务联合解决评分预测问题。两个任务分别是句子重新排序任务和噪声识别任务，它们可以有效地提取与提示相关的公共知识，促进模型评分准确率。

（4）基于交叉提示的多属性评分

基于交叉提示的属性评分是指在交叉提示下为每篇文章预测多个属性分数。Ridley（2021）等人提出了一种专门用于基于交叉提示的多属性评分模型，可以在交叉提示下对未标注写作文本进行多个特征评分。具体来说，Ridley 设计模型中的共享层对文章中的每一句话通过位置嵌入层、卷积层、注意力层进行文本序列表征，然后与手工特征融合再进行多特征评分。

2.2　写作智能评测的主要方法

写作智能测评是一种预测性的手段。基于机器学习方法写作智能评测包括基于手工特征提取的计算方法、基于机器特征自动提取的方法。基于机器学习的技术方法分为公式法、分类法、排序法三类。公式法指的是通过建立线性回归方程的方式，将写作质量相关的语言特征作为变量来预测写作分数（Page, 1966; L&auer *et al.*, 2003; Miltsakaki & Kukich, 2004; Attali & Burstein, 2006; Klebanov *et al.*, 2013; Faulkner, 2014; Crossley *et al.*, 2015; Klebanov *et al.*, 2016）。分类法指的是研究者把写作评分作为分类任务，将作文按照不同等级进行划分，从不同等级的文本中学习一系列具有区别性的文本特征，构造等级评分（Vajjala, 2018; Farra *et al.*, 2015; Nguyen & Litman, 2018; Rudner & Liang, 2002）。排序法是通过构建比较器对文本进行两两对比，按照文本质量进行排序（Yannakoudakis *et al.*, 2011; Yannakoudakis & Briscoe, 2012; Chen & He, 2013）。

深度学习技术的发展逐渐拓展到了 AES 研究领域。Taghipour 和 Ng（2016）提出基于递归神经网络的 RNN 模型获取作文文本的高层次语义向量，并利用线性回归输出分数。Alikaniotis（2016）等人提出 SSWE 模型，其中包含三层网络组成，即查找表层、循环层和池化层。由于在查找表层中使用了分数特定词嵌入，模型能够有效融合文本的质量信息，有效提升模型准确率。Dong（2016）等人考虑使用嵌套结构的 CNN 网络模型对文本进行智能表征并预测。Dong（2017）等人融合注意力机制并结合语篇嵌套结构对文本进行智能表征和文本质量评估。Tay *et al.*（2018）从而提出语篇连贯的性质与写作质量之间的关系，提出 SKIPFLOW 模型，即利用神经网络明确学习到语篇的连贯性语言特征，并将其融合在文本表征中,有效提升了 AES 模型的预测水平。由于预训练语言模型在自然语言处理领域中的成功,多位研究者采用预训练语言模型来对文本进行预测(Rodriguez, 2019;Yang, 2020;Mayfeld & Black , 2020)。其中,Yang(2020)等人提出了结合多个损失函数的微调 BERT 模型,并在 ASAP 语料库上达到最优结果,证明了预训练语言模型在 AES 研究中的有效性。

2.3　写作智能评测的验证方法

本节将介绍用于写作智能评测模型的验证指标。第一,一致性度量方法(Cohen's Kappa)对语料标注一致性进行验证,系数分布在-1 到 1 之间,系数越接近 1,一致性越大,但如果一致性低于偶然预期的一致性,则可能为负数。第二,误差度量方法,例如平均绝对误差(MAE)和均方误差(MSE)。第三,相关度量方法,例如皮尔逊相关系数(PCC)和斯皮尔曼相关系数(SCC)。

3. 面向中文的写作智能评测研究

面向英语文本的自动写作评测发展较早,为中文写作智能评测研究带来启示。国外的自动写作测评技术已经逐渐发展成熟,但汉语作文评测系统却无法完全复用。原因在于汉语在世界语言中属于汉藏语系,它在语音、词汇和语法等方面与印欧语系的英语有较大的差别。汉语本身的特点,如汉语词汇分词歧义、语义灵活、语法灵活等也凸显了中文作文测评的特殊性(吴恩慈,2020)。

面向汉语写作智能评测的研究包括面向英语学习者的写作智能评测研究、面向汉语母语者的写作智能评测研究以及面向汉语母语者的写作智能评测研究三方面内容。下文将基于此分类框架阐述写作智能评测研究在中文领域中的进展。

3.1　面向汉语母语者的写作智能评测研究

梁茂成最早进入到面向英语学习者的写作智能评测,开发了面向英语二语者学习的作文评分系统。面向汉语母语者的写作智能评测研究受到了英语自动写作测评的研究范式的启发。在以上四种分类方式中,大部分中文自动作文评分研究处于总分评估和某个属性评估的阶段,其余任务鲜有研究。

面向中文写作的自动化写作评分研究最早是基于字频和词频的统计特征(张晋军,2004)。2015 年哈工大团队针对高考作文从修辞手法、引用、文题一致性检测等不同角度开展了作文评分研究。此外,还针对高考作文,对上述的研究点利用不同的方法进行研究,从而提升高考作文的一类卷的区分程度,并针对作文评分特征进行了初步的评语研究。同年,该团队采用深度学习技术对作文的语言方面和结构方面的浅层特征进行实验,并对作文中的情感识别进行分析。杨晨和曹亦薇使用潜在语义分析技术评估文章内容的分数,利用多元线性回归模型评估文章的最终得分。

钟启东(2020)等人从语言深度感知方面为出发点,设计了一种汉语作文自动阅卷评分算法。此研究模拟人类的评价标准,探讨了语感特征对写作分数预测的影响,增强了作文自动评分的合理性。Song(2021)提出了一种基于预训练的自动中文作文评分方法。该方法涉及三个部分:弱监督预训练、基于交叉提示微调和监督目标提示微调。论文评分者首先在一个涵盖不同主题的大型论文数据集上进行预训练,对文章进行粗粒度评分,即好和差,用作一种弱监督。其次,再交叉提示上进行对模型的进一步微调。最后,评分器在目标提示训练数据上进行微调。该方法在有效性和主要适应能力方面可以提高评分准确度。

　　哈工大讯飞联合实验室展开修辞领域的一系列工作。修辞是通过各种语言手段来修饰语句,从而达到更好表达效果的一种语言活动。比较常见的修辞手段有排比、拟人、比喻三种。基于此,修辞性语言识别可以监测学生使用修辞的能力,并为评估论文的质量提供线索。Song(2016)通过结合广义词对齐策略和词序列之间的对齐度量来获得特征用于识别学生论文中的排比句,识别率达到 82%。Liu(2018)展开对汉语明喻的识别研究,并构建 11.3k 的比喻句注释语料库。Liu 提出联合优化三个任务的多任务学习方法完成汉语明喻的识别研究,即明喻句子分类、明喻成分提取和语言建模实现。结果表明明喻句子分类和明喻成分提取都可以从多任务学习中受益。拟人是比喻性语言的另一种特殊情况,它借用人类的行为、表情或其他特征来赋予非人类对象的特定属性。该任务被视为典型的分类问题。此研究采用基于注意力的 BiLSTM(Bah danau *et al.*, 2014)将句子编码为密集特征向量,然后将该向量输入非线性层和 softmax 层以生成分类结果。考虑到这项任务的特点,我们引入了一个外部知识库 Chinese CiLin(A Synonymy Thesaurus of Chinese Words)(Mei, 1984)来根据词义将单词分组为簇,并为每个簇分配一个可学习的嵌入向量。每个字都是由其词嵌入和聚类嵌入的串联表示,将其输入编码器进行学习,模型可以达到 80% 的 F1 分数。付瑞吉(2018)提出中学生作文优美句识别任务,利用卷积神经网络和双向长短时记忆网络的混合神经网络构建文本表征模型,并将优美句识别视作二分类任务进行。此外,此研究将优美句特征用于作文自动评分任务,能够有效提高机器评分的准确性。刘明杨(2016)等人研究了高考作文中比喻、排比等修辞结构手法,构建了基于文采特征的作文自动评分方法。

　　部分研究者以汉语语篇为评估论文的质量提供线索。Song(2016)发现篇章模式对记叙文的写作质量具有重要作用。此研究利用神经序列标注方法实现对叙事文本的叙述、论述、描写、论证和情感表现五种句子级别语篇模式的自动识别,并通过标注语料库来研究话语模式的特征,证明了话语模式可以被用作改善自动作文评分的特征。Song(2016)从功能语言学角度出发研究篇章要素对写作质量评估的作用。此研究主要针对议论文的句子级篇章要素进行篇章要素单元识别。在议论文中篇章要素通常可以分为七类:引论、中心论点、分论点、事实论据、理论论据、结论和其他。篇章要素识别可以在多个方面辅助作文自动评分,例如作文结构建模、观点识别等作为评分系统的特征。

　　国家语委语言智能研究中心研究团队主要集中在深层内容理解和篇章语义理解这两个方面。刘杰(2019)提出句间逻辑合理性判别任务。从文本分类的角度,对作文段句间逻辑合理性进行定性分析。依据逻辑合理的段落其句子的位置是相对固定的,将现有的基于传统、基于深度学习的文本分类算法应用在中小学人物类作文段落句间逻辑合理性的判别上,实验结果表明使用分类模型对段落句间逻辑合理性判别是有效的。刘杰(2019)为提升中小学汉语作文中存在的表现手法分类性能,选取引入方差的 TF × IWF × IWF 算法和 Word-

2vec 模型对文本进行特征选择。TF×IWF×IWF 算法优势在于引入方差可以表征特征词汇在各类别之间的分布均匀程度,从而进一步确定特征词的重要性。实验结果表明,两种方法的结合使分类精确率平均提高 3%。刘杰(2022)针对目前的篇章级行文一致性度量模型只考虑了待测作文的全文行文一致性,无法捕捉文本语义块的隐含语义特征及其之间的一致性问题,提出了一种通用的作文行文一致性测评模型。该模型借鉴孪生神经网络的思想,创新性地同时提取作文中核心人物的性格、形象特征以及故事情节特征并进行相似度度量,从而获取文本的中心思想以及行文一致性的匹配分数;使用无监督主题模型 Biterm-LDA(Latent Dirichlet Allocation)对作文进行主题特征提取,解决了对手工标注的依赖。实验结果表明提出的模型评分与人工标注结果多数一致,且优于普通神经网络模型。国家语委语言智能研究中心与北京航空航天大学李舟军教授的合作团队提出了基于距离的文本语义离散度的表示方法(2016),并使用统计学的方法将其向量化表示,提出了基于中心的文本语义离散度的表示方法,并基于现有的多种文本表示进行了对比试验,训练出基于文本语义离散度的自动作文评分模型。

在文本流畅性方面,吴恩慈(2020)采用机器学习的方法对小学生作文流畅性进行自动评价。首先,从作文的总篇、段落、句子、短语、词汇和语法错误层面分析并抽取了一系列能够反映作文流畅性的语言学计量特征;其次,基于逻辑回归、决策树和支持向量机三种经典模型以及逻辑模型树、SimpleLogistic 和随机子空间三种集成模型,训练了六个流畅性分类器进行实验。实验结果表明,文中选取的 17 个特征项对于作文流畅性具有较好的区分度,其分类准确率达到了 85.2%。

3.2 面向英语学习者的写作智能评测研究

面向英语作为第二语言学习者的写作智能评测方法大致借鉴了英语自动写作测评的研究范式。梁茂成最早进入到此领域,开发了面向英语二语者学习的作文评分系统。此外,梁茂成(2007)将语篇的衔接连贯分为局部连贯和整体连贯,并基于统计方法分析中国英语学习者书面语语篇连贯能力的发展规律。周险兵等(2021)针对目前 AES 方法割裂了深层和浅层语义特征,忽视了多层次语义融合对作文评分影响的问题,提出了一种基于多层次语义特征的神经网络(MLSF)模型进行 AES。实验结果表明,所提出模型在 Kaggle ASAP 竞赛公开数据集的所有子集上性能均有显著提升,该模型的平均二次加权的卡帕值(QWK)达到 79.17%。

目前国外的作文自动评分研究已经较为成熟,但对某些文章篇章结构评分的研究还存在不足,且对中国学生英语作文的针对性不强。周明(2019)提出一种基于篇章结构的英文作文自动评分方法,在词、句、段落 3 个层面上提取作文的词汇、句法以及结构等特征,并使用支持向量机、随机森林以及极端梯度上升等算法对篇章成分进行分类,最后构建线性回归模型对作文的篇章结构进行评分。实验结果表明,基于随机森林的篇章成分识别模型的准确率为 94.13%。

3.3　面向汉语学习者的写作智能评测研究

　　随着汉语作为第二语言的日益普及，面向汉语学习者的中文作文的自动作文评分已成为一种重要的任务。在二语测试中，语言特征和写作质量相关性研究还处于初步阶段。李亚男（2006）提取了中国少数民族汉语水平考试三级作文中的 45 个浅层特征构建评分模型，结果与人工分数的相关达到 0.566。黄志娥（2014）等人以中国汉语水平考试作文为研究对象，从字、词、语法、成段表达、庄雅度等多个层面上，选取 107 个作文特征，经相关度计算得到 19 个与作文分数较为相关的作文特征，其中作文长度、词汇使用和成段表达方面的作文特征对最终评分有更好的解释性。吴继峰（2018）本文以 50 名中级汉语水平的英语母语者为研究对象，采用相关和多元回归的统计方法，考察词汇多样性、词汇复杂性、词汇正确性、句法复杂性、语法正确性五个语言区别性特征与汉语二语写作成绩的关系。研究结果发现，五个语言特征均与写作成绩显著相关。吴继峰（2019）以 210 名不同汉语水平的韩语母语者为研究对象，采用相关和多重回归的统计方法，从总体上考察词汇多样性、词汇复杂性、词汇正确性、汉字正确性、语法正确性、句法复杂性 6 个语言特征与写作成绩、内容质量评分的关系，然后考察内容质量评分和写作成绩之间的相关性，最后考察语言水平对 6 个语言测量指标和写作成绩关系的影响效应。研究发现 6 个语言特征均与写作成绩、内容质量评分显著相关。吴继峰（2021）以 80 名中级水平汉语学习者产出的记叙文和议论文写作文本为研究对象，考察不同颗粒度句法复杂度测量指标对不同文体写作质量的影响。研究发现，该结论证明了与粗粒度指标（话题链数量、话题链分句总数、零形成分数量）相比，名词短语复杂度细粒度指标对记叙文和议论文写作评分的预测更有效。胡韧奋（2021）引入了大规模二语作文语料库，对句法复杂度与汉语二语写作质量之间的关系进行了系统验证。研究发现基于搭配的短语层面句法复杂度指标能够有效地预测写作成绩。进一步分析显示，在汉语二语写作文本中，以谓词为核心的短语结构在句法复杂度衡量中扮演重要角色。蔡黎、彭星源等人（2011）利用自然语言处理和信息检索技术提取特征，提出了一种用于预测建模的三重分段回归模型。本研究首次使用 T 单位测量法分析不同水平 CSL 学习者作文的流畅性、句法复杂度和准确性。

　　然而，这些研究中的大多数都基于部分固定主题来检验语言特征的有效性，其特征在大规模数据集上的有效性还有待讨论，且在 AES 系统中的作用也值得进一步探索。胡韧奋（2021）构建面向汉语二语学习者的自动写作测评模型，其中结合线性回归模型、逻辑回归模型、随机森林算法、深度学习算法结合兼具语言复杂性和语言正确性的 90 个语言特征进行写作批改，此模型获得了 0.714 的 QWK 值。李琳（2022）以汉语水平考试（HSK）作文为对象，对 BERT 模型进行迁移和微调，构建基于 BERT 模型的汉语作文自动评分模型，模型预测出的分数与人工评分结果具有较强一致性。

4. 总结和展望

　　近年来随着语言智能技术的发展，为自动写作评测任务提供了更多突破的途径。英文自动作文评测研究较为成熟，但汉语写作智能评测研究的发展还具有空间：

1）中文写作质量影响指标研究。面向二语者的自动写作测评研究依据统计学方法成果较为丰富，母语者作文更重视内容信息，二语者的语言特征不能直接适用于中文母语者测评，所以面向母语者的写作质量评估研究还有广阔空间，未来将进一步研究和验证影响或预测中文母语者写作质量的指标。

2）公开语料库构建不足。相较于国外的 AES 研究，国内由于缺乏公开训练和测试数据集，研究者只能根据自己所需构建的规模较小的语料库开展研究。此类结果并不能形成规模，模型评价时也只能采用自评，缺少横向对比，影响力不足。

3）评价体系的合理性有待验证。AES 模型的建构主要是基于整体分数评估，大量计算机领域的写作智能评测对于作文标注阶段的属性评估往往都较为粗糙。一般情况下会将 AES 任务直接转化为排序或者等级分类问题，这类方法无法清晰反应作文评价标准和特征体系之间的关联，阻碍了对学习者的有效反馈。

参考文献

[1] 蔡黎,彭星源,赵军. 少数民族汉语考试的作文辅助评分系统研究[J]. 中文信息学, 2011, 25(05): 120-126.

[2] 黄志娥,谢佳莉,荀恩东.HSK 自动作文评分的特征选取研究[J]. 计算机工程与应用,2014,50(06):118-122.

[3] 何屹松,孙媛媛,汪张龙,竺博. 人工智能评测技术在大规模中英文作文阅卷中的应用探索[J]. 中国考试,2018(06):63-71.

[4] 马晓丽,刘杰,周建设,等. 一种中小学汉语作文表现手法分类方法[J]. 计算机应用与软件, 2018, 35(10): 49-54.

[5] 刘杰,张文轩,李亚光,张逸超,周建设. 基于孪生神经网络的行文一致性测评研究[J]. 北京理工大学报,2022,42(06):649-657.

[6] 刘杰,孙娜,袁克柔,余笑岩,骆力明. 中文作文句间逻辑合理性智能判别方法研究[J]. 计算机应用与软件,2019,36(01):71-77.

[7] 刘明杨,秦兵,刘挺. 基于文采特征的高考作文自动评分[J]. 智能计算机与应用,2016,6(01):1-4.

[8] 梁茂成. 中国学生英语作文自动评分模型的构建[D]. 南京:南京大学,2005.

[9] 梁茂成. 学习者书面语语篇连贯性的研究[J]. 现代外语,2006(03):284-292.

[10] 唐芳,庄翠娟,巩艺超. 作文自动评分系统在大学英语写作教学中的应用:以句酷批改网为例[J]. 海外英语,2017(20):48-49.

[11] 吴恩慈,田俊华. 基于语言学特征的小学生作文流畅性自动评价[J]. 教育测量与评价, 2020(03):41-50.

[12] 吴恩慈. 小学生作文流畅性自动评价研究[D]. 南京:南京师范大学, 2019.

[13] 王耀华,李舟军,何跃鹰,等. 基于文本语义离散度的自动作文评分关键技术研究[J]. 中文信息学报,2016,30(6):173-181.

[14] 杨正祥,刘杰,袁克柔,周建设. 作文段落句间逻辑合理性等级评测[J]. 计算机应用与软件, 2019, 36(09):175-180.

[15] 张晋军,任杰. 汉语测试电子评分员实验研究报告[J]. 中国考试,2004(10):27-32.

[16] HUSSEIN M A, HASSAN H, NASSEF M. Automated language essay scoring systems: A literature review[J]. PeerJ Computer Science, 2019(05): 208.

[17] PAGE E B. The imminence of grading essays by computer[J]. Phi Delta Kappan, 1966,47(5): 238-243.

[18] UTO M. A review of deep-neural automated essay scoring models[J]. Behaviormetrika, 2021, 48(2):

459-484.

[19] KE Z, NG V. Automated Essay Scoring: A Survey of the State of the Art[C]//Proceedings of International Joint Conference on Artificial Intelligence, 2019: 6300-6308.

[20] BORADE G, NETAK D. Automated grading of essays: a review[C]//Proceedings of the International Conference on Intelligent Human Computer Interaction, 2020: 238-249.

[21] CAO Y, JIN H, WAN X, at el. Domain-adaptive neural automated essay scoring[C]//Proceedings of the international ACM SIGIR conference on research and development in information retrieval, 2020: 101-1020.

[22] RIDLEY R, HE L, DAI X, et al. Automated cross-prompt scoring of essay traits[C]//Proceedings of the AAAI. 2021, 35(15): 13745-13753.

[23] KAVEH T, HWEE T N. A neural approach to automated essay scoring.[C]//Proceedings of the 2016 Conference on Empirical Methods in Natural Language Processing, 2016: 1882-1891.

[24] DIMITRIOS A, HELEN Y, MAREK R. Automatic text scoring using neural networks[C]//Proceedings of the 54th Annual Meeting of the Association for Computational Linguistic, 2016:715-725.

[25] DONG F, ZHANG Y. Automatic features for essay scoring—an empirical study[C]// Proceedings of the conference on EMNLP, 2016:1072-1077.

[26] DONG F, ZHANG Y, YANG J. Attention-based recurrent convolutional neural network for automatic essay scoring[C]//Proceedings of the conference on computational natural language learning, 2017: 153-162.

[27] TAY Y, PHAN MC, TUAN LA. Hui SC (2018) SKIPFLOW: Incorporating neural coherence features for endto-end automatic text scoring[C]//Proceedings of the AAAI conference on artifcial intelligence, pp. 5948–5955.

[28] YANG R, CAO J, WEN Z, et al. Enhancing automated essay scoring performance via fnetuning pre-trained language models with combination of regression and ranking[C]//Proceedings of Empirical Methodsin Natural Language Processing, 2020:1560-1569.

[29] WEI S, KAI Z, RUIJI F, et al. Multi-stage pretraining for automated chinese essay scoring[C]// Proceedings of the on Empirical Methods in Natural Language Processing(EMNLP), 2020: 6723-6733.

[30] WEI S, TONG L, RUIJI F, et al.Learning to identify sentence parallelism in student essays[C]// Proceedings of the 26th International Conference on Computational Linguistics: Technical Papers, 2016: 794-803.

[31] WEI S, DONG W, RUIJI F, et al. Discourse mode identifification in essays[C]//Proceedings of the 55th Annual Meeting of the Association for Computational Linguistic,2017:112-122.

[32] WEI S, ZIYAO S, LIZHEN L, et al. Hierarchical multi-task learning for organization evaluation of argumentative student essays[C]//Proceedings of the 2020 conference of International Joint Conference on Artificial Intelligence, 2020:3875-3881.

[33] WANG S, BEHESHTI A, WANG Y, et al. Assessment2vec: Learning distributed representations of assessments to reduce marking workload[C]//Cham.International Conference on Artificial Intelligence in Education. Springer, 2021: 384-389.

In 课堂中文作文教学与智能测评系统 ——国家语委中国语言智能研究中心 研究报告 ①

周建设 [1,2] 刘燕辉 [2,3] 薛嗣媛 [1,2] 杨曲 [2,3] 陈旦 [2,3] 曹云诚 [2,3]

1. 首都师范大学；2. 中国语言智能研究中心；3. 北京理琪教育科技有限公司

摘要： "In 课堂中文作文教学与智能测评系统"是国家语委中国语言智能研究中心理论指导，依托国家重大科技项目和国家社科基金重大项目，由国家高新科技企业北京理琪教育科技有限公司技术转化的智能教育产品。本报告介绍该智能系统的实用性、高效性和科学性。

关键词： 中文作文；智能测评；实用性；高效性；科学性

The Practicability, High Efficiency and Scientificity of In-Class Chinese Composition Intelligent Evaluation System

Zhou Jianshe, Liu Yanhui, Xue Siyuan, Yang Qu, Chen Dan, CaoYuncheng

ABSTRACT: The In-Class Chinese Composition Teaching and Intelligent Evaluation System was developed by the Chinese Language Intelligence Research Center of the National Language Commission with the support of the national Social Science Fund and the National Major science and technology project. This paper introduces the practicability, high efficiency and scientific nature of the Intelligent Evaluation system.

Keywords: Chinese composition; Intelligent evaluation; Practicality; High efficiency; Scientificity

　　国家语委中国语言智能研究中心主导研发的"In 课堂中文作文教学与智能测评系统"，利用深度置信网络（DBN），采用非监督贪心逐层训练算法，解决深层结构相关的优化难题，通过多层自动编码器深层结构与卷积神经网络多层结构学习算法，处理主题聚合关系和语义情感关系，减少参数数目，提高训练性能，最终实现将语言智能技术用于人文基因智能诊断和中文作文精准测评，促进人机交互写作智能训练，提高写作与思维能力，推进语文学科教育智能化。

　　该系统依托国家社科基金重大委托项目"语言大数据挖掘与文化价值发现"（14@ZH036）、国家新一代人工智能共性关键技术重大科技项目"复杂版面手写图文识别及理解关键技术研究"（2020AAA0109700）以及全国教育信息技术研究重点项目"基于智能技术的个性化学习系统研究及应用"（ZYDJ186120026），坚持聚焦人文基因智能计算，重点攻关，成果获得社会高度认可。2018 年该系统被国家领导人称赞"振兴乡村，身体力行"，同

---

　　① 基金项目：国家重大科技项目"作文及文科简答题自动评分"（2020AAA0109703）、中国教育技术协会重大项目"中文表达能力（CEA）标准研制及其智能测评应用创新研究"（XJJ202205003）、国家语委重点项目"基于智能计算的汉语情感词库建设研究"（ZDI145-17）。

年,获中国产学研合作促进奖, 2019 年获中国智能科技最高奖——吴文俊人工智能科学技术奖一等奖,2020 年教育部推荐其为 7 省 36 县脱贫攻坚智能教育产品,2021 年入选教育部落实"双减"政策十大典型案例①。2022 年被教育部推荐为"智能+"全国推广通用语言文字应用的典型案例, 2022 年 9 月 8 日中央电视台 CCTV1 新闻联播, 2022 年 9 月 18 日 CCTV13 朝闻天下继续播放宣传②。

1.In 课堂中文作文智能测评系统的实用性

In 课堂中文作文教学与智能测评系统实用性如何? 我们可以从使用案例中体会。

早在 2018 年,河南省 4000 多所中小学的 73500 余名学生使用了该系统。2019 年 5 月,河南省依托该系统举办"我爱我的祖国,喜迎祖国 70 华诞"征文大赛。启动仪式上,会议安排智能系统开发方代表致辞。智能系统是如何完善致辞稿件的? 可以参看 5 轮人机交互的情况。

1.1 初稿智能评价

有人使用智能测评系统对作文智能系统开发方的致辞进行了检测。进行智能检测。结果为总分 62.6 分,并指出了三个问题。初稿总评的原文如下:

文章内容略显单薄和平淡,建议在论述时多加入些有力的论据。语言基本通顺,表意基本明确。论证层次不够清晰,结构不够明朗,可试着在动笔前多构思,确定如何用材料支撑论点。

第一个问题是"内容略显单薄和平淡"。内容略显单薄就是内容不够充实,材料不够丰富,平淡就是语言表达缺乏生气,没有特色。怎么办? 智能系统建议"在论述时多加入些有力的论据"。第二个问题是"论证层次不够清晰"。这是说,文章内容之间的内在联系逻辑比较混乱。第三个问题是"结构不够明朗"。文章结构像人体骨架,如果人体骨架不明朗,就意味着可能不成人形。同理,文章结构不明朗,读者会弄不清这篇文章是什么形态类型,就难以很好地认识理解文章。针对这两个问题,智能系统给出了指导性建议"动笔前多构思,确定如何用材料支撑论点"。构思什么? 构思如何选择材料,选择哪些材料,这些材料对支撑观点是不是有支撑作用,有多大的支撑作用? 这样才能保证文章内容层次清晰,结构布局合理。

1.2 二稿智能评价

根据 In 课堂作文智能测评系统指出的问题和提出的修改建议,作者提交了第二稿进行智能测评,结果为总分 67.3 分,增加了 4.7 分,总评是这样的:

脉络较为清晰,层次基本分明。论点稍显含糊,建议开篇直接明确地表达观点。语言过于平淡,可尝试使用一些修辞。论证角度合理恰当,较有新意。

---

① 张棉棉:探索智能教育实施路径 助力教育扶贫扶智 第三届中国智能教育大会在西安召开,央广网, 2020 年 10 月 11 日,https://baijiahao.baidu.com。
② 教育部办公厅关于推广学校落实"双减"典型案例的通知,教基厅函[2021]37 号。

不难发现,智能系统已经看到了第二稿的进步。首先,第二稿针对第一稿总评提到的"论证层次不够清晰,结构不够明朗"两个缺点进行了修改,而且得到了智能系统的肯定。由第一次评语中的"论证层次不够清晰"变成了本次评价"脉络较为清晰,层次基本分明"。其次,对第一稿"内容略显单薄和平淡"的问题进行了部分修改,解决了"内容略显单薄"的问题,但是,语言表述问题没有修改好,所以,第二稿评语指出表述内容时使用的语言还存在"过于平淡"问题。基于此,智能系统建议"可尝试使用一些修辞"。第三,智能系统指出第二稿还存在论点表述不明确的问题。

1.3　三稿智能评价

两次测评,已经显示In课堂作文智能测评系统的强大功能,也激发了作者与智能系统挑战的兴趣。作者故意换了题目,将《征文大赛致辞》改为《人工智能解放学习力》。提交给系统后两秒钟便给出了反馈,一针见血地指出"文章内容和论题联系不够紧密",就是说文章跑题了。结果为总分68.5分,总评是:

语言准确而严密,使读者能较清晰地把握本文观点。段落安排合理有序,体现出一定的逻辑关系。文章内容和论题联系不够紧密,应紧紧围绕论点展开论述。

从评语中可以看出,第三稿修改得不错。二稿中"语言过于平淡"和"论点稍显含糊"两个问题变成了"语言准确而严密"和"使读者能较清晰地把握本文观点"两个优点。但是,智能系统发现了新的问题,即"文章内容与论题联系不够紧密",并建议"紧紧围绕论点展开论述"。这的确击中了这一稿的要害。原来主题是关于征文大赛的,是对2018年河南7万多学生作文成果的评价与鼓励,是对2019年启动河南省中小学作文的期望。而这一稿却谈的是"人工智能解放学习力",这不就是"文章内容与论题联系不够紧密"吗?不就是偏离题目了吗?好在原来的文章内容也讲到人工智能,讲到了人工智能与学习写作的关系,总算没有完全跑题,否则,总分是达不到68.5分的。

1.4　四稿智能评价

第四稿,作者回归到原来的主题,继续修改。结果为总分76.3分,总评是:

文章观点较为明确,条理基本清晰,内容较为充实,语言较为简练,重点较为突出,段落安排合理有序,体现出一定的逻辑关系,构思较为巧妙,善于选点展开,以小见大,耐人寻味。

看得出,智能系统对文章的主要方面都作了肯定,但总分并不高。问题在哪?结合前面四次点评意见,作者改了第五稿。

1.5　五稿智能评价

第五稿结果为总分88.2分,总评是:

本文立论准确,脉络清晰,观点鲜明,句式灵活,用词贴切,善于运用修辞手法,文句有表现力。结构安排恰当合理,重点突出,层次分明。论点新颖,独辟蹊径,能引起读者阅读兴趣,激发读者思考。

第五稿评语基本上将原来的否定性评价都转化成了肯定性评价,并且总分也从前几稿的 62.6 → 67.3 → 68.5 → 76.3 跃升到 88.2 分。

1.6 段落智能评价

这些分数的提升和肯定性评价是怎么获得的？是作者根据智能系统的评价指导意见不断修改获得的，这些进步还可以在段评中得到证明。比如，作者第五稿的开头改成这样："今天是一个收获的日子，今天是一个启航的吉日，今天是一个见证人工智能提升学习力的最佳时节。"针对这样一个开头，智能系统给了这样的段评：

表述充分，语言富有感染力，倡导多元共生的时代价值观，有与时俱进的意识。

针对第一稿评语中的建议"在动笔前多构思，确定如何用材料支撑论点"，在第五稿中加入了这样的材料和表述："1956 年，人工智能概念首次在达特茅斯会议上提出，至今已有63 个年头（注：致辞时间是在 2019 年 5 月），对人工智能的内涵究竟是什么基本达成了共识。中国人工智能学会理事长、中国工程院院士李德毅先生说：'人工智能是探究人类智能活动的机理和规律，构造受人脑启发的人工智能体，研究如何让智能体去完成以往需要人的智力才能胜任的工作，形成模拟人类智能行为的基本理论、方法和技术，所构建的机器人或者智能系统，能够像人一样思考和行动，并进一步提升人的智能'。"针对这样新添加的内容智能系统给予了两句段评：

具有发散的思维特征，视野较为开阔。紧贴时代脉搏，关注互联网文化。

显然，段评精准。"发散""开阔"肯定了从征文比赛联想到达特茅斯，联系到人工智能的发源。"时代脉搏""互联网文化"肯定了当下工作的前沿性、科学性。这种评价应该说是超出很多知识面比较狭窄、思维比较滞后的老师的水平的。

教师批改作文，习惯性给精彩语句画波浪线，这是给学生的鼓励。当下的智能系统 AI老师能够从总评到段评到句评给予肯定，无疑是对作者莫大的鼓励。

由此可见，IN 课堂中文作文教学与测评智能系统成功打造了智能交互课堂，创新了写作教学模式，激发了学生的学习兴趣，在很大程度上提升了学生的学习积极性，是具有强实用性的作文辅助训练智能系统。

2.In 课堂中文作文智能测评系统的高效性

In 课堂中文作文智能测评系统高效性表现在测评速度加快，训练频次提高，训练总量增加，促进语文知识消化与巩固，促进阅读力、认知力、思维力、逻辑力、创新力、表达力、文化力等语言综合能力提升。

2.1 加快测评速度，提高训练频次，增加训练总量

在常规的写作教学中，"写作—批改—反馈"周期时间较长。一般说来，从老师布置作文练习到学生提交作文给老师，经教师批改后反馈到学生手里，需要一周甚至更长的时间。教师返回批阅的作文，如果时间延后太长，学生自己作文时的构思，写作过程中的推敲，语言表述中的难点和困惑，会基本忘记，写作兴趣会基本消退。这势必影响学生对写作弊端的纠

正、写作经验的积累和写作能力的提升。IN课堂作文教学与智能测评系统,操作程序是:学生接受教师布置的作文题目或者作文题材,在写作训练区自行进行写作,然后点击提交,系统便能够在两秒钟之内完成智能测评,即时给出综合评价、段评和句评,给出提升建议和知识拓展指导。这样,不仅解决了人工反馈滞后的问题,还能以人机交互方式激发写作兴趣,引导多思多练。

测评速度快,即时反馈,自然就能促使学生提高写作训练频次,增加训练总量。写作训练量,国家课标有明确规定。小学阶段1—2年级,不要求。3—4年级,课内习作每年16次左右,45分钟能完成不少于300字的习作。5—6年级,课内习作每学年16次,45分钟能完成不少于400字的习作。7—9年级,每学年作文一般不少于14次,其他练笔不少于一万字,45分钟能完成不少于500字的习作。

以初中学段(7—9年级)为例,计算教师的作文批阅量。每生每年不少于14篇作文,每篇不少于500字,课外练笔不少于一万字,合计作文一万七千字。一般情况下,每位语文教师承担两个教学班,有大约170万字的作文需要批改。语文老师在教授语文知识之外,凭个人精力要逐字逐句批阅170万字的作文,这无疑是一个天文数字,实际上是不可能做到的,更谈不上给每篇作文进行高质量的精批细改。

知识可以传授,能力不可以传授。写作是一种用文字表达思想的能力,只有通过训练才能获得。写作能力强弱需要教练指导,正像运动员需要教练指导一样。理论上,语文教师最具备作文教练资格,很多教育管理者通常也是这么认为的。语文教师有两项任务,一是教学语文知识,一是指导作文训练。事实上,面对两项任务,语文教师的主要精力在传授语文知识,完成语文知识教学任务之后,基本上没有精力去当作文教练了。这一点,听起来似乎不可理解,当我们深入一线调研语文教师的履职情况时,就不得不认可这种事实真相。这也就能很好地解释:为什么长期以来学生的写作能力难以得到明显提高,甚至大学毕业生还欠缺写作表达能力。

就我国教育国情而言,靠有限数量的人力无法解决写作能力提升问题。随着人工智能时代的到来,语言智能科学的兴起,作文教学与智能测评系统的开发,有望能解决作文训练不足的老大难问题。智能测评系统批阅速度快,学生能够在几秒钟之内看到对自己作文的评价,依据评价意见,可以及时对文章进行修改。每次修改,可以立即看到赋分和评价变化,能激发竞争心理,提升写作兴趣。

In课堂智能系统关于基础教育学生写作能力与语文素养智能分析报告显示,北京、河北、浙江、河南、湖南、广东、广西、四川、云南等地中小学,不少学生对同一篇文章能够修改数十次,每篇作文班级平均修改6次左右。写作训练频率越高,训练总量增加,写作能力也就能随之增长。

2.2　促进语文知识消化与巩固

IN课堂中文作文教学与测评智能系统,遵循以学生为中心的教育理念,突出学生的主体地位,促进语文知识消化与巩固。这主要体现在三种形式中。第一,给出原文点评,包括给出总评、段评和句评。第二,给出提升建议,包括给出写作知识指导,指出作文中存在的需要改进的知识点。第三,指导拓展学习。紧密结合作文中相关内容,给出延伸知识,包括理

论阐释、词语解释以及提示容易读错的字音等。例如,一位五年级学生写了如下文章:

童年往事

　　童年的往事,像一颗颗珍珠,珍藏在我的心里。虽然童年的大门已经徐徐向我关闭,可是我永远忘不了那件事。

　　我家有一只可爱的幼兔,它有荷兰兔的血统,全身黑白相间,毛茸茸胖乎乎的,好可爱[1]。黑亮晶莹的眼睛镶嵌在小巧的脸上,三瓣嘴藏在毛中。它温顺乖巧,总是喜欢跟在我的后面。我把它养在一个大纸箱里,纸箱下铺着两层纸,用它当尿布。我每天喂它吃白菜和兔粮。它可爱吃兔粮啦。

　　我下午放学,第一时间就是把兔子抱出来,帮它换尿布,接着喂它吃白菜和兔粮。晚饭时间了,我吃晚饭。它就开心地跑来跑去,钻这儿钻那儿,四处探索。一会儿停下来听四周的声音,一会儿尝试蹦得老高,一会儿吃几口白菜,一会儿停下来休息。我摸摸它柔软的皮毛,喂它吃几口兔粮。我不玩电脑,不看视频,也不玩手机游戏了,全心全意地照顾这只小兔,并享受着养兔的快乐。

　　一天,我放学回家,和平常一样把兔子抱出来,喂它吃东西。它吃完了,小黑眼睛流露出无限的感谢。小嘴一动一动的像是在说:"谢谢你,小主人!"我蹲在地上,看着小兔子开心的样子,心中也十分开心。我拿几粒兔粮,放在手心里喂它吃。

　　每天都会上演这样的情景。它大口大口地吃,贪婪的样子,真恨不得一口吞进肚子里。突然,它开始咳嗽,并吐出了兔粮,之后,它不断地吸气,咳嗽,吸气,咳嗽,吸气,咳嗽[2]。还缩成一团,耳朵紧紧贴着背,又发出了咬牙的声音[3]。我有点害怕了,它是不是噎着了!我束手无策,非常希望它吐出兔粮,可是它没有,咳嗽更加重了[4]。我的心比刀绞还痛,十分焦急,连忙查百度,用兔式急救法治疗它。可是它已经全身抽搐久,四脚一直,死了。

　　我呆呆地望着它,一时无法接受。摸了摸它的四肢,僵直了。探了探它的气息,已经停了。刚才还活得好好的,怎么突然就死了?我走到阳台,泪水无声地流了出来。我回忆着和它在一起的点点滴滴[5]。它带给我快乐,伴我成长。和它发生的事像放电影一样,在我脑海中浮现。可它就这么死了,永远地离开了我,离开了这个世界。

　　因为我的无知,害死了它。我永远忘不了这件童年往事。

　　智能系统给出的总评是:

　　本文构思新颖,情节富于变化,文采斐然。选取的事件比较符合题意,也能够较好地表达中心。将自己的志趣、志向寄托在某物之中,托物言志,使读者在欣赏中获得独特的美感。酣畅淋漓,一气呵成,展示出较强的语言功底。行文充分调动各种感官,运用多种表达手法,使内容多姿多彩,丰富细腻。环境描写,烘托了人物心情。

　　给出的段评分别是:

　　第 1 段:运用转折句为下文做了铺垫。

　　第 2 段:句式丰富,层次分明。文中塑造的形象给读者留下了较深的印象,外貌刻画功不可没。

　　第 3 段:语句气息流畅,情感强烈。

　　第 7 段:语气强烈,引起读者注意。拟声词的使用,让你的文章有声有像。

　　给出的句评是:

句评1:话语节奏分急缓,意义表达显轻重。

句评2:准确地表现了动态形象。

句评3:富有动态,情趣盎然。

句评4:动态刻画细腻,简练传神

句评5:写活了情景,突出了形象。

给出的拓展建议是这样的:

"手足无措"与"束手无策"的区别,了解一下?

原文:我( ),非常希望它吐出兔粮,可是它没有,咳嗽更加重了。

"束手无策"是对事件的突发无法处理,是针对事件的;"手足无措"是对事件的突发无法决策,是针对人的表现。

"手足无措"——措:安放。手脚不知放到哪儿好。形容举动慌张,或无法应付。

出处:《论语·子路》:"刑罚不中,则民无所措手足。"

例句:正忧疑不定,忽报宋兵到了,惊得~。(清·陈忱《水浒后传》第十二回)

"束手无策"——策:办法。遇到问题,就象手被捆住一样,一点办法也没有。

出处:元·无名氏《宋季三朝政要》:"(秦)桧死而逆亮(金主完颜亮)南牧,孰不束手无策。"

例句:梅飓仁正在~的时候,听了师爷的话说甚是中听,立刻照办。(清·李宝嘉《官场现形记》第五十五回)

最后,智能测评系统指出:你的文章中有读音容易混淆的词,写对的同时,读对了吗?

抽搐 [chōu chù]

由此可见,作文教学与智能训练系统,注重把写作训练跟语文知识的消化巩固很好地结合起来,润物无声,提升语文水平。

2.3 提升语言综合能力

语言能力是一种综合能力,是阅读力、认知力、思维力、逻辑力、创新力和表达力的聚合。

语言能力具有改变人生的力量。语言工具和生产工具是保障人类物质生活和精神生活的两大法宝。人类社会的进步依赖物质交互工具和人文交互工具。物质交互工具促进物质生活质量的提高,人文交互工具促进精神生活质量的提高。语言是人文交互过程中最有力的媒介。认识语言规律,完善语言表达,具有改变人生的力量。事实上,有不少人并没有意识到语言力量的存在,也没有专心学习语言知识和训练语言能力。世界著名调研机构麦肯锡公司经过5年(2013—2017)调研,发现大学生就业能力中最欠缺的是语言表达沟通能力。清华大学校长邱勇决定,2018年秋季开始清华大学所有本科生都必修写作与沟通课程,受到高校与社会的普遍关注与高度肯定。这从一个侧面反映中小学阶段语言能力训练不够。

语文是最重要的基础学科。教育部课标提出了语文核心素养的四个方面:"语言的建构和运用",注重积累、系统、交际和评价;"思维的发展和提升",注重直觉体验、语言表达、观点表达、逻辑表达,这些是思考的基础素养;"审美的鉴赏和创造",注重审美感情、审美品位、审美表达、审美创造,前两个方面侧重于审美观念的形成,后两个方面重在审美实践;

"文化的理解和传承"，注重文化自信、文化吸收、人生价值、社会责任，前两个方面以体验理解为主，后两个方面以指导实践为主。语文学科核心素养是一种以语文能力为核心的综合素养。

作文是语文学科核心素养的综合体现，也是语言能力的综合体现。正如医疗仪器能够诊断身体的生物特征，语言能力是可以通过人文基因智能测评计算出来的。2020 年度洛阳市涧西区 12 所学校联考作文数据和 2021 年北京通州区 30 所学校 545 个班级的初高中生期末作文的数据证明，智能系统能精准计算学生的"阅读力、认知力、思维力、逻辑力、创新力和表达力"。在阅读力方面还能计算"通识素养、哲学修养、文学修养、历史意识、文化传承、生态意识、科学意识、核心价值观、家国情怀、人类文明"等不同方面，反映学生语言综合能力存在的差异，比如，科学、创新方面存在的欠缺。

作文智能测评系统可以指导学生学习与训练，弥补人文基因的不足，助力语言能力提升。该系统设计注重了五个要点：第一，覆盖学科门类，即提供哲学、经济学、法学、教育学、文学、历史学、理学、工学、农学、医学、管理学、艺术学、军事学以及交叉学科 14 个门类的写作训练基本材料。这些是学生受用终生的学科。第二，呼应写作方法，即根据中小学教材和导教导写指导书涉及的记叙、议论、说明等写作方法，提供素材。[①] 学生可以针对提供的素材，相对集中地进行某种写作方法与技巧的训练。当然，这种素材与写作方法的训练安排并不是僵化分离的，同一个素材，也可以采用摹写、记叙、议论、说明以及抒情的方法进行训练。第三，引导创新思维。写作，作为语言交互的典型形式，不只是简单的词汇排列和语句输出的问题，深层次是阅读力、认知力、思维力、逻辑力、创新力、表达力以及人文素养的综合体现。鉴于此，所有训练素材都不提供唯一固定性模板，也不提供唯一确定性答案，让学生广开思路，深入思考，大胆想象。第四，延伸阅读认知。系统不可能穷尽材料，所提供的材料只是学科门类的微小颗粒，因此，需要学生以材料为引子，延伸阅读，丰富认知，充实内容，深化思想。第五，人机交互训练。作文完成后，提交给智能测评系统，智能系统对文章进行全面测评，即时反馈测评结果，包括等级、总评、段评、点评，提出提升建议，还会针对文章的关键知识点或者薄弱点提供拓展学习指导。学生可以根据智能系统给出的测评意见进行修改，再提交，智能系统也会不断地给予测评指导，直到学生满意为止。在人机交互训练基础上，教师可以根据智能系统反馈的数据报告，给学生进行更深层次的创新性指导。

2.4　使用成效显著

作文智能测评系统的使用，激发了写作兴趣，取得了显著效果。

（1）国家领导肯定

乡村振兴是国家战略。2017 年起，中国语言智能研究中心在湖南株洲革命老区的偏远山区攸县罗家桥学校使用 In 课堂作文教学与智能训练系统，目标是助力乡村振兴，"使农村孩子零距离享受优质教育"。智能教育实施后，有 78 名学生从县城或外乡返回原来的学校就读，每生节省费用一万五千多元，为村民每年减轻负担 100 多万元，而且教育水平明显提升。

---

① 刘济远 周建设主编《中小学作文导教导写》（全 20 册），湖南教育出版社 2022 年版。

　　2018 年 10 月,中国语言智能研究中心智能教育研究院与湖南省攸县人民政府联合主办"智能教育与美丽乡村融合发展会议",在全国率先探索智能教育助力乡村振兴的新途径。

　　会上,县长指出,《新一代人工智能发展规划》《乡村振兴战略规划(2018-2022)》将人工智能和乡村振兴作为国家战略。教育部《教育信息化 2.0 行动计划》将湖南列入首批试点。攸县一直秉承党和国家意志,在湖南省的统一部署下,积极开展智能教育和乡村振兴工作。智能教育对攸县教育事业的发展意义重大,具有划时代的引领作用。

　　湖南省教育厅电教馆杨颖馆长说:"智能教育与美丽乡村融合发展是一项颇具创新意义的探索,不仅对推动教育信息化建设发挥了重要作用,更能够促进教育智能化和乡村振兴融合发展。智能教育不仅能够为建设美丽乡村培养优秀的人才,同时也是实现乡村振兴战略中'人才振兴、文化振兴'目标的坚实基础。罗家桥学校切实做出了成效。"①

　　中国信息协会教育分会会长周长春教授说:"智能教育与乡贤文化发展有机结合,发挥智能教育优势的同时,发扬传统文化,打造湘楚文化教育体验基地,为智能教育与美丽乡村的融合发展提供新思路。智能教育与美丽乡村的融合发展需要政府、高校科研机构与企业共同发力,需要中小学校全面参与。在攸县和有关乡镇领导强有力的支持下,在高校科研机构权威学者们的倾心帮助下,攸县的智能教育与美丽乡村融合发展工作为湖南省乃至全国作出了表率。"②

　　中国人民武装警察部队原司令员周玉书将军莅临会议,高度赞扬中国语言智能研究中心"让农村孩子零距离接受优质教育,为乡村振兴做出了积极贡献"。周将军亲笔题词"罗家桥学校",表示对智能教育的积极支持和良好祝愿。③

　　中国人工智能学会理事长李德毅院士深受感动,点赞中国语言智能研究中心:"做教育如此用心用情! 我们一起努力!"④

　　国家领导人、全国政协副主席刘新成对中国语言智能研究中心开展的智能教育助推乡村振兴工作给予高度肯定:"乡村振兴,身体力行!"⑤

　　(2)在线抗疫惠民

　　2020 年初,突如其来的新型冠状病毒肺炎疫情给学生学习带来严重困扰。In 课堂及时为学生提供线上教学服务。仅仅统计至 2020 年 6 月,就批改了 700 多万篇文章,以每学期教师批阅 7 篇作文标准计算,相当于完成了 100 万教师一个学期的作文批阅量。广西玉林福绵高级中学陈老师说:"作文智能批改有答案,秒批反馈快速,精准,完美。我班学生的作业一次又一次修改,越改越棒,停课不停学,不只是说说而已。"广东省东莞市松山湖中学,疫情防控期间,学生坚持线上作文智能训练,被《光明日报》报道誉为"中国经验"。⑥

　　2020 年是国家脱贫攻坚战的最后一年,教育部推荐 In 课堂中文作文教学与智能训练系统为 7 省 36 县学生提供智能教育服务。教育部科技司司长雷朝滋充分肯定:"人工智能

　　①　2018 年 10 月 16 日,杨颖馆长在"智能教育与美丽乡村融合发展会"上的发言。
　　②　2018 年 10 月 16 日,周长春会长在"智能教育与美丽乡村融合发展会"上的发言。
　　③　2018 年 10 月 16 日,周玉书司令员在"智能教育与美丽乡村融合发展会"上的讲话。
　　④　2018 年 10 月 16 日,李德毅院士听取智能教育与美丽乡村融合发展工作报告时给予赞扬。
　　⑤　2018 年 10 月 16 日,刘新成副主席获知智能教育与美丽乡村融合发展工作时给予的肯定。
　　⑥　"停课不停学"的中国经验,光明日报,2020 年 4 月 21 日。

赋能教师,促进教学模式从知识传授到知识建构和能力素质提升的转变,同时缓解贫困地区师资短缺和资源配置不均衡的问题;人工智能赋能学校将改变办学形态,拓展学习空间,提高学校的服务水平,形成更加以学生为中心的学习环境;人工智能赋能教育治理,将改变治理方式,促进教育决策科学化和资源配置的精准化,加快形成现代化教育公共服务体系。"①

（3）成为"双减"典型

2021 年 9 月 17 日,教育部公布"双减"十个典型案例,山东省青岛市崂山区使用中文作文智能批改系统的案例位列其中。他们充分利用原有信息化软硬件基础设施,统筹建设"课堂教学云平台",利用信息技术优化作业管理,科学设计和布置作业,实现分层、个性化布置作业,做到精准到校、精准到班、精准到人。中文作文智能测评系统评分客观化。传统的作文人工评分,因为每个老师生活经历、阅读经历不同,看问题的角度、着眼点各异,看到的文章亮点和不足均不相同,无法避免人工打分的主观性、随意性,中文作文教学与测评智能系统综合数千个检测点评价每一篇作文,相当于集中很多老师的认知经验同时批改一篇作文,采分点更为全面、均衡、客观,可以有效降低主观好恶,实现评价标准的公正统一。②

（4）行业专家赞许

2019 年 4 月,中国写作学会中小学写作教学专业委员会评价 In 课堂智能测评系统"评分标准科学,贴合教学需求,能够减轻教师负担,提高教学效率"。③2021 年 11 月 20 日,湖南省教育技术协会组织 20 位专家对 In 课堂中文作文教学与测评智能系统进行了全面测试,听取了长沙一中、新邵八中等学校的使用经验介绍。最后,专家组给予了高度评价:"In课堂中文作文教学与测评智能系统涵盖中小学各学段,包括教师端及学生端,采用云部署,通过扫描、手写拍照、语音等多种方式输入并转化成文本,自动分析和生成作文批阅报告。操作简便,批阅速度快。该系统从内容、表达、发展三个维度对作文进行评价,评分指标能满足不同文体的教学要求。评分标准科学,点评专业到位,可智能适应各学段学生的写作能力水平。学校和教师能够分别对评测点赋值和评语进行修改与调整,满足个性化需求。该系统基于采集的数据对学生写作能力进行建模分析,研判优缺点,生成学生个人、班级、学校的写作能力分析报告,为教师精准教学,学校及区域监控语文教学质量提供参考。该系统可适用于作文扫描阅卷、教师作文讲评、学生作文个性化训练、作文数据分析等多种场景。专家组一致认为,该系统设计理念先进,是一款中文作文教学与智能测评的创新产品,贴近中小学作文教学应用实际,符合'双减'政策,学校可选择使用。"④

（5）探索高考测评

智能测评作文的高效必须建立在精准基础上。2021 年高考有一篇争议作文《生活在树上》,三位老师评价差别大,分别是 36 分、55 分、55 分,语文评卷组长亲自介入评判,给 60分。智能系统测评的结果:53.6 分,并且给出了赋分的充足理由。2022 年高考,很多老师亲自下水写作,包括清华大学附中、北京师范大学附中、对外经贸大学附中、北京十一中学的老师,以及早年参加高考的作文学霸。智能系统对他们的作文进行了测评。对智能测评的结

① 人工智能助力教育均衡发展,人民日报,2020 年 11 月 16 日。
② 教育部办公厅关于推广学校落实"双减"典型案例的通知,教基厅函[2021]37 号。
③ 参见中国写作学会中小学写作教学专业委员会对 In 课堂智能测评系统的专家鉴定意见书。
④ 参见 2021 年 11 月 20 日湖南省教育技术协会对 In 课堂中文作文教学与测评智能系统的专家鉴定意见。

果,清华大学附属中学特级教师、全国优秀语文教师、历年高考作文命题与评卷核心专家翟暾老师作了这样的评价:"我仔细学习了作文和智能批阅的内容,我认为此阅卷智能系统的确可用:1.智能批阅质量更接近客观,比人工批阅更精准;2.智能批阅有说服力,所列诸条言之有理,赋分也合理,此为人批所不能及也。且人批主观性太强,随个人的水平、喜好、认识以及责任心不同而上下浮动太大。智能批改与人评不相上下,甚至质量优于人评。"① 教育部科技司舒华副司长说:"当年的学霸风采依旧,妙笔生花,AI 的点评和评判,精炼准确!"②In 课堂和新湖南报道《AI 智能下的 2022 年高考作文范文评测与题解》,广受欢迎, 5 天之内阅读量超过 10 万人。③

（6）一线教师认同

北京四中语文高级教师、语文年级组长徐稚老师说:学生除了完成课内 14 篇文章,课外还要写一万字,老师是没有精力全部批阅的, In 课堂作文智能批改系统能够为学生发挥重要作用,并赞扬该系统"双智赋能,会写会评"。④

浙江宁波中学被誉为院士摇篮。2020 年 5 月,宁波中学语文教研组长、浙江高中语文团队创始人、浙江省优秀学科带头人、作文竞赛与自主招生研究专家、高考学考语文命题研究专家李克刚老师,将自己批阅的 33 篇作文,与智能系统测评的结果一篇一篇进行对比,最后结论说:"这样的批改效率和误差我可以接受。"并且即兴赋诗表达感悟:"机器提高效率,专家指引方向,悟道全靠自己,语文必须创新。"该校另一位老师说:"昨天晚上,用智能批改系统顺利完成两个班作文的批改,令人鼓舞。我相信我们一线语文教师会有解放的一天,希望大家多多尝试,接受新生事物是我们生活的常态。"⑤

中南大学第一附属小学使用 IN 课堂中文作文教学与智能评测系统,效果很好。一位学生在家里练习作文,从 69 分逐渐上升到 94.8 分。分数上升的轨迹是:69→69.1→85→86→89.7→90→90→94.8。家长看到这样的修改过程,当即发微信惊呼:"太棒了! 肉眼看到的进步。这样练习下去,作文水平肯定会提高。系统里面还有题库,有时间自己也可以练习。"有位家长说:"才发现这个软件的好。刚一接触还以为挺麻烦的。现在看来,这么好的软件不会用,看来是自己的无知。"还有位家长对老师说:"谢谢老师! 昨天跟孩子一起用小程序修改作文,真挺好用的。让小孩知道哪里写得不通顺,通过一遍又一遍地修改,日积月累,对写作的提高确实会有很大的帮助。"听到家长满意语文教研组长很欣慰,说:"是的。昨天上午在用的过程中,我妹妹还羡慕了一番。苦恼为什么她们学校还没有用这么好的软件。"同时还跟全校语文老师:"作文批改系统已慢慢走上正轨。课程研究中心制定了使用要求,请仔细阅读,落实要求。目前张艺琼老师和宋添添老师积累了好多经验,欢迎分享。"⑥

（7）家长体验称心

北京朝阳区一位学生家长徐妈妈对老师说:"屈老师:老师今晚的作文作业太好了,自

① 参见 2022 年 6 月 9 日中国语言智能研究中心关于中文作文智能测评线上交流。
② 参见 2022 年 6 月 9 日中国语言智能研究中心关于中文作文智能测评线上交流。
③ AI 智能下的 2022 年高考作文范文评测与题解,新湖南,2022 年 6 月。
④ 北京-西藏人工智能助力作文教学模式创新高峰论坛,2021 年 06 月 11 日。
⑤ 参见 2020 年北京理琪教育科技有限公司 In 课堂作文智能测评数据报告。
⑥ 参见 2022 年北京理琪教育科技有限公司 In 课堂作文智能测评数据报告。

动批改,小孩一改急躁脾气,已经改了五六稿,还兴致勃勃,多谢老师采用新技术,新方法。"① 为什么一改急躁脾气,一口气修改五六稿,因为这符合学生的心理规律。小学生近距离接触老师,在老师面前会表现出紧张情绪。一紧张思维就容易慌乱,就很难理清思路,写出条理清晰的作文。智能系统,不会给学生压力感。没有任何唠叨和指责,学生可以心情轻松地撰写作文,提交作文,系统不知疲倦地在秒级时间内给出反馈评价,学生根据评价意见即时修改,再次提交,目睹分数变化。当看到自己每次修改能够提分,如同获奖,精神就会振奋,不但急躁脾气消退,写作兴趣也会随之高涨起来。

广东省东莞市教育信息中心学生家长姚先生说:"我用儿子的文章试了,非常棒!"同时,他还向大家展示了智能系统的一个段评:"自问自答,突出重点,增强语言气势。反复手法的应用,回环复沓,一唱三叹,表达出作者强烈的情感。反问句的使用,让读者感受到了更强烈的情感,引人深思。句式整齐,节律遒劲,深化了文意。灵活地运用语言描写手法,通过人物的语言来还原生活情境。"姚先生感慨说:"老师通常很难有那么多精力这样精批细改的。"②

(8)智能教育引擎

中国语言智能研究中心从培育智能教育理念到付诸行动,一直发挥着引擎作用。这种引擎的品牌标志就是倡导并连续举办的中国智能教育大会。为了推动智能教育发展,2018年中国语言智能研究中心倡导,联合中国人工智能学会、中国教育技术协会、中国职业教育学会,教育部语信司、语用司、国家教育发展研究中心、教育信息管理中心、基础教育质量监测中心作为支持单位,在北京召开了首届中国智能教育大会。大会提出"开启智能教育新时代",吹响了全国智能教育的号角;第二届中国智能教育大会在湖南株洲举行,启动了智能教育零点行动,为革命老区万名学生捐赠了中文作文智能测评产品,发布了智能教育株洲宣言;第三届中国智能教育大会在陕西西安举行,13 位院士齐聚西安,共商国家智能教育发展大计,线上线下参会人数超过 727 万。会议启动了智能教育扶智行动,为 7 省 36 县脱贫攻坚捐赠了作文教学与智能测评系统。第四届大会 2022 年在昆明举行,主题是学科教育智能化方向。中国智能教育大会,依托 In 课堂智能教育标志性产品,为树立智能教育理念,推进智能教育行动,提供了理论准备、学术支持和应用示范。

3.In 课堂中文作文智能测评系统的科学性

3.1 人工智能时代的教育

智能教育,不是接不接受的问题,而是如何顺势而为的问题。中国人工智能学会理事长李德毅院士强调,智能教育是重要的民生,实施智能教育对促进我国教育事业的全面发展有着重大意义。

教育信息化分为技术化、智能化和智慧化三个阶段。技术化是让显示达到极致,以 AR技术为标志;智能化是让算法达到极致,以情感计算为标志;智慧化是让理解达到极致,以人

① 参见 2019 年北京理琪教育科技有限公司 In 课堂作文智能测评数据报告。
② 参见 2020 年北京理琪教育科技有限公司 In 课堂作文智能测评数据报告。

机交互为标志。我国教育信息化道路,自 1978 年广播电视大学探索开始,到 2018 年经过 40 年的建设,基本完成了技术化。2018 年,以首届中国智能教育大会的召开为标志,已进入教育信息化的中级阶段——智能教育阶段。

智能教育 AIEF 是利用人工智能技术,依据教育大数据,精准计算学生的知识基础、学科倾向、思维类型、情感偏好、能力潜质 AI,结合习得规律和教育规律 Education,合理配置教育教学内容 Fusion,科学实施因材施教,促进学生个性化全面发展和核心素养全面提升。(周建设 2018)[①]

智能教育是对传统教育模式的重大变革。近期目标是减负担、激活力、强能力,即减轻教师简单重复性劳动,提高学生的学习兴趣、学业水平,增强学生的核心素养和生存能力。远期目标是科学实施因材施教,真正实现个性化人才培养,开辟依据教育大数据 TruthID 选拔学生升学的新途径。

3.2　语言智能是智能教育的前沿科技

语言智能是人工智能皇冠上的明珠,是实现智能教育的前沿科技。作为人工智能范畴的语言智能概念是周建设教授在 2013 年正式提出来的。语言智能思想产生、术语提出与概念形成经历了长期酝酿。1984 年周建设研究思维规律,提出了思维活动"双元素说",即人的思维活动依赖"意象"和"词项"两种元素。1988 年基于思维元素计算的思想,构建了词项生成模型和言语生成模型。1996 年针对语义处理的结构化,出版了《中国逻辑语义论》和《西方逻辑语义研究》两部专著。 2001 年获批立项了教育部人文社科基地重大课题"语言逻辑及其在人工智能中的应用"。2010 年依托国家社科基金重大项目"自然语言信息处理的逻辑语义学研究"(10ZD073),研究了面向计算机处理的逻辑语义。2013 年 6 月,周建设向北京市语委申请并获批建立了北京语言智能协同研究院。2016 年国家语言文字工作委员会批准建立了中国语言智能研究中心。同年,教育部批准中国语言智能研究中心设立国内首个语言智能博士点。作为国家新兴学科,语言智能研究集中在三个方向,即语言智能理论、语言智能技术和语言智能应用,目标是发展语言智能科技,培养语言智能人才,推进语言学科教育智能化,促进教育高质量发展,助力国民语言能力和人文素养提升。

语言智能,通俗地说,就是机器模仿人说话的科学。人机对话是语言智能,计算机题诗作对写文章是语言智能,机器批改文章指导写作还是语言智能。严格地说,语言智能是研究人类语言与机器语言之间同构关系的科学。同构关系是指结构关系的一致性。人类语言与机器语言之间同构关系表现在两个方面。一是意识层级的同构关系,二是符号层级的同构关系。意识属心智范畴,符号属物质范畴。这样,语言智能研究必然涉及脑语智能和计算智能两个领域。脑语智能研究基于人脑言语生理属性、言语认知路径、语义生成规律,依据仿生原理,构建面向计算的自然语言模型。计算智能研究基于语言大数据,利用人工智能技术,聚焦自然语言模型转化为机器类人语言,设计算法,研发技术,最终实现机器写作、翻译、测评以及人机语言交互。

语言智能研究与自然语言信息处理,在语言符号处理层面基本相同,但最大的不同在

---

　① 周建设:首届中国智能教育大会报告,2018 年 8 月 7 日。

于,语言智能必须深入研究脑语智能。就是说,虽然语言智能同样需要处理语言符号,但它的符号计算必须完全基于人脑自然语言的语义和情感表达规律,否则,机器语言就会变成机械语言,而不是类人语言。正因为如此,语言智能研究需要融合多学科,包括神经科学、认知科学、思维科学、哲学、逻辑学、语言学、计算机科学等。

3.3 语言智能测评理论与关键技术

语言智能中文作文测评技术,主要涉及"阅读—写作—评测"智能系统理论,全信息语言智能评测模型,篇章主题聚合度计算,关系语法与计算语法,逻辑关系智能计算,语言智能与学科教育融合。

（1）"阅读—写作—测评"智能系统理论

智能阅读理论,依据学生的从业方向、岗位类型、文本难度、内容质量、阅读数量以及效果考核,构建了定向、定位、定级、定质、定量、定效"六定阅读模型";智能写作理论,以维特根斯坦的语言图像论为基础,依据大数据的基因储存性、规律蕴涵性和趋势预测性三大特性,伴以语义范畴约束,构建了汉语语句和语篇生成模型;智能测评理论,探索了不同文体核心句法成分的主题表现力,提出了篇章主题聚合度计算,人文基因智能计算模型。

智能辅助阅读模型、汉语智能表达模型、文章智能测评模型,分别解决阅读评级和精准推送、汉语语篇生成、人工评测和机器评测拟合度不高等技术难题,突破了文本的表层语义提取、深层语义挖掘、主题意图推断、短语规则扩展、属性特征抽取、语义范畴约束、情感分析、篇章主题聚合度计算等关键技术,实现了中文阅读资源自动分级和个性化精准推荐,篇章自动导向生成,词汇、句法、语义、篇章等多维度评测并给出不同粒度的点评、建议和综合评分。

（2）全信息语言智能评测模型

全信息语言智能评测模型基于文本语义离散度表示和多知识融合方法,构建包含词汇、句法、语义、篇章等多维度的全信息语言评测模型,实现词汇级、句子级、段落级和篇章级不同粒度的点评、建议和综合评分,解决机器评测与人工评测拟合度不高的难题。

该模型首先对待评作文进行词汇分析、句子分析、篇章结构分析和内容分析,得到关于词汇、句子、篇章结构和内容的子维度。每个维度与作文的最终评分结果具有线性相关性、单调性、独立性、牵制性和平衡性。然后根据每一个维度,对待评分作文进行评分计算,得到多个评分结果。接着对多个评分结果进行加权处理,获得待评分作文的最终评分结果。从每一个句子中提取语言点,将这些语言点与语料库中的语言点进行匹配,给出针对句子中该语言点的点评,根据多个句子的点评给出所属段落的点评,根据多个段落的点评给出整篇作文的点评。其中,语言点为作文中的一些相对稳定的元素,如搭配、词块、句型模式等。通过这些相对稳定的元素归纳出错误语言点的基本类型,如单词误用、词组模块误用、搭配不当、固定搭配模式误用等。语料库中包括了所有文章的语言点和句段库,语料库可以实时持续更新。当给出最终评分结果时,给出的相关点评(包括句评、段评和总评)也实时持续更新,学习者可依据点评不断修改文章,提高语言能力。

（3）篇章主题聚合度计算

智能评测理论所说的主题就是篇章指称的对象。篇章涉及的对象有具体对象,也有抽象对象。具体对象,可以是个体对象,也可以是个体对象组成的类(集合)。当一篇文章仅仅涉及一个对象时,这个对象就是文章的主题;当文章涉及一类对象时,这个类就构成文章论域(domain),这个论域实际上就是该类中诸多个体的上位概念,这个类、论域或上位概念,就是该篇文章的主题。抽象对象是指事物的属性,包括事物的性质、事物之间的关系。思想是抽象概念,可以成为篇章的对象,即篇章的主题。爱好是抽象概念,表示事物之间的关系,也可以成为篇章的对象,即篇章的主题。

主题聚合度理论是通过设计一种算法来综合评价行文与文章主题之间关联程度的理论。主题聚合度计算是周建设教授提出,于 2015 年取得的机器评测作文的一项重大理论突破和关键技术突破。经过 60 亿字规模语料的检测,证实评测效果显著,获得国内外同行高度评价。目前,篇章主题聚合度计算作为中国语言智能研究中心语言智能领域的一项核心产品已经广泛用于作文评测。

智能评测部分由逻辑思维、篇章主题、表现手法以及领域适应四个评测模块组成,旨在检测学生在逻辑表达能力、篇章主题把控能力、表现手法掌握能力以及领域适应能力方面的真实水平,为训练、提高学生的写作能力提供依据。该部分的技术路线及关键技术如下:

根据评估量表体系指标,综合使用主题模型、深度学习算法、注意力机制等技术,设计篇章主题相关度计算模型,从篇章粒度、段落--句子粒度和词粒度三个层次分别计算主题特征相关度,在此基础上,通过融合算法得出文章的主题相关度。

篇章粒度下主题相关度计算是针对整篇文章,利用主题模型提取技术分别对作文题目和待评作文进行主题词抽取,将主题词的向量表示放入耦合空间内生成泛语义矩阵,利用主题词相关性进行相关度计算。

段落--句子粒度下主题相关度计算是针对段落文本表示向量维度过高、计算时间复杂度过高问题,通过抽取段落的摘要,表示段落的语义,提取摘要句子描述,再按照句子相似度计算方法与题目内容进行相似度计算。

词粒度下主题相关度计算是从词共现特征来计算主题相关度,即通过统计作文文本与题目文本词语重合的情况来提取词的共现特征,如共现词占比、共现词的词性占比等相关度特征,最后根据特征给出主题相关度。

(4)关系语法与计算语法

关系语法主要研究语法关系的客观基础,考察世界结构、结构因由、逻辑构架;研究认知逻辑,包括主客映射、事理逻辑、成分关系;研究句法结构,包括成分项认知、词项关系认知、关系结构认知;研究句式生成,包括句式选择、词项选择、语句输出;研究话语仿生,包括智能生成、智能理解;智能生成包括知识图谱、事理图谱、话语意图、语句生成、篇章主题、要点层级、篇章生成;知识图谱,关涉词语标注和词语聚类;事理图谱,关涉关系词语、事态关系、句式关系;话语意图,关涉关键词语、焦点语句;语句生成,关涉关系词项、对象词项、介饰词项;关系词项,关涉性质词语、关系词语;对象词项,关涉实体对象词语、虚拟对象词语;介饰词项,关涉副词、介词、连词、助词;篇章主题,关涉直言主题、隐言主题;直言主题,需要研究事物直言、事理直言、事情直言、事像直言;隐言主题,需要研究隐喻主题、泛物指称、泛理指称、泛情指称;要点层级,需要研究干枝层级、总分层级、序列层级、并列层级、点阵层级;篇章生成,需要研究内涵解读式、外延列举式、成分分析式、事理揭示式、理据论证式、关联创意式；智能理解，需要研究词项切分、主题抽取、中心提取、语义网络、语义聚类、内容提要，等等。

计算语法也称语义计算语法、智能语法，是基于词库，依据自然语言句法规则，构建语句生成模型，设计句子实现算法，形成类人语句的理论。计算语法的研究重点是利用计算技术，依据语言符号与语义信息的关联关系，构建物性、理性、意象、情感模型，运用规则、映射、赋值、匹配算法，进行语义组合、语义聚合运算，生成语句语篇，通过词项语义、成分位格、结构关系的计算对语句语篇进行反向句法分析，获得文本的语义解释。

（5）逻辑关系智能计算

聚焦词、句子、段落三个层级粒度的逻辑关系，对段落层级的逻辑关系进行推理计算，实现篇章完整的逻辑关系合理性计算。篇章角度的逻辑分析与评测，如果仅仅着眼于蕴含、矛盾、不相关三种逻辑关系远远不够，不足以对篇章整体的逻辑性进行精准计算与评测，还需要结合逻辑学、语义学等学科对词、句子、段落间的逻辑关系在蕴含、矛盾、不相关的基础上做进一步的分类计算。清华大学附属中学的反馈报告指出："In 课堂中文作文智能批改系统，对于文章的判定与人工判分的拟合度高于人与人的符合度。"人机高拟合度的获得主要得益于逻辑关系的智能计算。

（6）语言智能与学科教育融合

文章智能测评是语言智能与教育深度融合的典型范式。中文作文教学与智能测评系统是语文学科智能教育领域里程碑式的产品。产品利用人工智能技术，依据大数据，通过学生作文精准计算学生的知识基础、学科倾向、思维类型、情感偏好、能力潜质等，根据认知规律和教育规律，合理配置教育教学内容，科学实现学生的个性化培养和核心素养全面提升。

IN 课堂系列产品已在全国广泛应用，产品用户覆盖万余所学校，包括本科、大专院校、职业学校以及中小学校，服务千万对象，并与汉考国际建立了汉语国际推广合作关系，承担了汉语国际考试 HSK6 级写作题的智能批改，与华文学院签署了中华文化国际传播战略合作协议，为弘扬和传播中华优秀文化发挥着重要的作用。

3.4 科学家教育界高度评价

中国工程院院士李德毅认为：脑认知的研究在关注图像和图形的同时更要关注情感、关注语言。脑认知分为技术认知、记忆认知和交互认知三大块，研究好了脑认知就可以使教育重回本质。In 课堂中文作文智能系统是紧密结合脑认知开展的前沿研究，"达到了国际先进水平"，[①] 有助于"让智能走进课堂，让学生走向成功"。[②]

德国科学院院士张建伟说："中国语言智能研究中心在国际化进程中走出了非常重要的一步。将人工智能机器人真正跟教育相结合，实现跨界融合，是一个非常好的突破点。以语言研究为基础，融合情感、视觉、触觉等，可以作为多模态融合和学习的一个机制，在语言智能国际化方面具有非常重要前景。用最新的人工智能技术来做语言智能，促进各国语言的互通，中文作文智能评测系统和汉语写作教学综合智能训练系统的推出，具有非常重大而

———————————
① 参见中国人工智能学会理事长李德毅院士为中国语言智能研究中心参评吴文俊奖的推荐信。
② 语言智能国际化发展会议，2017-5-10，https://yyzn.cnu.edu.cn/jdxw/109656.htm.

深远的意义。"①"这是人工智能应用领域的一个重要里程碑。"②

中国科学技术信息研究所研究员张寅生说,从高混乱度的信息材料中抽取知识,按特定场景、话题、文体进行写作,难度很大。他认为,这种汉语集成写作体现了人类智慧,是言语生成研究方向的历史性突破。③智能写作平台准确、快捷地生成应用稿件,具有开创性意义。北京大学计算语言学研究所所长王厚峰教授说:"令我很惊讶"。④

教育部原副部长刘利民指出:"语言智能在发展教育和促进海内外交流方面意义重大。首先,语言智能是信息化的重要内容,对教育的均衡发展具有重大作用。大力发展语言智能教育,能够在很大程度上解放教师,可以替代教师部分智能,可以把优质教育资源送到农村,送到教育薄弱的地方。语言智能首先的受益者是教育。语言智能辅助教育产品,高度重视向实践化发展,是特别有前景的。其次,语言智能教育辅助产品,对我们的课程建设、课堂教学模式能带来巨大的变革。"⑤

教育部科技司雷朝滋司长对中国语言智能研究中心研究方向和成果价值给予了深刻点评:"人工智能阅改作文题、主观题是重要方向,可以减轻阅卷负担、减少打分主观随意性,更加精准、更具有可比性,考生之幸、老师之福!"⑥

中华人民共和国中央人民政府网、人民日报、光明日报、中国教育报和科技日报等权威媒体,对IN课堂中文作文教学与测评智能系统为中国教育信息化、智能化,为推动教育均衡发展所做出的贡献,给予了广泛深入报道。

参考文献

[1] 董洪亮.汉语智能写作取得重大突破[N].人民日报,2016-6-2(18).

[2] 刘济远,周建设.中小学作文导教导写[M].长沙:湖南教育出版社,2022.

[3] 冯华.人工智能助力教育均衡发展[N].人民日报,2020-11-16(19).

[4] 张娓."停课不停学"的中国经验[N].光明日报,2020-4-21(1).

[5] 中国语言智能研究中心.2018河南省中小学征文数据分析报告[R].北京:中国语言智能研究中心,2019.

[6] 中国语言智能研究中心.北京工业职业技术学院考试作文数据分析[R].北京:中国语言智能研究中心,2020.

[7] 中国语言智能研究中心.北京市通州区初高中考试作文数据报告[R].北京:中国语言智能研究中心,2021.

[8] 中国语言智能研究中心.河北省廊坊市中小学作文数据分析报告[R].北京:中国语言智能研究中心,2021.

[9] 中国语言智能研究中心.广州大学写作与智能训练数据分析报告[R].北京:中国语言智能研究中心,2021.

[10] 中国语言智能研究中心.2018—2021广西大学写作智能训练报告[R].北京:中国语言智能研究中心,2022.

---

① 语言智能国际化发展会议,2017-5-10,https://yyzn.cnu.edu.cn/jdxw/109656.htm.
② 语言智能国际化发展会议纪要,2017年5月10日。
③ 汉语智能写作取得重大突破,人民日报,2016年6月2日。
④ 汉语智能写作取得重大突破,人民日报,2016年6月2日。
⑤ 语言智能国际化发展会议,2017年5月10日,https://yyzn.cnu.edu.cn/jdxw/109656.htm.
⑥ 2022年6月9日,参见中国语言智能研究中心关于高考中文作文智能测评线上交流。

[11]   周建设. 面向语言处理的计算与认知取向[J]. 中国社会科学,2012(9):143-149.

[12]   周建设. 语义认知与智能计算[M]. 北京:人民出版社,2022.

[13]   周建设. 大学写作与智能训练[M]. 北京:首都师范大学出版社,2021.

[14]   周建设. 语言智能在未来教育中扮演什么角色[J]. 云南教育:视界综合版,2019(4):45-46.

[15]   周建设. 加快科技创新 攻关语言智能[N]. 人民日报,2020-12-21(19).